"十三五"职业教育国家规划教材
"十二五"职业教育国家规划教材

PLC技术
在典型任务中的应用

（第二版）

刘玉娟　崔　健　周海君　编著
马冬宝　张赛昆　师　宁

朱运利　主审

中国电力出版社
CHINA ELECTRIC POWER PRESS

内 容 提 要

本书连续入选"十二五"职业教育国家规划教材和"十三五"职业教育国家规划教材。

西门子公司的 S7-200 系列可编程序控制器（PLC）具有体积小、功能强、可靠性好、性价比高等优点，在各行业得到了广泛的应用。本书结合编者多年的教学经验，在企业工程师的指导下编写而成，全书以项目训练为主线，较详细地介绍了 S7-200 系列可编程序控制器（PLC）的基本组成、指令系统与编程应用，并配有大量结合生产和生活实际的应用实例。通过本书的阅读，读者可以了解可编程序控制器（PLC）的工作原理，进而编写梯形图程序，完成典型控制任务。

全书注重实际，强调应用，以培养职业技术应用能力为核心，工程应用性较强。本书可作为高职高专电气自动化技术、机电一体化技术及其他相关专业的教材，也可作为自学和培训教材供工程技术人员使用。

图书在版编目（CIP）数据

PLC技术在典型任务中的应用/刘玉娟等编著. —2版. —北京：中国电力出版社，2019.7（2023.11重印）

"十二五"职业教育国家规划教材

ISBN 978-7-5198-3868-3

Ⅰ.①P… Ⅱ.①刘… Ⅲ.①PLC技术—高等职业教育—教材 Ⅳ.①TM571.61

中国版本图书馆 CIP 数据核字（2019）第 237489 号

出版发行：中国电力出版社

地　　址：北京市东城区北京站西街 19 号（邮政编码 100005）

网　　址：http://www.cepp.sgcc.com.cn

责任编辑：乔　莉（010—63412535）

责任校对：黄　蓓

装帧设计：郝晓燕

责任印制：吴　迪

印　　刷：北京雁林吉兆印刷有限公司

版　　次：2016 年 6 月第一版　2019 年 7 月第二版

印　　次：2023 年 11 月北京第十二次印刷

开　　本：787 毫米×1092 毫米　16 开本

印　　张：16.25

字　　数：403 千字

定　　价：42.00 元

前　言

　　本书是根据高职高专可编程序控制器（PLC）技术应用教育教学基本要求，结合高职高专教育的特点和编者的教学经验，在企业工程师的指导下编写而成的。在编写中贯彻了加强应用性与实用性的原则，强调了以培养职业技术能力为核心的宗旨，并力求突出以下特点：

　　（1）以工程实践为主线，充分体现职业教育的特色。在各个任务的编写中注意结合实际，在企业工程师的指导下，选用典型的工作任务为实例，渗透职业素养，便于实验室完成的同时，更为实际工作岗位任务设计和现场操作奠定了基础。

　　（2）淡化理论教学与实验教学的界限。编写内容中遴选了一些结合生活生产实际的应用实例，其后配有注重培养学生操作技能和创新意识的针对性较强的任务拓展训练。采用这样的编写方式既便于教师课堂教学，又易于学生理解知识要领，提高动手能力，更适于实施"理论、实践一体化"的教学方式。

　　（3）突出教材的通用性。为了便于各学校、各层次人员根据现有设备选用教材，本书在每个典型任务的实例中，都详细地进行了分析，特别是对设备要求较高的实施阶段，给出具体的接线图或示意图，选用者完全可以临时搭建简易实验台。

　　全书共分十三个模块。在简要介绍 PLC 的用途及发展后，模块一至模块十由浅入深、由简到繁地介绍了西门子公司 S7 - 200 系列小型 PLC 的指令系统在各典型任务中的应用，模块十一介绍 PLC 中模拟量数据处理的方法和技巧，模块十二选用目前企业应用较广泛的通信方式对网络通信技术应用进行了介绍，模块十三以两个综合应用实例，将指令系统、模拟量数据处理和网络通信技术等内容的应用融为一体，形成一个完整的体系。

　　为学习贯彻落实党的二十大精神，本书根据《党的二十大报告学习辅导百问》《二十大党章修正案学习问答》，在二维码链接的数字资源中设置了"二十大报告及党章修正案学习辅导"栏目，以方便师生学习。

　　本书由北京电子科技职业学院老师共同编写，其中刘玉娟编写模块一至模块三，张赛昆编写模块四、模块五，崔健编写模块六至模块八，师宁编写模块九、模块十，周海君编写绪论、模块十一、模块十二、附录一、附录二，马冬宝编写模块十三、附录三。本书由北京电子科技职业学院朱运利主审，在此表示衷心感谢。

　　限于编者水平，书中难免有不足和疏漏之处，敬请读者批评指正。

编　者

2022 年 11 月

目 录

前言

绪论 ·· 1

模块一　认识 S7 - 200 系列 PLC ··· 5

任务一　了解 S7 - 200 系列 PLC 基本组成及基本功能 ················· 5

任务二　认识西门子 S7 - 200 系列 PLC 数据的存储结构 ············· 11

任务三　STEP7 - Micro/WIN 编程软件的使用 ···························· 18

任务四　S7 - 200 系列 PLC 供电和接线 ··································· 27

任务五　认识 S7 系列 PLC 基本组成及基本功能 ························ 31

模块二　基本逻辑指令应用 ·· 39

任务一　电气控制电路与 PLC 程序的转换 ································ 41

任务二　电动机的正反转控制 ··· 44

任务三　电动机顺序启/停控制 ·· 49

模块三　定时器/计数器指令应用 ·· 54

任务一　电动机间歇运行控制 ··· 59

任务二　十字路口交通灯控制 ··· 63

任务三　组合吊灯亮度控制 ·· 69

模块四　置位/复位指令应用 ·· 74

任务一　自动开关门控制 ··· 76

任务二　自动定时搅拌机控制 ··· 79

模块五　跳转/标号指令应用 ·· 83

任务一　电动机启停的手动/自动控制 ······································· 84

任务二　电动葫芦升降机构 ·· 87

模块六　移位寄存器指令应用 ··· 91

任务一　文字广告牌控制 ··· 93

任务二　运料小车运行自动控制 ·· 98

模块七　顺序控制继电器指令应用 ·· 105

任务一　机床液压动力滑台控制 ·· 113

任务二　冲床的运动控制 ··· 118

模块八　算术运算指令应用 ·· 125

任务一　模拟电位计实现定时器的计时调节控制 ························ 130

任务二　频率变送器的数据处理 ·· 132

模块九　程序结构指令应用 ·· 134

任务一　子程序实现两台电动机启停控制 ·································· 140

任务二　跑马灯控制 ··· 142

模块十　高级编程指令应用 ·· 146

　　任务一　电动机定位 ··· 156

　　任务二　步进电动机调速 ·· 157

模块十一　模拟量数据处理 ·· 160

　　任务一　电位计实现电动机调速 ·· 162

　　任务二　测量值的标度变换 ·· 166

模块十二　网络通信技术应用 ·· 169

　　任务一　PLC 的以太网通信 ··· 172

　　任务二　PPI 通信 ·· 182

模块十三　自动化生产线综合控制 ·· 189

　　任务一　货物分拣仓储系统控制 ·· 189

　　任务二　YL‐335B 自动化生产线分拣单元控制 ····································· 196

附录一　材料分拣子系统程序 ·· 231

附录二　仓储子系统程序 ··· 237

附录三　分拣站参考程序 ··· 247

参考文献 ··· 253

绪 论

一、PLC 的基本概念与基本结构

(一) PLC 的基本概念

随着微处理器、计算机和数字通信技术的飞速发展，计算机控制已经扩展到了几乎所有的工业领域。同时，现代社会要求制造业对市场需求做出迅速的反应，生产出小批量、多品种、多规格、低成本和高质量的产品。为了满足这一要求，生产设备和自动生产线的控制系统必须具有高的灵活性，可编程序控制器（Programmable Logic Controller，PLC）正是顺应这一要求出现的，它是以微处理器为基础的通用工业控制装置。

PLC 的应用面广、功能强大、使用方便，是当代工业自动化的主要设备之一，已经广泛地应用在各种机械设备和生产过程的自动控制系统中，在其他领域（如民用和家庭自动化）中的应用也得到了迅速的发展。

国际电工委员会（IEC）在 1985 年的 PLC 标准草案第三稿中，对 PLC 作了如下定义："可编程序控制器是一种数字运算操作的电子系统，专为在工业环境下应用而设计。它采用可编程序的存储器，用来在其内部存储执行逻辑运算、顺序控制、定时、计数和算术运算等操作的指令，并通过数字式、模拟式的输入和输出，控制各种类型的机械或生产过程。可编程序控制器及其有关设备，都应按易于使工业控制系统形成一个整体、易于扩充其功能的原则设计。"从上述定义可以看出，PLC 是一种用程序来改变控制功能的工业控制计算机，除了能完成各种控制功能外，还有与其他计算机通信联网的功能。

(二) PLC 的基本结构

PLC 硬件主要由中央处理器（CPU）、存储器输入单元、输出单元、通信接口、扩展接口、编程装置和电源部件等部分组成，其组成框图如图 0-1 所示。其中，CPU 是 PLC 的核心，输入单元与输出单元是连接现场输入/输出设备与 CPU 之间的接口电路，通信接口用于与编程器、上位计算机等外设连接。

1. CPU

同一般微机一样，CPU 是 PLC 的核心。PLC 中所配置的 CPU 随机型不同而不同，小型 PLC 多采用 8 位通用微处理器和单片微处理器，中型 PLC 多采用 16 位通用微处理器或单片微处理器，大型 PLC 多采用高速位片式微处理器。在 PLC 控制系统中，CPU 相当于人的大脑和心脏，不断采集输入信号，执行用户程序，刷新系统输出。

2. 存储器

存储器主要有两种：一种是可读/可操作的随机存储器 RAM，另一种是只读存储器 ROM、PROM、EPROM 和 EEPROM。在 PLC 中，存储器主要用于存放程序（系统程序和用户程序）及工作数据。

系统程序是由 PLC 的制造厂家编写的，和 PLC 的硬件组成有关，完成系统诊断、命令解释、功能子程序调用管理、逻辑运算、通信及各种参数设定等功能，提供 PLC 运行的平台。系统程序关系到 PLC 的性能，通常情况下在 PLC 使用过程中不会变动，由厂家直接固化在只读存储器 ROM、PROM 或 EPROM 中，用户不能访问和修改。

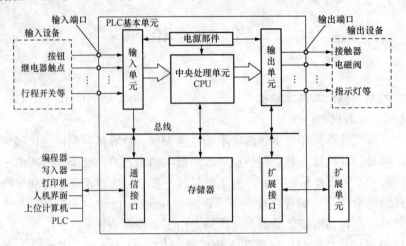

图 0-1　PLC 组成框图

　　用户程序随 PLC 的控制对象而定，由用户根据对象生产工艺的控制要求而编制的应用程序。为了便于读出、检查和修改，用户程序一般存于由 CMOS 三极管组成的静态 RAM 中。

　　工作数据是 PLC 运行过程中经常变化、经常存取的一些数据，存放在 RAM 中，以适应随机存取的要求。

　　3. 输入/输出单元

　　输入（Input，I）单元和输出（Output，O）单元通常也称 I/O 单元或 I/O 模块，是 PLC 与工业生产现场之间的连接部件。PLC 通过输入接口可以检测被控对象的各种数据，并以这些数据作为对被控制对象进行控制的依据；同时 PLC 又通过输出接口将处理结果送给被控制对象，以实现控制目的。

　　4. 通信接口

　　PLC 配有各种通信接口，PLC 通过这些通信接口与编程器、打印机、其他 PLC、计算机等设备实现通信。远程 I/O 系统必须配备相应的通信接口模块。

　　5. 编程装置

　　编程装置的作用是编辑、调试、输入用户程序，也可在线监控 PLC 内部状态和参数，与 PLC 进行人机对话。编程装置可以是专用编程器，也可以是配有专用编程软件包的通用计算机系统。

　　6. 电源

　　PLC 一般使用 AC 220V 电源或 DC 24V 电源。内部的开关电源为各模块提供不同电压等级的直流电源，如小型 PLC 可以为输入电路和外部的电子传感器（例如接近开关）提供 DC 24V 电源。驱动 PLC 负载的直流电源一般由用户提供。与普通电源相比，PLC 电源的稳定性好、抗干扰能力强。

　　二、PLC 的特点、应用领域与发展方向

　　1. PLC 的特点

　　为适应工业环境，与一般控制装置相比较，PLC 有以下特点：

　　（1）编程简单、易于掌握。PLC 的设计者充分考虑到现场技术人员的技能和习惯，常采用的是梯形图编程语言，它与继电器控制原理图相似，具有直观、清晰、修改方便、易掌握等优点，即便未掌握专门计算机的人也能很快熟悉，因而受到了广大现场技术人员的欢迎。

（2）可靠性高、抗干扰能力强。传统的继电器控制系统使用了大量的中间继电器、时间继电器。由于这些继电器触点常接触不良，容易出现故障。PLC用软件代替大量的中间继电器和时间继电器，仅剩下与输入和输出有关的少量硬件元件，接线可减少到继电器控制系统的 1/10～1/100，因触点接触不良造成的故障大大减少。

PLC 采取了一系列硬件和软件抗干扰措施，使之在恶劣的工业环境下仍能保证很高的可靠性，一般平均无故障时间可达到 4 万～5 万 h，远远超过以往的继电器控制系统和计算机控制系统，是被广大用户公认的最可靠的工业控制设备之一。

（3）功能强、适应面广。PLC运用了计算机、电子技术和集成工艺的最新技术，在硬件和软件两方面不断发展，使其具备了很强的信息处理能力：不仅有逻辑运算、定时、计数和顺序控制等功能，还具有数字和模拟量的输入/输出、功率驱动、通信、人机对话、自检、记录显示等功能。它既可控制一台生产机械、一条生产线，又可控制一个生产过程。

（4）通用性强、控制程序可修改、使用方便。PLC品种齐全的各种硬件装置，可以组成能满足各种要求的控制系统，用户不必自己再设计和制作硬件装置。用户在硬件确定以后，在生产工艺流程改变或生产设备更新的情况下，不必改变 PLC 的硬件设备，只需改编程序就可以满足要求。因此，PLC除应用于单机控制外，在工厂自动化中也被大量采用。

（5）系统的设计、安装、调试工作量少。PLC采用了软件来取代继电器控制系统中大量的中间继电器、时间继电器、计数器等器件，控制柜的设计安装接线工作量大为减少。同时，PLC的用户程序可以在实验室模拟调试，也减少了现场的调试工作量。并且，由于PLC的低故障率、很强的监视功能和模块化结构等，使维修也变得极为方便。

（6）体积小、质量轻、功耗低、维护方便。PLC是将微电子技术应用于工业设备的产品，其结构紧凑、坚固、体积小、质量轻、功耗低。PLC编程简单，自诊断能力强，能判断和显示自身故障，使操作人员检查判断故障方便迅速，而且接线少，维修时只需更换插入式模块，维护方便，修改程序和监视运行状态也容易。

2. PLC 的应用领域

最初，PLC 主要用于开关量的逻辑控制。随着 PLC 技术的进步，它的应用领域不断扩大。如今，PLC 不仅用于开关量控制，还用于模拟量及数字量的控制，可采集与存储数据，对控制系统进行监控，联网、通信，实现大范围、跨地域的控制与管理。

（1）开关量控制。PLC控制开关量的能力很强。由于它能联网，能控制的点数规模十分庞大。PLC具有逻辑运算功能，设置有"与"、"或"、"非"等逻辑指令，能够描述继电器触点的串联、并联、串并联、并串联等各种连接，因此它可以代替继电器进行组合逻辑与顺序逻辑控制，可应用于冶金、机械、轻工、化工、纺织等行业。

（2）模拟量控制。模拟量如电流、电压、温度、压力等的大小是连续变化的。工业生产，特别是连续型生产过程，常要对这些物理量进行控制。PLC配置有模拟量与数字量进行相互转换的 I/O 单元——A/D、D/A 单元。A/D 单元把外部电路的模拟量转换成数字量，然后送入 PLC；D/A 单元把 PLC 的数字量转换成模拟量，再送给外部电路。PLC 还可用 PID 或模糊控制算法实现控制，可得到很高的控制质量，用于控制精度要求较高的场合。

（3）数字量控制。PLC可接收脉冲，频率可高达几千赫兹或几万赫兹甚至更高。其可用多种方式接收这些脉冲，还可多路接收。有的 PLC 还具有脉冲输出功能，脉冲频率也可达几十千赫。有了这两种功能，加上 PLC 具有数据处理及运算能力，则可以实现对机床部件位移、装配机械、金属切削机床等的数字量控制。

（4）数据采集。PLC 可以通过计数器累计记录采集到的脉冲数，并定时转存到 DM 区中去打印。电力部门利用它实时记录用户用电情况，以实现不同用电时间、不同计价的收费方法，鼓励用户在用电低谷时多用电，达到合理用电与节约用电的目的。

（5）监控控制。PLC 具有较强的监控功能。在控制系统中，操作人员通过监控命令可以监视有关部分的运行状态，调整定时或计数设定值，因而调试、使用和维护都很方便。

（6）通信联网。PLC 的通信包括主机与远程 I/O 之间的通信、多台 PLC 之间的通信、PLC 与其他智能控制设备（例如计算机、变频器、数控装置）之间的通信。PLC 与其他智能控制设备一起，可以组成"集中管理、分散控制"的分布式控制系统。

3. PLC 的发展趋势

（1）国外 PLC 发展概况。PLC 自问世以来，经过 40 多年的发展，在美、德、日等工业发达国家已成为重要的产业之一。世界范围内的 PLC 总销售额不断上升，生产厂家不断涌现，品种不断翻新，产量产值大幅度上升而价格则不断下降。目前，世界上有 200 多个厂家生产 PLC，较著名的有美国的通用电气、AB，日本的三菱、富士、欧姆龙、松下电工等，德国的西门子、倍福，法国的施耐德公司，韩国的三星、LG 公司等。

当前，我国 PLC 厂家也发展迅速，代表品牌有和利时、汇川、信捷等，在中低端市场已经占有相当的市场份额，例如新冠肺炎疫情期间汇川 PLC 在口罩机上得到广泛应用等。相信在不久的将来，国产 PLC 品牌会占据越来越重要的地位。

随着计算机控制技术的发展，国内外近几年兴起自动化网络系统，PLC 与 PLC 之间、PLC 与上位机之间联成网络，通过光缆传送信息，构成大型的多级分布式控制系统（集散控制系统）。

（2）PLC 发展方向。

1）产品规模向大、小两个方向发展。大型化表现为 I/O 点数增多、多 CPU 并行、大容量存储器、高速化；小型化表现为由整体结构向小型模块化结构发展，增加配置的灵活性，降低成本。

2）PLC 在闭环过程控制中应用日益广泛。

3）不断加强通信功能。

4）新器件和模块不断推出，如智能 I/O 模块、高速计数模块、远程 I/O 模块等专用化模块。

5）编程工具丰富多样，功能不断提高，编程语言趋向标准化。

6）发展容错技术，如采用热备用或并行工作、多数表决的工作方式。

7）追求软硬件的标准化。

（3）国内发展及应用概况。我国的 PLC 产品的研制和生产经历了三个阶段：顺序控制器（1973～1979 年）、一位处理器为主的工业控制器（1979～1985 年）、八位微处理器为主的可编程序控制器（1985 年以后）。在对外开放政策的推动下，国外 PLC 产品大量进入我国市场。

随着应用领域日益扩大，PLC 技术及其产品在继续发展，主要朝着高速化、大容量化、智能化、网络化、标准化、系列化、小型化、廉价化方向发展，使 PLC 的功能更强，可靠性更高，使用更方便，适用面更广。

模块一 认识 S7 - 200 系列 PLC

【模块概述】

目前 PLC 技术主要是朝着高速化、大容量化、智能化、网络化、标准化、系列化、小型化、廉价化的方向发展，这使得 PLC 功能更强，可靠性更高。西门子 S7 系列 PLC 充分体现了这一技术发展方向，本书就以 S7 - 200 系列 PLC 为对象学习 PLC 的应用技术。

S7 - 200 系列 PLC 是超小型化的 PLC，适用于各行各业、各种场合中的自动检测、监测及控制等。S7 - 200 系列 PLC 功能强大，可单机独立运行，也可联网实现复杂控制功能。

本模块主要学习 S7 - 200 系列 PLC 的软硬件组成、S7 系列 PLC 的基本组成及基本功能，学习 STEP7 - Micro/WIN32 软件使用方法，学习 S7 - 200 系列 PLC 数据的存储方式、接线方法等。

【学习目标】

（1）认识西门子 S7 - 200 系列 PLC 软、硬件组成及基本功能。

（2）认识 S7 - 200 系列 PLC 的数据存储结构。

（3）熟悉 STEP7 - Micro/WIN32 软件环境。

（4）学会 S7 - 200 系列 PLC 的外围接线方法。

（5）认识 S7 系列 PLC 基本组成及基本功能。

任务一 了解 S7 - 200 系列 PLC 基本组成及基本功能

西门子 S7 系列 PLC 主要包括 S7 - 200、S7 - 300 系列中等性能 PLC，S7 - 400 系列中高性能 PLC，以及基于 TIA Portal 的小型 PLC S7 - 1200 和中/低性能系列产品 S7 - 1500。此外，还有面向国内市场 S7 - 200SMART 系列产品，产品编程和性能与传统 S7 - 200 类似。目前 S7 - 1500 系统正在逐步替代市场上中/低性能系列产品（S7 - 300）和中/高性能系列产品（S7 - 400）。本任务主要学习 S7 - 200 系列 PLC 软硬件组成及基本功能。

一、S7 - 200 系列 PLC 硬件系统

1. CPU 外形

SIMATIC S7 - 200 系列 PLC 的 22X 系列 CPU 模块的外形如图 1 - 1 所示。

2. CPU 模块

S7 - 200 系列 PLC 可提供五种 CPU 模块，其主要技术性能指标见表 1 - 1。

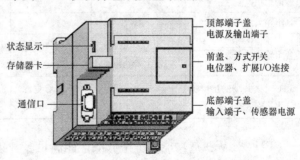

图 1 - 1 S7 - 200 系列 PLC 的 CPU 模块外形

表 1 - 1　　　　　　　　　　S7 - 200 系列 PLC 的 CPU 模块主要技术性能指标

特性 ＼ CPU 模块	CPU 221	CPU 222	CPU 224	CPU 226	CPU 226XM
外形尺寸（mm×mm×mm）	90×80×62	90×80×62	120.5×80×62	190×80×62	190×80×62
本机数字量 I/O	6/4	8/6	14/10	24/16	24/16
最大数字量 I/O	6/4	40/38	94/74	256/256	256/256
最大模拟量 I/O	—	16/16	28/7 或 14	32/32	32/32
程序空间（永久保存）（字）	2048	2048	4096	4096	8192
用户数据存储器（字）	1024	1024	2560	2560	5120
扩展模块（个）	—	2	7	7	7
数字量 I/O 映像区	10	256	256	256	256
模拟量 I/O 映像区	无	16/16	32/32	32/32	32/32
超级电容数据后备典型时间（h）	50	50	190	190	190
内置高速计数器个数（频率 30kHz）	4	4	6	6	6
高速脉冲输出个数（频率为 20kHz）	2	2	2	2	2
模拟量调节电位器个数（8 位分频）	1	1	2	2	2
脉冲捕捉个数	6	8	14	14	14
实时时钟	有（时钟卡）	有（时钟卡）	有	有	有
RS - 485 通信接口	1	1	1	2	2
DC24V 电源 CPU 输入电流/最大负载电流（mA/mA）	70/600	70/600	120/900	150/1050	150/1050
AC240V 电源 CPU 输入电流/最大负载电流（mA/mA）	25/180	25/180	35/220	40/160	40/160
DC24V 传感器电源最大电流/电流限制（mA/mA）	180/600	180/600	280/600	400/约 1500	400/1500
为扩展模块提供的 DC 5V 电源的输出电流（mA）	—	最大 340	最大 600	最大 1000	最大 1000
各组输入的点数	4，2	4，4	8，6	13，11	13，11
各组输出的点数	4（DC 电源） 3，1（AC 电源）	6（DC 电源） 3，3（AC 电源）	5，5（DC 电源） 4，3，3（AC 电源）	8，8（DC 电源） 4.5，7（AC 电源）	8，8（DC 电源） 4.5，7（AC 电源）
55℃时公共端输出电流总和（水平安装）（A）	3（DC 电源） 6（AC 电源）	4.5（DC 电源） 6（AC 电源）	3.75（DC 电源） 8（AC 电源）		

　　CPU 221 无扩展功能，价格低廉，能满足多种集成功能的需要；CPU 222 通过连接扩展模块，即可处理模拟量；CPU 224 具有更多的输入/输出点及更大的存储量；CPU 226、CPU 226XM 是功能最强的单元，完全可满足一些中小型复杂控制系统的要求。

对于每个型号，西门子公司提供直流（24V）和交流（120～240V）两种电源供电的CPU。图 1 - 2 所示为部分 S7 - 200 系列 PLC 的 CPU 及扩展模块。

图 1 - 2　部分 S7 - 200 系列 PLC 的 CPU 及扩展模块

3. 扩展模块

除 CPU 221 外，其他 CPU 模块为了扩展 I/O 点数和完成特殊功能，均可配接多个扩展模块。扩展模块主要有如下几类：

（1）数字量扩展模块。可选用的数字量扩展模块见表 1 - 2。连接时 CPU 模块放在最左侧，扩展模块用扁平电缆与左侧的模块相连。数字量扩展模块专门用于扩展 S7 - 200 系列 PLC 的数字量 I/O 数量，用户通过选用具有不同 I/O 点数的数字量扩展模块，可以满足不同的控制需要，节约投资费用。

表 1 - 2　　　　　　　　　　　　　　　数 字 量 扩 展 模 块

型　　号	各组输入点数	各组输出点数
EM221 24V DC 输入	4，4	—
EM221 240V AC 输入	8 组相互独立	—
EM222 24V DC 输出	—	4，4
EM222 继电器输出	—	4，4
EM222 240V AC 双向晶闸管输出	—	8 组相互独立
EM223 24V DC 输入/继电器输出	4	4
EM223 24V DC 输入/DC 输出	4	4
EM223 24V DC 输入/继电器输出	4，4	4，4
EM223 24V DC 输入/DC 输出	4，4	4，4
EM223 24V DC 输入/DC 输出	8，8	4，4，8
EM223 24V DC 输入/继电器输出	8，8	4，4，4，4

（2）模拟量扩展模块。在工业控制中，某些输入量（如压力、温度、流量、转速等）为模拟量，某些执行机构（如电动调节阀、变频器等）要求可编程序控制器输出模拟信号。

可编程序控制器的 CPU 不能直接处理模拟量，输入的模拟量首先被传感器和变送器转换为标准的电流或电压，如 4～20mA 电流或 1～5V、0～10V 电压，可编程序控制器用 A/D

转换器将它们转换成数字量。D/A 转换器将可编程序控制器处理过的数字量转化为模拟电压或电流，再去控制执行机构。模拟量 I/O 扩展模块的主要任务就是实现 A/D 转换（模拟量输入）和 D/A 转换（模拟量输出）。S7 - 200 系列 PLC 的三种模拟量扩展模块见表 1 - 3。

表 1 - 3 模拟量扩展模块

模　块	EM231	EM232	EM235
点　数	4 路模拟量输入	2 路模拟量输出	4 路输入，1 路输出

（3）通信模块。S7 - 200 系列 PLC 提供以下几种通信模块，以适应不同的通信方式。

1）EM277：PROFIBUS - DP 从站通信模块，同时也支持 MPI 从站通信。

2）EM241：调制解调器（Modem）通信模块。

3）CP243 - 1：工业以太网通信模块。

4）CP243 - 1 IT：工业以太网通信模块，同时支持 Web/E - mail 等 IT 应用功能。

5）CP243 - 2：AS - Interface 主站模块，可连接最多 62 个 AS - Interface 从站。

（4）特殊功能模块。S7 - 200 系列 PLC 还提供了一些特殊功能模块，用以完成特定的任务。例如：定位控制模块 EM253，能产生脉冲串，通过驱动装置带动步进电动机或伺服电动机进行速度和位置的开环控制。每个模块可以控制一台电动机。

二、S7 - 200 系列 PLC 的软件系统

PLC 的软件系统由系统程序和用户程序组成。

1. 系统程序

系统程序由 PLC 制造商编制，固化在 EPROM 或 PROM 中，它包括以下三部分：

（1）系统管理程序：系统管理程序决定系统的工作节拍，包括 PLC 运行管理（各种操作的时间分配安排）、存储空间管理（生成用户数据区）和系统自诊断管理（如电源、系统出错、程序语法、句法检验等）。

（2）用户程序编辑和指令解释程序：编辑程序将用户程序变为内码形式以便于程序的修改、调试，解释程序将编程语言变为机器语句以便 CPU 操作运行。

（3）标准子程序与管理程序：为提高运行速度，在程序执行中某些信息处理（如 I/O 处理）或特殊运算通过调用标准子程序与管理程序来完成。

由于通过改善系统程序可以在不改变 PLC 硬件系统的情况下改善其性能，因此各大厂商对 PLC 系统程序的编制十分重视。西门子公司 S7 - 200 系列 PLC 的系统程序经过不断完善，产品的功能也越来越强。

2. 用户程序

根据系统配置和控制要求编制的用户程序，是 PLC 应用于工业控制的一个重要环节。PLC 支持多种编程语言，常用的编程语言有梯形图（LAD）、语句表（STL）、逻辑符号图、功能表图（FBD）和高级语言。下面以 S7 - 200 系列 PLC 为例介绍这几种编程语言。

（1）梯形图。这是目前 PLC 应用最广、最受电气技术人员欢迎的一种编程语言。梯形图与继电器控制电路图相似，具有形象、直观、实用的特点，与继电器控制图的设计思路基本一致，很容易由继电器控制电路转化而来，如图 1 - 3（a）、（b）所示。

（2）语句表。这是一种与汇编语言类似的编程语言，它采用助记符指令，并以程序执行顺序逐句编写成语句表，如图 1 - 3（c）所示。梯形图和语句表完成同样控制功能，两者之

间存在一定对应关系。不同的 PLC 厂家使用的助记符不尽相同，所以同一梯形图对应的语
句表也不尽相同。

（3）逻辑符号图。逻辑符号图包括与（AND）、或（OR）、非（NOT）以及定时器、计
数器、触发器等，如图 1 - 3（d）所示。

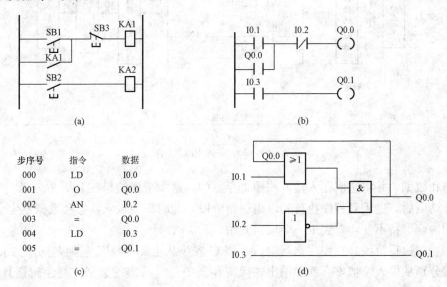

图 1 - 3　继电器控制电路图与 PLC 编程语言
(a) 继电器控制电路图；(b) 梯形图；(c) 语句表；(d) 逻辑符号图

（4）功能表图，又称为状态转换图。它将一个完整的控制过程分成若干个状态，各状态具
有不同动作，状态间有一定的转换条件，满足条件则状态转换，表达一个完整的顺序控制过程。

（5）高级语言。随着软件技术的发展，为了增加 PLC 的运算功能和数据处理能力以方
便用户，许多大中型 PLC 已采用高级语言来编程，如 BASIC、C 语言等。

上述几种编程语言中，最常用的是梯形图和语句表。

三、S7 - 200 系列 PLC 的基本功能

1. S7 - 200 系列 PLC 的工作过程

S7 - 200 系列 PLC 的 CPU 的基本功能就是监视现场的输入信号，根据用户程序中编制
的控制逻辑进行运算，把运算结果作为输出信号去控制现场设备的运行。

在 S7 - 200 系列 PLC 中，控制逻辑由用户编程实现。用户程序要下载到 S7 - 200 系列
PLC 的 CPU 中执行。S7 - 200 系列 PLC 的 CPU 按照循环扫描的方式，完成包括执行用户
程序在内的各项任务。

S7 - 200 系列 PLC 的 CPU 周而复始地执行一系列任务，这些任务每次自始至终地执行
一遍，CPU 就经历一个扫描周期。与周期循环执行的控制程序相对应的，在 S7 - 200 系列
PLC 的 CPU 中还包含中断程序，用于处理特定中断事件的程序处理，例如通信过程中接收
数据过程结束时的程序处理。

S7 - 200 系列 PLC 工作方式主要分为输入采样、程序执行和输出刷新三个阶段，如图 1
- 4 所示。

（1）输入采样阶段。在输入采样阶段，PLC 以扫描工作方式按顺序读入所有输入端的

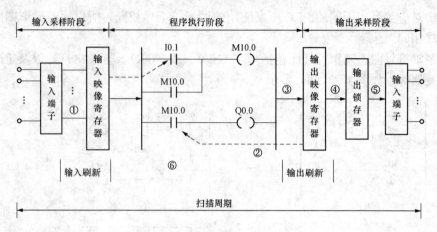

图 1 - 4　S7 - 200 系列 PLC 工作过程

输入状态和数据，并将它们存入输入映像寄存器中，这个采样结果在 PLC 执行程序时使用。输入采样结束后，进入到程序执行和输出刷新阶段，此时即使输入状态和数据发生变化，采样结果的内容保持不变，直到下一个周期开始。

（2）程序执行阶段。在程序执行阶段，PLC 按照从上到下、从左到右的顺序扫描每条指令，并分别从输入映像寄存器和输出映像寄存器中获得所需的数据进行逻辑运算、处理，再将程序执行的结果写入寄存执行结果的输出映像寄存器中保存。这个结果在全部程序未执行完毕之前，不会送到输出端口上。

（3）输出刷新阶段。当所有用户程序执行完毕后，PLC 将输出映像寄存器中的内容送到输出锁存器中，通过一定方式输出，驱动外部负载。

从上述 PLC 的工作过程可以看出，PLC 工作方式的主要特点是采用周期循环扫描、集中输入与集中输出的方式。这种"串行"工作方式可以避免继电器控制系统中触点竞争和时序失配的问题，使 PLC 具有可靠性高、抗干扰能力强的优点，但是也存在输出对输入在时间上的响应滞后，速度慢的缺点。对一般的工业设备，响应滞后是允许的；对某些需要 I/O 快速响应的设备则应采取相应措施，如在硬件设计上采用快速响应模块、高速计数模块等。

 提示：为保证某些任务对时间的要求，S7 - 200 系列 PLC 允许用户程序直接访问物理输入点和输出点；S7 - 200 系列 PLC 也使用硬件执行诸如高速脉冲处理、通信处理等任务，用户程序通过特殊寄存器控制这些硬件的工作。

2. S7 - 200 系列 PLC 的 CPU 的工作模式

S7 - 200 系列 PLC 的 CPU 用两种操作模式：停止模式和运行模式。CPU 前面板上的 LED 状态指示灯显示当前的操作模式。在停止模式下，S7 - 200 系列 PLC 的 CPU 不执行用户程序。要改变 S7 - 200 系列 PLC 的 CPU 的操作模式，有以下三种方法：

（1）使用 S7 - 200 系列 PLC 的 CPU 的模式开关：开关拨到 RUN 时，CPU 运行；开关拨到 STOP 时，CPU 停止；开关拨到 TERM 时，不改变当前操作模式。如果需要 CPU 在上电时自动运行，模式开关必须置于 RUN 位置。

（2）CPU 上的模式开关在 RUN 或 TERM 位置时，可以使用 STEP7 - Micro/WIN 编程软件控制 CPU 的运行和停止。

（3）在程序中插入 STOP 指令，可以在条件满足时将 CPU 设置为停止模式。

任务二 认识西门子 S7 - 200 系列 PLC 数据的存储结构

一、数据格式

S7 - 200 系列 PLC 的 CPU 将信息存储在不同的存储器单元中，每个单元都有地址。S7 - 200 CPU 使用数据地址访问所有的数据，称为寻址。数字量和模拟量输入/输出点、中间运算数据等各种数据具有各自的地址定义方式，S7 - 200 系列 PLC 的大部分指令都需要指定数据地址。

S7 - 200 系列 PLC 的 CPU 以不同的数据格式保存和处理信息。S7 - 200 系列 PLC 支持的数据格式完全符合通用的相关标准，它们占用的存储单元不同，内部的表示格式也不同。S7 - 200 系列 PLC 的 SIMATIC 指令系统针对不同的数据格式提供了不同的编程命令。数据格式和取值范围见表 1 - 4。

表 1 - 4   数据格式和取值范围

寻址格式	数据长度（二进制位数）	数据类型	取值范围
BOOL（位）	1	布尔数（二进制数）	真（1）；假（0）
BYTE（字节）	8	无符号整数	0～255；0～FF（H）
INT（整数）	16	有符号整数	−32768～32767；8000～7FFF（H）
WORD（字）		无符号整数	0～65535；0～FFFF（H）
DINT（双整数）	32	有符号整数	−2147283648～2147483647；80000000～7FFF FFFF（H）
DWORD（双字）		无符号整数	0～4294967295；0～FFFF FFFF（H）
REAL（实数）		IEEE 32 位单精度浮点数	−3.402823E+38～−1.175495E−38（负数）；+1.175495E−38～+3.402823E+38（正数）
ASCII	8 位/个	字符列表	ASCII 字符、汉字内码（每个汉字 2 字节）
STEING（字符串）		字符串	1～254 个 ASCII 字符、汉字内码（每个汉字 2 字节）

二、数据的寻址方式

在 S7 - 200 系列 PLC 中，可以按位、字节、字和双字节对存储单元寻址。寻址时，数据地址可以代表存储区类型的字母开始，随后是表示数据长度的标记、存储单元编号；对于二进制位寻址，还需要在一个小数点分隔符后指定编号。

位寻址举例如图 1-5 所示。字节寻址举例如图 1-6 所示。

图 1-5   位寻址举例

（a）位寻址代码；（b）被寻址位在存储器中的位置

注：I 表示存储器是输入继电器。

由图 1-6 可以看出 VW100 包括 VB100 和 VB101；VD100 包含 VW100 和 VW102，即 VB100、VB101、VB102 和 VB103 这 4 个字节。值得注意的是，这些地址是互相交叠的。

当涉及多字节组合寻址时，S7-200 系列 PLC 遵循"高地址、低字节"的规律。如将 16#AB（十六进制立即数）送入 VB100，16#CD 送入 VB101，那 VW100 的值将是 16#ABCD，即 VB101 作为高地址字节，保存数据的低字节部分。

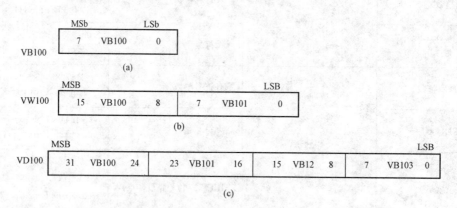

图 1-6   字节寻址举例

（a）单字节；（b）双字节；（c）双字（4 字节）

LSb—最低有效位；MSb—最高有效位；MSB—最高有效字节；LSB—最低有效字节

三、各数据存储区寻址

1. 输入过程映像寄存器（I）

输入过程映像寄存器也称为输入继电器，是 PLC 用来接收用户设备发来的输入信号的接口。如图 1-7 所示，每一个输入继电器线圈都与相应的 PLC 输入端相连（如输入继电器 I0.0 的线圈与 PLC 的输入端子 0.0 相连），并有无数对动合和动断触点供编程时使用。编程时应注意，输入继电器的线圈只能由外部信号来驱动，不能在程序内部用指令来驱动。因此，在用户编制的梯形图中只应出现输入继电器的触点，而不应出现输入继电器的线圈。

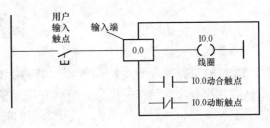

图 1 - 7　输入继电器电路

输入继电器可采用位、字节、字或双字来存取。输入继电器位存取的编号范围为 I0.0～I15.7。表示方法分别如下：

位：　　　　　　　I［字节地址］.［位地址］　　I0.1
字节、字或双字：　I［长度］.［起始字节地址］　IB4　IW1　ID0

2. 输出过程映像寄存器（Q）

输出继电器也称为输出过程映像寄存器，是 PLC 用来将输出信号传送到负载的接口。

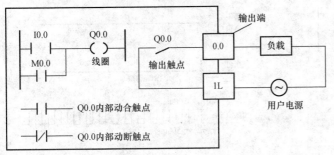

图 1 - 8　输出继电器电路

如图 1 - 8 所示，每一个输出继电器都有无数对动合和动断触点供编程时使用。除此之外，还有一对动合触点与相应的 PLC 输出端相连（如输出继电器 Q0.0 有一对动合触点与 PLC 的输出端子 0.0 相连）用于驱动负载。输出继电器线圈的通断状态只能在程序内部用指令驱动。

输出继电器可采用位、字节、字或双字来存取，输出继电器位存取的编号范围为 Q0.0～Q15.7，表示方法分别如下：

位：　　　　　　　Q［字节地址］.［位地址］　　Q1.1
字节、字或双字节：Q［长度］.［起始字节地址］　QB5　QW1　QD0

3. 变量存储器（V）

变量存储器主要用于模拟量控制、数据运算、设置参数等用途。

变量存储器可以位为单位寻址，也可按字节、字、双字为单位寻址。其位存取的编号范围根据 CPU 的型号有所不同，CPU221/222 为 V0.0～V2047.7，CPU224/226 为 V0.0～V5119.7，表示方法分别如下：

位：　　　　　　　V［字节地址］.［位地址］　　V10.2
字节、字或双字节：V［长度］.［起始字节地址］　VB100　VW200　VD300

4. 辅助继电器（M）

PLC 中备有许多辅助继电器，其作用相当于继电器控制电路中的中间继电器。如图 1 - 9 所示，辅助继电器线圈的通断状态只能在程序内部用指令驱动，每个辅助继电器都有无数对动合触点和动断触点供编程使用。但这些触点不能直接输出驱动外部负载，只能在程序内部完成逻辑关系或在程序中驱动输出继电器的线圈，再用输出继电器的触点驱动外部负载。

辅助继电器与输入、输出继电器一样可采用位、字节、字或双字来存取，辅助继电器位存取的编号范围为 M0.0～M31.7，表示方法分别如下：

位：　　　　　　　　M［字节地址］.［位地址］　　　　M26.7

字节、字或双字节：　　M［长度］.［起始字节地址］　　MB0 MW13 MD20

5. 特殊存储器（SM）

PLC 中还备有若干特殊存储器，特殊存储器位提供大量的状态和控制功能，用来在 CPU 和用户程序之间交换信息，特殊存储器能以位、字节、字或双字来存取。其位存取的编号范围为 SM0.0～SM179.7。几种常用的特殊存储器的用途如下：

（1）SM0.0：运行监视。SM0.0 始终为"1"状态。PLC 在运行时可以利用其触点驱动输出继电器，在外部显示程序是否处于运行状态。

（2）SM0.1：初始化脉冲。如图 1-10 所示，当 PLC 的程序开始运行时，SM0.1 线圈接通一个扫描周期随即失电，因此 SM0.1 的触点常用于调用初始化程序等。

（3）SM0.5：时钟脉冲。

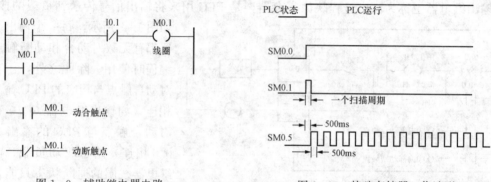

图 1-9　辅助继电器电路　　　　　　　图 1-10　特殊存储器工作波形

如图 1-10 所示，当 PLC 处于运行状态时，SM0.5 产生周期为 1s 的时钟脉冲。将时钟脉冲信号送入计数器作为计数信号，可起到定时器的作用。

SM 位为 CPU 与用户程序之间传递信息提供了一种手段，可以用这些位选择和控制 S7-200 系列 PLC 的 CPU 的一些特殊功能。用户可以按位、字节、字或双字来存取，表示如下：

位：　　　　　　　　SM［字节地址］.［位地址］　　　SM0.1

字节、字或双字节：SM［长度］.［起始字节地址］　　SMB86

表 1-5 为常用的特殊存储器位列表。

表 1-5　　　　　　　　　　　　常用特殊存储器位

特殊存储器位	状态说明	特殊存储器位	状态说明
SM0.0	该位始终为 1	SM1.0	操作结果＝0
SM0.1	首次扫描时为 1	SM1.1	结果溢出或非法值
SM0.2	保持数据丢失时为 1	SM1.2	结果为负数
SM0.3	开机进入 RUN 时为 1，一个扫描周期	SM1.3	被 0 除
SM0.4	时钟脉冲：30s 闭合/30s 断开	SM1.4	超出表范围
SM0.5	时钟脉冲：0.5s 闭合/0.5s 断开	SM1.5	空表
SM0.6	时钟脉冲：闭合 1 个扫描周期/断开 1 个扫描周期	SM1.6	BCD 到二进制转换出错
SM0.7	开关置在 RUN 位置时为 1	SM1.7	ASCII 到十六进制转换出错

其他特殊存储器的用途可查阅相关手册。

6. 定时器（T）

PLC 所提供的定时器作用相当于时间继电器。每个定时器可提供无数对动合和动断触点供编程使用，其设定时间由程序赋予。

每个定时器有一个 16 位的当前值寄存器用于存储定时器累计的时基增量值（1～32767），另有一个状态位表示定时器的状态。若当前值寄存器累计的时基增量值大于等于设定值时，定时器的状态位被置 1（线圈得电），该定时器的触点转换。具体格式如下：

位： T［定时器号］ T37

字： T［定时器号］ T96

定时器的定时精度分别为 1、10ms 和 100ms 三种，CPU221、CPU222、CPU224 及 CPU226 的定时器编号范围均为 T0～T255。表 1 - 6 为定时器有关技术指标及对应编号，用户应根据所用 CPU 型号及时基需求正确选用定时器的编号。

表 1 - 6 定时器有关技术指标及对应编号

	CPU221/CPU222/CPU224/CPU226
定时器	256 个（0～255）
保持型延时接通定时器 1ms	T0、T64
保持型延时接通定时器 10ms	T1～T4、T65～T68
保持型延时接通定时器 100ms	T5～T31、T69～T95
延时接通/断开定时器 1ms	T32、T96
延时接通/断开定时器 10ms	T33～T36、T97～T100
延时接通/断开定时器 100ms	T37～T63、T101～T255

7. 计数器（C）

计数器用于累计其计数输入端接收到的由断开到接通的脉冲个数。计数器可提供无数对动合和动断触点供编程使用，其设定值由程序赋予。

计数器的结构与定时器基本相同，每个计数器有一个 16 位的当前值寄存器用于存储计数器累计的脉冲数（1～32767），另有一个状态位表示计数器的状态。若当前值寄存器累计的脉冲数大于等于设定值时，计数器的状态位被置 1（线圈得电），该计数器的触点转换。具体格式如下：

位： C［定时器号］ C0

字： C［定时器号］ C255

计数器的编号范围为 C0～C255。

8. 高速计数器（HC）

一般计数器的计数频率受扫描周期的影响，不能太高。而高速计数器可用来累计比 CPU 的扫描速度更快的事件。高速计数器对高速事件计数，它独立于 CPU 的扫描周期。高速计数器有一个 32 位的有符号整数计数值（或当前值）。若要存取高速计数器中的值，则应给出高速计数器的地址，即存储器类型（HC）加上计数器型号（如 HC0）。高速计数器的当前值是只读数据，可作为双字节（32 位）来寻址。具体格式如下：

HC［高速计数器］　　HC1

高速计数器的编号范围根据 CPU 的型号有所不同，CPU221/222 各有 4 个高速计数器，编号为 HC0、HC3、HC4、HC5；CPU224/226 各有 6 个高速计数器，编号为 HC0～HC5。

9. 累加器（AC）

累加器是可以像存储器那样使用的读/写单元。

累加器可采用字节、字、双字的存取方式。按字节、字只能存取累加器的低 8 位或低 16 位，双字存取全部的 32 位。CPU 提供了 4 个 32 位的累加器，其编号为 AC0～AC3。被操作的数据长度取决于访问累加器时所使用的指令。

10. 顺序控制继电器（S）

顺序控制器是使用步进控制指令编程时的重要状态元件，通常与步进指令一起使用以实现顺序功能流程图的编程。

顺序控制器的编号范围为 S0.0～S31.7。

11. 模拟量输入/输出（AI/AQ）

模拟量输入信号需经 A/D 转换后送入 PLC，而 PLC 的输出信号需经 D/A 转换后送出，即在 PLC 外为模拟量，在 PLC 内为数字量。在 PLC 内的数字量字长为 16 位，即两个字节，故其地址均以偶数表示，如 AIW0、AIW2、…；AQW0、AQW2、…。

模拟量输入/输出的编号范围根据 CPU 的型号有所不同，CPU222 为 AIW0～AIW30/AQW0～AQW30，CPU224/226 为 AIW0～AIW62/AQW0～AQW62。具体格式如下：

AI 格式：　　AIW［起始字节地址］　　AIW4

AQ 格式：　　AQW［起始字节地址］　　AQW4

S7 - 200 系列 PLC 的 CPU 操作数范围见表 1 - 7。

表 1 - 7　　　　　　　　　　**S7 - 200 系列 PLC 的 CPU 操作数范围**

存取方式	CPU221		CPU222		CPU224　CPU226	
位存取 （字节．位）	V	0.0～2047.7	V	0.0～2047.7	V	0.0～5119.7
	I	0.0～15.7	I	0.0～15.7	I	0.0～15.7
	Q	0.0～15.7	Q	0.0～15.7	Q	0.0～15.7
	M	0.0～31.7	M	0.0～31.7	M	0.0～31.7
	SM	0.0～179.7	SM	0.0～179.7	SM	0.0～179.7
	S	0.0～31.7	S	0.0～31.7	S	0.0～31.7
	T	0.0～255	T	0.0～255	T	0.0～255
	C	0.0～255	C	0.0～255	C	0.0～255
	L	0.0～63.7	L	0.0～63.7	L	0.0～63.7
字节存取	VB	0～2047	VB	0～2047	VB	0～5119
	IB	0～15	IB	0～15	IB	0～15
	QB	0～15	QB	0～15	QB	0～15
	MB	0～31	MB	0～31	MB	0～31
	SMB	0～179	SMB	0～179	SMB	0～179
	SB	0～31	SB	0～31	SB	0～31
	LB	0～63	LB	0～63	LB	0～63
	AC	0～3	AC	0～3	AC	0～3
	常数		常数		常数	

续表

存取方式	CPU221		CPU222		CPU224　CPU226	
字存取	VW	0～2046	VW	0～2046	VW	0～5118
	IW	0～14	IW	0～14	IW	0～14
	QW	0～14	QW	0～14	QW	0～14
	MW	0～30	MW	0～30	MW	0～30
	SMW	0～178	SMW	0～178	SMW	0～178
	SW	0～30	SW	0～30	SW	0～30
	T	0～255	T	0～255	T	0～255
	C	0～255	C	0～255	C	0～255
	LW	0～62	LW	0～62	LW	0～62
	AC	0～3	AC	0～3	AC	0～3
	常数		AIW	0～30	AIW	0～30
			AQW	0～30	AQW	0～30
			常数		常数	
双字存取	VD	0～2044	VD	0～2044	VD	0～5116
	ID	0～12	ID	0～12	ID	0～12
	QD	0～12	QD	0～12	QD	0～12
	MD	0～28	MD	0～28	MD	0～28
	SMD	0～176	SMD	0～176	SMD	0～176
	SD	0～28	SD	0～28	SD	0～28
	LD	0～60	LD	0～60	LD	0～60
	AC	0～3	AC	0～3	AC	0～3
	HC	0、3、4、5	HC	0、3、4、5	HC	0、3、4、5
	常数		常数		常数	

四、S7 - 200 系列 PLC 的集成 I/O 和扩展 I/O

S7 - 200 系列 PLC 的 CPU 提供的集成 I/O 具有固定的 I/O 地址，可以将扩展模块连接到 CPU 的右侧来增加 I/O 点，形成 I/O 链。对于同种类型的输入/输出模块而言，I/O 地址取决于 I/O 类型和在 I/O 链中的位置。输出模块不会影响输入模块上的 I/O 点地址，反之亦然。类似地，模拟量模块不会影响数字量模块的地址，反之亦然。

CPU 和扩展模块的数字量地址总是以 8 位（1 个字节）递增。如果 CPU 或模块在为物理 I/O 点分配地址时未用完 1 字节，则那些未用的位不能分配给 I/O 链中的后续模块。对于输入模块，这些字节中保留的未用位会在每个输入刷新周期中被清零。

每个模拟量扩展模块的输入点地址总是以 2 个通道（2 个 16 位的字）递增，输出点地址总是以 2 个通道（2 个 16 位的字）递增。如果模块只占用两个输入/输出的通道中的一个，那么剩余的通道地址也不能够分配给后续模拟量模块。

 提示: 在编程计算机和 S7 - 200 系列 PLC 的 CPU 联机状态下，使用 STEP7 - Micro/WIN 的菜单命令 PLC＞Information（信息），可以方便地查看 CPU 和扩展模块的地址分配。

任务三　STEP7 - Micro/WIN 编程软件的使用

本任务仅根据一个简单实例按步骤介绍运用 STEP7 - Micro/WIN32 编程软件选用梯形图方式编程时所用到的最基本的操作方法。更全面细致的介绍请查阅《SIMATIC S7 - 200 可编程序控制器系统手册》或从 STEP7 - Micro/WIN32 编程软件的在线帮助中获取。

一、STEP7 - Micro/WIN32 编程软件的安装

所选用的计算机配置最低要求为：CPU 为 80586 的处理器，具有 350M 硬盘空间，显示器分辨率 1024×768。计算机应使用微软公司的 Windows 操作系统。

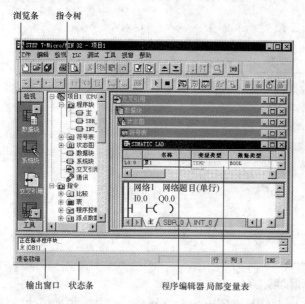

图 1 - 11　STEP7 - Micro/WIN32 汉化后的画面

为了实现可编程序控制器与计算机的通信，必须配备合适的硬件设备。PC/PPI（个人计算机/点对点接口）电缆由于其价格便宜、使用方便，是用户选用最多的设备。除此之外，也可选用通信处理器（CP）卡和多点接口（MPI）电缆，采用这种方式可用较高的波特率进行通信。

双击编程软件中的安装程序 SET-UP. EXE，根据安装时的提示完成安装。安装完成后，可用 STEP7 - Micro/WIN32 的中文升级软件（可在西门子公司的网站下载）将编程软件的界面和帮助文件汉化。STEP7 - Micro/WIN32 汉化后的画面如图 1 - 11 所示。画面中工具栏为常用菜单命令的快捷方式提供按钮。浏览条为访问 STEP7 - Micro/WIN32 中不同的程序组件提供了一组图标。指令树显示了所有的项目对象和创建控制程序所需要的指令。程序编辑器中包括程序编辑和局部变量表，STEP7 - Micro/WIN32 提供梯形图（LAD）、语句表（STL）和功能块图（FBD）三种编辑器来创建程序，用任何一种程序编辑器编写的程序都可以用另外一种程序编辑器来浏览和编辑，但必须遵循一些输入规则。

二、使用 PC/PPI 电缆通信

图 1 - 12 为一个利用 PC/PPI 电缆连接计算机和 CPU 的示意图。

使用 PC/PPI 电缆设置通信的步骤如下：

（1）设置 PC/PPI 电缆上的 DIP 开关。PC/PPI 电缆上的 DIP 开关有 5 个扳键，1、2、3 号键用于设置波特率，4 号键和 5 号键用于设置通信方式。初学者可选择通信速率的默认值 9600bit/s，即如图 1 - 12 所示 1、2、3 号键设置为 010，未使用调制解调器时 4、5 号键均应设置为 0，故此时 DIP 开关的 5 个扳键可设置为 01000。

（2）利用 PC/PPI 电缆连接计算机和 CPU。将 PC/PPI 电缆上标有"PC"的 RS-232 端连接到计算机的 RS-232 通信接口，标有"PPI"的 RS-485 端连接到 CPU 模块的通信口，

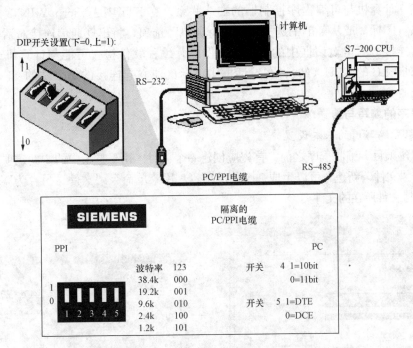

图 1 - 12 利用 PC/PPI 电缆连接计算机和 CPU 的示意图

拧紧两边的螺钉。

（3）核实接口缺省参数。在 STEP7 - Micro/WIN32 的浏览条中单击"通讯"图标，或从菜单中选择"检视＞通讯"选项（"＞"后表示下层菜单），将出现"通讯设定"对话框（见图 1 - 13）；在对话框中双击 PC/PPI 电缆的图标，将出现"PG/PC 接口"对话框（见图 1 - 14）；选择其中的"属性（Properties）"按钮，出现"PC/PPI 电缆属性"对话框（见图 1 - 15）。初学者可以使用默认的通信参数，在 PC/PPI 性能设置窗口中按"确定"按钮可获得默认的参数。

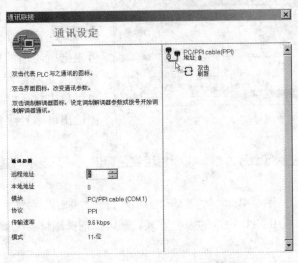

图 1 - 13 "通讯设定"对话框

注：软件中提到的"通讯"即为文中的"通信"，"通讯"是旧名称。

（4）建立计算机与可编程序控制器的在线联系。在 STEP7 - Micro/WIN32 的浏览条中单击"通讯"图标，或从菜单中选择"检视＞通讯"选项，将出现通信连接对话框，显示尚未建立通信连接。双击对话框中的"刷新"图标，编程软件检查可能与计算机连接的所有 S7 - 200 系列 PLC 的 CPU（站），在对话框中显示已建立起连接的每个站的 CPU 图标、型号和站地址。

三、程序的编写与传送

（一）程序编写前的基本设置

（1）新建项目。编制程序之前，首先应创建一个项目。用工具条中的"新建项目"按钮或用菜单命令"文件＞新建"可以生成一个新的项目。用菜单命令"文件＞另存为"可修改项目的名称和项目文件所在的文件夹。

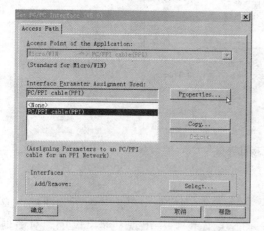

图 1 - 14　"PG/PC 接口"对话框

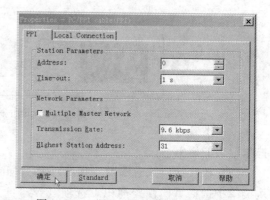

图 1 - 15　"PC/PPI 电缆属性"对话框

（2）打开一个已有的项目。用菜单命令"文件＞打开"可打开已有的项目。最近工作过的项目将在菜单文件的下部列出，可直接选择它。项目存放在扩展名为 mwp 的文件中。

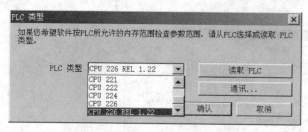

图 1 - 16　"PLC 类型"对话框

（3）设置可编程序控制器型号。用菜单命令"PLC＞类型"打开"PLC 类型"对话框（见图 1 - 16），可根据所使用的可编程序控制器选择型号，如果已经成功建立通信连接，也可单击对话框中的"读取 PLC"按钮读出可编程序控制器的型号和硬件版本。

指定了可编程序控制器型号之后，指令树用红色标记"×"表示对选择的可编程序控制器的无效指令。

（4）选择编程语言。用菜单命令"工具＞选项"打开"选项"对话框（见图 1 - 17），可根据需要选择 SIMATIC 或 IEC1131 - 3 的编程方式，还可以选择编辑器类型。采用梯形图方式编程应选择阶梯编辑器。

（二）LAD（梯形图）程序的输入方法

下面以图 1 - 18 所示电动机间歇运行控制程序为例（程序说明见模块三任务一中图 3 - 19），

介绍用 STEP7 - Micro/WIN32 编程软件编制梯形图程序的操作步骤。

1. 编制符号表

为了便于程序的调试和阅读，在输入程序前可用符号地址代替存储器的地址编写符号表（简单程序也可不用符号表）。单击浏览条中的"符号表"图标，或选择菜单命令"检视＞符号表"选项，窗口中显示符号表，按需要填写内容，如图 1-18 所示。

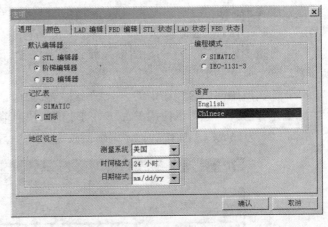

图 1-17 "选项"对话框

完成符号表后，编写梯形图程序时键入符号名称或存储器地址均可，若键入存储器地址在梯形图中将被自动转换为符号地址。

2. 在程序编辑器中输入梯形图程序

输入梯形图程序可采用拖放或双击指令树中的相应图标、选择工具条中的相应按钮、运用功能键等多种不同的方法。下面结合电动机间歇运行控制程序具体介绍输入程序的一般步骤：

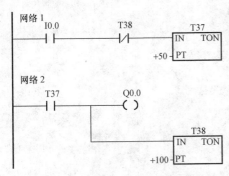

图 1-18 电动机间歇运行控制程序

（1）在程序编辑器中将矩形光标置于网络 1，紧靠左母线，打开指令树中"指令＞位逻辑"图标，双击"┤├"或将其拖放到所需位置后释放，在触点出现的同时其上方显示"???"，矩形光标自动移至下一位置。

	名称	地址	注释
1	运行开关	I0.0	运行开关的动合触点
2	电动机	Q0.0	间歇运行的电动机
3			

符号表

图 1-19 电动机间歇运行程序的符号表

（2）双击指令树中的"┤/├"或将其拖放至所需位置后释放，在触点出现的同时，其上方显示"???"，矩形光标自动移至下一位置。

（3）打开指令树中"指令＞计时器"图标，双击"TON"图标或将其拖放到所需位置后释放，在定时器盒出现的同时其上方和 PT 端分别显示"???"。

（4）依次选中网络 1 程序中的"???"区输入地址号或数值。

（5）将矩形光标置于网络 2，紧靠左母线（每个网络只能编辑一个逻辑行的梯形图），双击指令树中的"┤├"或将其拖放至所需位置后释放，在触点出现的同时其上方显示"???"，矩形光标自动移至下一位置。

（6）双击指令树中的"( )"或将其拖放至所需位置后释放，在线圈出现的同时，其上方显示"???"。

（7）将矩形光标移至"（ ）"前的"┤├"上，单击工具条上的线下图标"┐"画面出现与"（ ）"并行的连线。

（8）将指令树中的"TON"图标拖放到所需位置后释放，在定时器盒出现的同时其上方和PT端分别显示"???"。

（9）依次选中网络2程序中的"???"区，输入地址号或数值。

除上述方法外，也可以使用F4、F9、F6键来快速输入触点、盒和线圈指令。

图1-20为完成以上操作后程序编辑器画面。

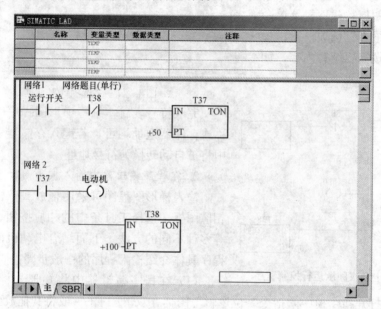

图1-20　程序编辑器画面

（三）LAD（梯形图）程序的修改

（1）覆盖。将矩形光标移至需修改的指令上放入新指令，程序编辑器将用新指令替换原来的指令。

（2）删除。在输入程序的过程中如出现错误可随时按动键盘中的"Del"键删除矩形光标中的内容，或按动键盘中的"Backspace"键删除矩形光标前的内容。

（3）插入。按下键盘中的"Ins"键选择插入方式，将矩形光标移至需插入的指令位置放入新指令即可，新指令将插入光标选中的指令前，原指令位置自动后移。

在输入程序的过程中也可在矩形光标中单击右键，在上跳菜单中选择"剪切"、"复制"、"粘贴"、"删除"和"插入"修改程序，如图1-21所示。

（四）LAD（梯形图）/STL（语句表）形式的转换

若需要将输入的LAD（梯形图）程序转换为STL（语句表）形式，只需选择菜单命令"检视＞STL"选项，窗口中即可显示对应于梯形图程序的语句表，如图1-22所示。

（五）编译程序

用工具条中的"编译"或"全部编译"按钮，或用"PLC"菜单中的"编译"、"全部编译"命令均可编译程序。编译后在输出窗口显示程序中语法错误的数量、各条错误的原因和错误在程序中的位置，双击输出窗口中的某一条错误，程序编辑器中的矩形光标将会移到程

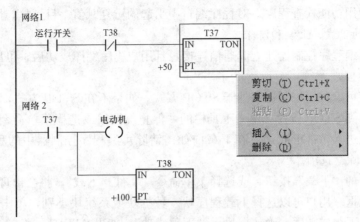

图 1-21　程序编辑器中的修改编辑窗口

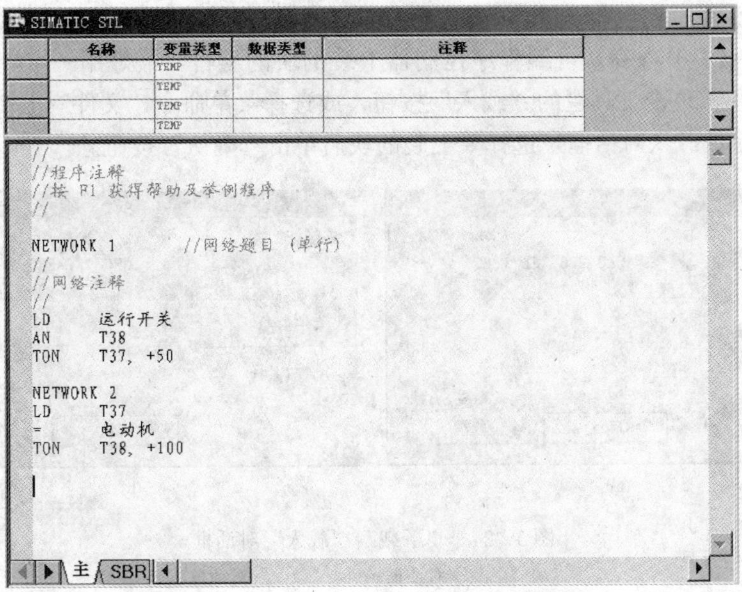

图 1-22　STL（语句表）形式的显示画面

序中该错误所在的位置。必须改正程序中的所有错误，编译成功后才能下载程序。

（六）交叉引用

编译程序后，若想了解程序内是否使用以及在何处使用某线圈或触点等信息，可使用交
叉引用功能。只需点击浏览条中的
"交叉引用"图标，或选择菜单命令
"检视＞交叉引用"选项，窗口中即
可显示对应于梯形图程序中各线圈、
触点的具体位置等信息。交叉引用列
表如图 1-23 所示，在表中双击某操
作数，可以显示出包含该操作数的那
一部分程序。

	元素	块	位置	上下文
1	运行开关	主 (OB1)	网络 1	-| |-
2	电动机	主 (OB1)	网络 2	-( )
3	T37	主 (OB1)	网络 1	TON
4	T37	主 (OB1)	网络 2	-| |-
5	T38	主 (OB1)	网络 1	-|/|-
6	T38	主 (OB1)	网络 2	TON

图 1-23　交叉引用列表

运用交叉引用功能检查程序，对程序编辑中引起的重复赋值一目了然，因而便于修改。

（七）程序的下载、上装和清除

计算机与可编程序控制器建立起通信连接，且用户程序编译成功后，可以将其下载到可编程序控制器中去。

下载之前，可编程序控制器应处于 STOP 方式。如果不在 STOP 方式，可将 CPU 模块上的方式开关扳到 STOP 位置；单击工具栏的"停止"按钮或选择菜单命令"PLC＞停止"的方法同样可以进入 STOP 状态。在下载前如需清除可编程序控制器中的程序可选择菜单命令"PLC＞清除"选项。

单击工具栏的"下载"按钮，或选择菜单命令"文件＞下载"，将会出现如图 1-24（a）所示的下载对话框。用户可以选择下载程序块、数据块或系统块类别，单击"确认"按钮，开始下载信息。下载成功后，确认框显示"下载成功"。如果 STEP7-Micro/WIN32 中设置的 CPU 型号与实际不符，将出现警告信息，应修改 CPU 的型号后再下载。

可以从可编程序控制器上装（载入）程序到编程软件，上装前应在 STEP7-Micro/WIN32 中建立或打开保存从可编程序控制器上装的块的项目，最好用一个新建的空的项目来保存上装的块。单击工具栏的"载入"按钮，或选择菜单命令"文件＞上装"即出现如图 1-24（b）所示的载入对话框，选择要上装的块后单击"确认"按钮。

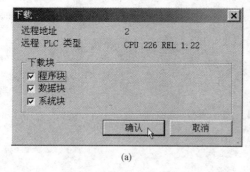
(a)

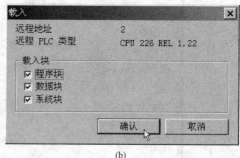
(b)

图 1-24　"下载"、"载入"对话框
(a)"下载"对话框；(b)"载入"对话框

四、程序运行的状态监视

（一）用单次/多次扫描监视用户程序

1. 单次扫描

若需要观察到可编程序控制器从 STOP 方式进入 RUN 方式首次扫描时程序运行的状态可采用单次扫描的方法。在 STOP 方式下（可编程序控制器的方式选择开关置于 TERM）选择菜单命令"排错＞单次扫描"，此时可编程序控制器从 STOP 方式进入 RUN 方式，执行一次扫描后回到 STOP 方式，从可编程序控制器的输出指示灯可观察到这一很难捕捉到的状态。

2. 多次扫描

可以指定执行有限次的程序扫描次数（1～65535 次）监视用户程序的执行。在 STOP 方式下（可编程序控制器的方式选择开关置于 TERM）选择菜单命令"排错＞多次扫描"来设置扫描执行的次数即可。

（二）用状态图监视并修改用户程序

1. 状态图的创建和编辑

创建和打开状态图是为了对图的内容进行编辑或查看。可采用单击浏览条上的“状态图”按钮、选择菜单命令“检视＞状态图”选项或打开指令树内的状态图文件夹，然后双击“SHT1”图标三种方法中的任一种，即可显示状态图窗口。

在状态图的地址列应输入存储器地址。在格式列应选择数值的显示方式，可双击鼠标或按空格键、回车键浏览有效格式并选择数据格式。对于计数器、计时器可选择按位或字格式显示，若选择按位显示，数值列显示计数器、定时器的位状态（1 或 0）。若选择按字（带符号、不带符号、十六进制等）显示则显示计数器、定时器的当前值。图 1 - 25 所示为状态图中选择不同数据格式时数值列的表示形式。位及二进制数值前面都带有数字及井号（#），十六进制数值前面带有数字 16 及井号（#）。位值占 1 位，二进制数值占 8 位。带符号及不带符号的数值均为十进制数。

状态图

	地址	格式	当前数值
1	V0.0	位	2#1
2	VB0	二进制	2#0000_0001
3	VB0	不带符号	1
4	VB0	带符号	+1
5	VB0	十六位进制	16#01
6	VB0	ASCII	'$01'
7	VB0	字符串	'$01$00$00$01$00$00$00$00$00$0
8	VD0	浮点数	2.350989E-038

CHT1

图 1 - 25　选择不同数据格式时数值列的表示形式

在状态图的修改过程中，可采用下列方法：

（1）插入新行。在状态图中选择并右击单元或行，在出现的上跳菜单中选择命令“插入＞行”可在当前光标位置的上部插入新行；若将光标置于最后一行的任意单元并按下箭头键可在状态图底部插入新行。

（2）删除单元或行。选中并右击单元或行，在出现的上跳菜单中选择命令“删除＞选择”可删除被选中的单元或行。

（3）单击行号可选择整行剪切或复制。

（4）单击行号上部的图左上角可选择整个状态图。

若需增加新的状态图可右击指令树中状态图文件夹或单击已经打开的状态图，在弹出的上跳菜单中选择“插入状态图”选项。如果项目中有多个状态图，可用状态图底部的标签切换。

状态图

	地址	格式	当前数值	新数值
1	运行开关	位		
2	T38	带符号		
3	T37	带符号		
4	电动机	位		
5		带符号		

图 1 - 26　电动机间歇运行控制状态图

图 1 - 26 为电动机间歇运行控制状态图。从图中可见，创建成功的状态图在数值列均为空白，即此时并不具有监视运行的功能。

2. 状态图的启动和监视

（1）状态图的启动和关闭。经启动后的状态图才具备收集状态信息、监视运行状态的功能。单击工具条上的“图状态”图标或选择菜单命令“排错＞图状态”选项，可启动状态图（此时不能再编辑状态图），再操作一次可关闭状态图。调试程序用的工具条如图 1 - 27 所示。

（2）单次读取和连续图状态。状态图被关闭时（未启动前），单击工具条上的“单次读取”按钮或选择菜单命令“排错＞单次读取”选项，可以从可编程序控制器收集当前的数

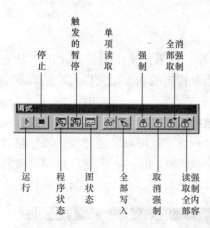

图 1-27   调试程序用的工具条

据，并在表中当前数值列显示出来，且在执行用户程序时并不对其更新。状态图被启动后，编程软件可连续从可编程序控制器收集信息，表中当前数值列的数值按照选定的数据格式随程序的运行而不断的更新。

运用状态图监视电动机间歇运行控制时，合上运行开关 I0.0，可观察到程序运行的情况如图 1-28 所示（当前数值列的内容随程序的运行连续更新）。此时可编程序控制器的输出指示灯 Q0.0 熄灭 5s，燃亮 10s，周而复始循环直至断开运行开关 I0.0。

（3）用状态图强制改变数值。在运行方式下可以采用强制功能模拟逻辑条件和物理条件，建议此功能只可在不带负载进行程序调试时运用。因在带负载运行的情况下强制改变数值可能引起系统出现无法预料的情况，甚至导致人员伤亡或设备损坏。

S7-200 系列 PLC 允许在程序运行状态强制性地给所有的 I/O 点赋值，此外最多还可改变 16 个内部存储器数据（V 或 M）或模拟量 I/O（AI 或 AQ）。

用鼠标右键单击状态图中的操作数后可从上跳菜单选项中选择对该操作数的强制或取消强制。另外，在显示状态图后，还可用工具条中的相关按钮或用"排错"菜单中的选项执行下列操作：

	地址	格式	当前数值	新数值
1	运行开关	位	2#1	
2	T38	带符号	+15	
3	T37	带符号	+65	
4	电动机	位	2#1	
5		带符号		

图 1-28   运用状态图监视电动机间歇运行控制

全部写入：对状态图内新数值列改动完成后，可利用全部写入将所有改动传送至可编程序控制器。物理输入点不能用此功能改动。

强制：在状态图的地址列中选中一个操作数，在新数值列写入希望的数值，然后按工具条中的"强迫"按钮。一旦使用了强制功能，每次扫描都会将修改的数值用于该操作数，直到取消对它的强制。被强制的数值旁边将显示锁定图标（一把合上的锁）。

取消强制：选择一个被强制的操作数，然后按工具条中的"非强迫"按钮或在右击出现的上跳菜单中单击"非强迫"选项；若需将状态图中所有被强制的操作数取消强制，只需按工具条中的"全部非强迫"按钮或选择菜单中"排错＞全部非强迫"选项，采用全部取消强制之前不必选择单个地址。解除强制后锁定图标将会消失。

读取全部强制：执行读取全部强制功能时，状态图中被强制操作数的当前数值列根据不同的情况显示不同的图标。

锁定图标表示该操作数被显式强制，对该操作数取消强制之前不能改变其数值。

灰色的锁定图标表示该操作数被隐式强制。例如，如果 VW0 被强制，则 VB0 被隐式强制（VB0 是 VW0 的第一字节）。被隐式强制的数值本身不能取消强制，必须在解除对 VW0 的强制后才能改变 VB0 的数值。

半块锁定图标表示操作数的一部分被部分强制。例如，如果 VW0 被显式强制，则 VW1 的一部分也被强制（VW1 的第一字节是 VW0 的第二字节）。不能对部分强制的数值本身取消强制，在改变该操作数数值之前，必须取消其被部分强制的操作数的强制。

（三）在运行中显示梯形图的程序状态

可编程序控制器处于运行方式并建立起通信后，单击工具条上的"程序状态"按钮，或选择菜单命令"排错＞程序状态"，可在梯形图中显示出各元件的状态进行监控。在进入"程序状态"的梯形图中，用添加的彩色块表示位操作数的线圈得电或触点闭合状态。在菜单命令"工具＞选项"打开的窗口中，可选择设置梯形图中功能块的大小、显示的方式和彩色块的颜色等。

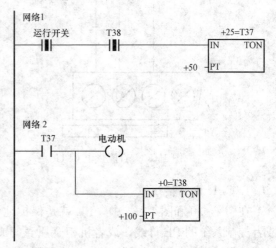

运行中梯形图内各元件的状态将随程序执行过程连续更新变换。启动"程序状态"的梯形图监视电动机间歇运行控制时，合上运行开关 I0.0，可观察到程序运行的情况如图 1 - 29 所示。此时可编程序控制器的输出指示灯 Q0.0 熄灭 5s，燃亮 10s，周而复始循环直至断开运行开关 I0.0。

梯形图中被强制的数值用状态图中相同的符号来表示。可以在梯形图的程序状态启动强制和取消强制。

五、RUN 方式下编辑

CPU224、CPU226 具备在 RUN 方式下编辑的功能。在建立好计算机与可编程序控制器的通信联系以后，选择菜单"排错＞在运行状态编辑程序"（编辑前应退出程序状态监视），对程序进行修改，然后将修改后的程序下载至可编程序控制器，程序将按照修改后的程序运行。下载之前一定要仔细考虑可能对人员和设备造成的各种后果。在 RUN 方式下载程序时只能下载程序块。

图 1 - 29 运用"程序状态"中的梯形图监视
电动机间歇运行控制的画面

由于在 RUN 状态编辑不影响第一次扫描标志 SM0.1，因此在下一次 CPU 上电之前或从 STOP 转换到 RUN 方式之前，不会执行受控于 SM0.1 的逻辑条件。

再次选择菜单"排错＞在运行状态编辑程序"可以退出 RUN 方式编辑。

六、在线帮助的使用

（1）选定需要在线帮助的菜单项目或按 F1 键打开对话框。

（2）利用菜单命令"帮助＞内容与目录"进入帮助窗口查找。

（3）选择菜单命令"帮助＞这是什么"或同时按 Shift 和 F1 键，用带问号的光标单击需查找的内容（如工具条中的按钮、程序编辑器和指令树等）。

（4）选择菜单命令"帮助＞Web 上的 S7 - 200"可访问为 S7 - 200 系列 PLC 提供支持和产品信息的西门子公司互联网网站。

任务四　S7 - 200 系列 PLC 供电和接线

S7 - 200 CPU 和扩展模块都需要电源供电。各种数字量和模拟量输入/输出信号都是电信号，只有正确连接电源和输入/输出信号导线，控制系统才能正常工作。

一、CPU 和扩展模块供电

S7 - 200 CPU 提供两种供电形式：24V 直流和 110/220V 交流。需要供电的扩展模块，除了 CP243 - 2（AS - Interface 模块）外，都是 24V 直流供电。CPU 供电如图 1 - 30 和图 1 - 31 所示。

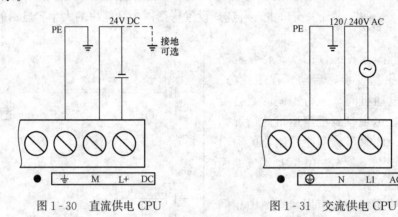

图 1 - 30　直流供电 CPU　　　　　图 1 - 31　交流供电 CPU

1. CPU 电源接线

在图 1 - 30 和图 1 - 31 中，PE 就是保护地（屏蔽地），可以连接到三相五线制的地线，或者控制系统的 PE 母线，或者机柜金属壳，或者接真正的大地。PE 绝对不可以连接交流电源的零线（N，即中性线）。某些情况下，为抑制干扰也可以把 CPU 直流电源的 M 端与 PE 连接，但在接地情况不理想的情况下最好不要这样做。在 S7 - 200 系统中，凡是标记为 L1/N 的，都是交流电源端子；凡是标记为 L+/M 的，都是直流电源端子。

每个 CPU 的右下角都有一个 24V 直流输出电源，称为传感器电源。它可以用作 CPU 自身和扩展 I/O 点的电源供电，也可以用于扩展模块自身的供电。为扩展模块供电时要把传感器电源的 L+/M 对应连接到扩展模块的 L+/M 端子。如果电源容量不够需要的 24V 直流电源，外接电源的正极不能与传感器电源的 L+ 连接，负极要和传感器电源的 M 连接，传感器电源输出位置如图 1 - 32 所示。

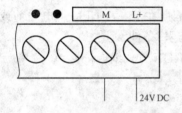

图 1 - 32　CPU 传感器电源输出

2. 扩展模块供电

扩展模块所需的 5V 直流电源从扩展模块总线取得。部分模块需要从端子上获得 24V 直流电源 L+ 和 M。可以直接使用上述 CPU 传感器电源作为扩展模块电源，也可以使用符合标准的其他电源。建议在传感器电源供电容量足够时不要引入附加电源。

二、数字量 I/O 接线

输入/输出信号接线的关键是要构成闭合电路。为了便于连接不同设备，或者使用不同的电源，数字量 I/O 的几个点组成一组，每组共享一个电源公共端子。

1. 输入点接线

数字量输入都是 24V 直流，支持源型（信号电流从模块内向输入器件流出）和漏型（信号电流从输入器件流入）。两种接法的区别是电源公共端 xM 接 24V 直流电源的负极（漏型输入），或者正极（源型输入），分别如图 1 - 33 和图 1 - 34 所示。源型和漏型输入可对应于 NPN 和 PNP 型输出的传感器信号。

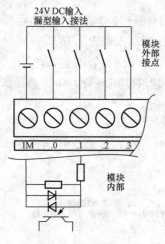

图 1 - 33 漏型输入接法

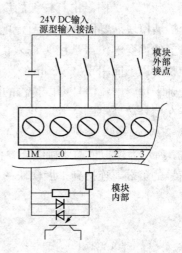

图 1 - 34 源型输入接法

2. 输出点接线

S7 - 200 的数字量输出点有两种类型：24V 直流（晶体管）和继电器触点。对于 CPU 上的输出点来说，凡是 24V 直流供电的 CPU 都是晶体管输出，如图 1 - 35 所示，220V 交流供电的 CPU 都是继电器触点输出，如图 1 - 36 所示。

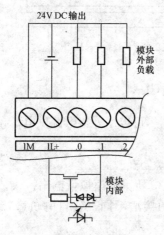

图 1 - 35 晶体管输出

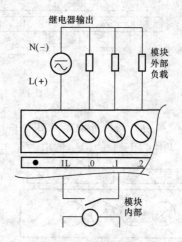

图 1 - 36 继电器输出

直流晶体管输出点只有源型输出一种，未来也有可能推出漏型输出产品；继电器触点的输出触点没有电流方向性，它既可以连接直流信号，也可以连接交流信号 120V/240V，但是不能通过 380V 交流电流。

S7 - 200 的数字量输入和输出都是分组汇点式结构，各组可以由独立的电源供电。如果线路复杂或者设备应用条件较差，易导致电源短路等故障，可使用其他电源为 I/O 点供电，而不使用 CPU 本体上的 24V 传感器电源供电。

三、模拟量 I/O 接线

S7 - 200 的模拟量模块用于输入和输出电压、电流信号。信号的量程（信号的变化范围，如－10～＋10V，0～20mA 等）用模块上的 DIP 开关拨到不同的位置（ON 或 OFF）设定，《S7 - 200 系统手册》的附录中有详细的设置方法。

模拟量扩展模块需要供应 24V 直流电源。可以用 CPU 传感器电源，也可以用外接电源供电。模块上的可变电位器是用于输入信号转换校准的，如果没有精确的测量手段和信号源，不能调整，也不能用于 0～20mA/4～20mA 量程选择。一般而言，电压信号比电流信号更容易受到干扰，电流信号可以传输的距离更长。建议使用屏蔽电缆传输模拟量信号，并使用屏蔽层在信号源处单端接地（PE）。

1. 模拟量输入接线

图 1 - 37 所示为模拟量输入接线，要注意电流信号和电压信号接线的区别。为了抑制共模干扰，信号的负端要连接到扩展模块的电源输入的 M 端子。

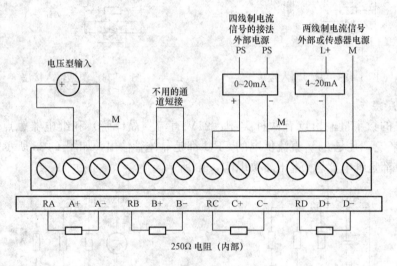

图 1 - 37   模拟量输入接线

产生模拟量信号的外部设备，如各种信号变送器等可以用外接电源供电，在规格符合要求时，也可以用 CPU 上的传感器电源供电。

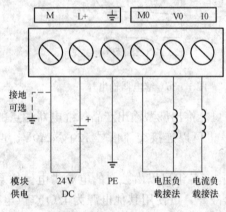

图 1 - 38   模拟量输出接线

2. 模拟量输出接线

图 1 - 38 所示为模拟量输出接线，电压型和电流型信号的接法不同，各自的负载接到不同的端子上。

在 CPU224 XP 本体上也有简易的模拟量 I/O 通道：两个支持－10～＋10V 的电压输入通道和一个支持 0～10V/0～20mA 的电压/电流输出通道。它们的接线和模拟量模块的接线类似。

四、PLC 与外部设备接线

PLC 与外部设备的接线方式有独立式和汇点式两种。独立式每点构成单元电路。汇点式多点构成单元电路，其接线采用分组形式，以适应同机使用不同电源的要求，各组的端子数可以是 2、4、8、16 和 32 点等，如图 1 - 39、图 1 - 40 所示，即为分组汇点式的接线图。图 1-39 为输入端采用外部 24V 直流电源供电的安装接线图，图 1-40 为输入端采用内部 24V 直流电源供电的安装接线图，两图均为 CPU 224。

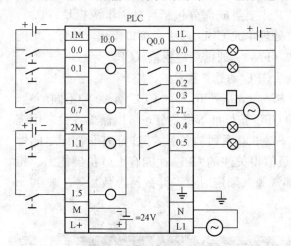

图 1-39 外部 24V 直流电源供电的安装接线图

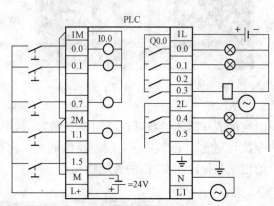

图 1-40 内部 24V 直流电源供电的安装接线图

PLC 的接线正确与否关系到 PLC 能否正常工作和本身的使用寿命，因此在使用前一定要认真阅读有关的说明，并注意以下几点：

（1）按规定正确连接电源电路。

（2）输入 COM 端（公共端）与输出 COM 端（公共端）切不可相接；输入线一般不超过 10m；输出线不能用同一根电缆；输入线、输出线与交、直流线应分开连接，输出线应尽量远离高压线或动力线。

（3）保证良好的接地，PLC 应接专用地线，接地点应尽量与动力设备的接地点分开。

任务五 认识 S7 系列 PLC 基本组成及基本功能

在详细了解 S7-200 系列 PLC 性能基础上，本任务主要介绍 S7 系列中 S7-300、S7-400、S7-1200 系列和 S7-1500 系列产品的基本性能指标。

一、S7-300 系列 PLC

S7-300 系列 PLC 是模块化的中小型 PLC，能满足中等性能要求的应用，广泛应用于专用机床、纺织机械、包装机械、电器制造等生产制造领域。

1. S7-300 系列 PLC 特点

（1）模块化小型 PLC 系统，满足中、小规模的性能要求。

（2）各种性能的模块可以非常好地满足和适应自动化控制任务。

（3）简单实用的分布式结构和多界面网络能力，使应用十分灵活。

（4）方便用户和简易的无风扇设计。

（5）当控制任务增加时，可自由扩展。

（6）大量的集成功能使其功能非常强劲。

2. S7-300 系列 PLC 外形

S7-300 系列 PLC 外形如图 1-41 所示。

图 1-41　S7-300 系列 PLC 外形

3. S7-300 系列 PLC 的系统构成

S7-300 系列 PLC 的系统构成如图 1-42 所示。其主要组成部分包括导轨、电源模块（PS）、中央处理单元 CPU 模块、接口模块（IM）、功能模块（FM）、通信处理模块（CP）等。

4. CPU 的性能指标

S7-300 系列 PLC 的 CPU 有 20 种不同型号，各种 CPU 按性能等级划分，可以涵盖各种应用范围。S7-300 系列的各款 CPU 都有非常详尽的性能数据表（具体参数可查阅相关资料），其中最值得关注的 CPU 性能有 I/O 扩展能力、指令执行速度、工作内存空间、通信能力、内部资源（如定时器、计数器个数）等。表 1-8 给出了几种常用 CPU 的性能指标。

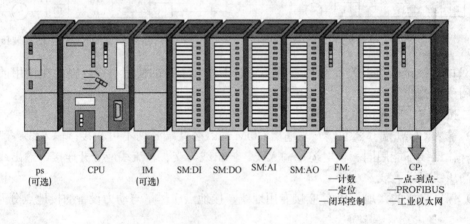

ps（可选）　　CPU　　IM（可选）　　SM:DI　　SM:DO　　SM:AI　　SM:AO　　FM:
—计数
—定位
—闭环控制　　CP:
—点-到点
—PROFIBUS
—工业以太网

图 1-42　S7-300 系列 PLC 的系统构成

表 1-8　　　　　　　　　几种常用 CPU 的性能指标

性能	CPU312	CPU312C	CPU313C-2PtP	CPU313C-2DP	CPU314	CPU315-2DP	CPU317-2PN/DP
用户内存	32KB	32KB	64KB	64KB	96KB	128KB	1MB
MMC/MB（最大）	4	4	8	8	8	8	8
DI/DO（个）	256/256	266/262	1008/1008	8064/8064	1024/1024	1024/1024	65536/65536
AI/AO/路	64/64	64/64	248/248	503/503	256/256	1024/1024	4096/4096
（处理时间/1KB 指令）（ms）	0.2	0.2	0.1	0.1	0.1	0.1	0.05
位存储器（B）	128	128	256	256	256	2048	4096
计数器（个）	128	128	256	256	256	256	512
定时器（个）	128	128	256	256	256	256	512
MPI/DP/PtP/PN	Y/N/N/N	Y/N/N/N	Y/N/Y/N	Y/Y/N/N	Y/N/N/N	Y/Y/N/N	Y/Y/N/Y

续表

性能		CPU312	CPU312C	CPU313C-2PtP	CPU313C-2DP	CPU314	CPU315-2DP	CPU317-2PN/DP
集成的 I/O	DI/DO	—/—	10/6	10/6	10/6	—/—	—/—	—/—
	AI/AO	—/—	—/—	—/—	—/—	—/—	—/—	—/—
集成的技术功能		—	计数，频率测量	计数，频率测量，PID控制	计数，频率测量，PID控制		—	—

二、S7-400 系列 PLC

1. S7-400 系列 PLC 外形及特点

S7-400 系列 PLC 是具有中高档性能的 PLC，采用模块化无风扇设计，坚固耐用，易于扩展，通信功能强大，适用于对可靠性要求极高的大型复杂控制系统，其外形如图 1-43 所示。

S7-400 系列 PLC 有很强的通信功能，CPU 模块集成有 MPI 和 DP 通信接口，另有 PROFIBUS-DP、工业以太网的通信模块，以及点对点的通信模块。通过 PROFIBUS-DP 或 AS-i 现场总线，可以周期性地自动交换 I/O 模块的数据。

S7-400 系列 PLC 的模块插座焊在机架中的总线连接板上，模块插在模块插座上，有不同槽数的机架供用户选择，如果一个容纳不下所有的模块，可以扩展一个或几个机架，各机架之间用接口模块和通信电缆交换信息。

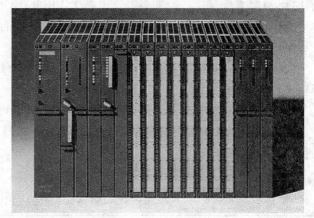

图 1-43 S7-400 系列 PLC

S7-400 系列 PLC 提供了多种级别的 CPU 模块和种类齐全的通用功能模块，用户能根据需要组成不同的专用系统。S7-400 系列 PLC 采用模块化设计，不同模块可以灵活组合，扩展十分方便，可以扩展多达 300 多个模块，背板总线集成在模块内，没有插槽限制，支持多处理器计算（中央机架可以使用 4 个 CPU）。模块具有很高的电磁兼容性和抗冲击、耐震动性，可带电插拔。

2. S7-400 系列 PLC 系统构成

S7-400 系列 PLC 由机架、电源模块（PS）、中央处理单元（CPU）、数字量输入/输出（DI/DO）模块、模拟量输入/输出（AI/AO）模块、通信处理器（CP）、功能模块（FM）和接口模块（IM）组成，如图 1-44 所示。DI/DO 模块和 AI/AO 模块统称为信号模块（SM）。

3. S7-400 系列 PLC 的 CPU

S7-400 系列 PLC 有多种不同型号的 CPU，如 CPU412-1、412-2、414-2、414-3、416-2、416-3、417-4 等，分别适用于不同等级的控制要求。

CPU412-1 和 CPU412-2 用于中等性能的经济型中小型项目，集成的 MPI 允许 PRO-

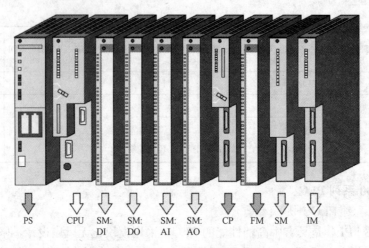

图 1 - 44　S7 - 400 系列 PLC 系统构成

FIBUS - DP 总线操作。CPU412 - 2 有两个 PROFIBUS - DP 接口。

　　CPU417 - 4DP 适用于最高性能要求的复杂场合，有两个插槽供 IF 接口模块使用。CPU417H 用于 S7 - 400H 容错控制 PLC。

　　通过 IF964DP 接口子模块，CPU414 - 3 和 CPU416 - 3 可以扩展一个 PROFIBUS - DP 接口，CPU417 - 4 可以扩展两个 PROFIBUS - DP 接口。

　　除了 CPU412 - 1 之外，集成的 DP 接口使 CPU 可以作为 PROFIBUS - DP 的主站。

　　除了传统的集成 DP 主站功能的 CPU 之外，西门子公司也推出了支持 PROFINET 接口的新 CPU 系列。

　　表 1 - 9 列出了几种传统 S7 - 400 系列 PLC 的 CPU 的技术规范。

表 1 - 9　　　　　　　　　部分 S7 - 400 系列 PLC 的 CPU 的技术规范

	CPU412 - 2	CPU414 - 2	CPU416 - 2	CPU417 - 4
程序存储器	256KB	128KB	0.8MB	2MB
数据存储器	256KB	128KB	0.8MB	2MB
S7 定时器（个）	2048	256	512	512
S7 计数器（个）	2048	256	512	512
位存储器（KB）	4	8	16	16
时钟存储器	8 位（1 个标志字节）	8 位（一个标志字节）	8 位（一个标志字节）	8 位（一个标志字节）
（输入/输出）（KB）	4/4	8/8	16/16	16/16
过程 I/O 影像/KB	4/4	8/8	16/16	16/16
数字量通道（个）	32768/32768	65536/65536	131072/131072	131072/131072
模拟量通道（路）	2048/2048	4096/4096	8192/8192	8192/8192
CPU/扩展单元（个）	1/21	1/21	1/21	1/21
编程语言	STEP7（LAD、FBD、STL）、SCL、CFC、Graph			
（执行时间/定点数）（ns）	75	45	30	18

续表

	CPU412 - 2	CPU414 - 2	CPU416 - 2	CPU417 - 4
（执行时间/浮点数）（ns）	225	135	90	54
MPI 连接数量（个）	32	32	44	44
GD 包的大小（B）	54	54	54	54
传输速率/（Mbit/s）	最高 12			

四、S7 - 1200 系列 PLC

1. S7 - 1200 系列 PLC 外形及特点

S7 - 1200 系列 PLC 外形如图 1 - 45 所示。

S7 - 1200 系列 PLC 具有如下特点：

（1）小型模块化控制系统适用于低端性能范围。

（2）根据 CPU 系列进行分级。

（3）模块系列丰富。

（4）可扩展至最多 11 个模块，具体数据视 CPU 类型而定。

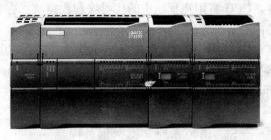

图 1 - 45　S7 - 1200 系列 PLC 外形

（5）支持 PROFIBUS 或 PROFINET。

（6）插槽的相关规定：

1）CM 位于 CPU 左侧（数量视 CPU 类型而定）

2）SM 位于 CPU 左侧（数量视 CPU 类型而定）

（7）一体化设备中已集成有 CPU 和 I/O 通道。

1）集成式数字量/模拟量 I/O

2）可采用信号板进行扩展

2. S7 - 1200 系列 PLC 的附件

S7 - 1200 系列 PLC 的附件包括电源单元、存储卡和小型交换机模块，如图 1 - 46 所示。

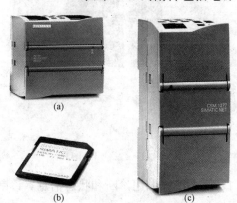

图 1 - 46　S7 - 1200 PLC 的附件

（a）电源单元；（b）存储卡；（c）小型交换机模块

（1）电源单元：通过一个 24V 连接器向各种不同 CPU 提供电源电压。

1）输入：120/230VAC、50/60Hz，1.2/0.7A。

2）输出：24VDC/2.5A。

（2）存储卡：（SIMATIC IC）是一种 SD 存储卡。该卡出厂前完成了格式化处理，任何时候不得采用 Windows 应用程序对其进行格式化处理。需要将数据保存在该卡或删除该卡上的数据时，必须关闭其写保护功能或其侧面的小型滑动开关。

该存储卡可以用来将程序传输至一或多个 CPU，传输固件更新，替代 CPU 内部的装载存储器。

该存储卡可以存储 S7 程序、各种数据（例如，文档）和项目。

（3）小型交换机模块：交换机模块用于构建通信网络。每个模块包含 4 个 RJ - 45 接口，每个接口支持 10/100Mbit/s 通信速率。

xRJ - 45 插头，10/100Mbit/s。

3. S7 - 1200 系列 PLC 的存储器模型

S7 - 1200 系列 PLC 的存储器包括装载存储器、工作存储器和保持性存储器。

（1）装载存储器。S7 - 1200 系列 PLC 的 CPU 有内部的装载存储器，可以扩展，在菜单卡模式"Program"中插入存储卡即可。

（2）工作存储器。工作存储器是集成在 CPU 中的高速存取的 RAM，为了提高运行速度，CPU 将用户程序中的代码块和数据块保存在工作存储器。CPU 断电时，工作存储器中的内容将会丢失。

（3）保持性存储器。保持性存储器具有断电保持功能，防止在 PLC 电源关断时丢失数据。暖启动后保持性存储器中的数据保持不变，存储器复位时其值被清除 S7 - 1200 系列 PlC 的 CPU 提供了 10KB 的保持性存储器。

五、S7 - 1500 系列 PLC

1. S7 - 1500 系列 PLC 外形及特点

S7 - 1500 系列 PLC 外形如图 1 - 47 所示。

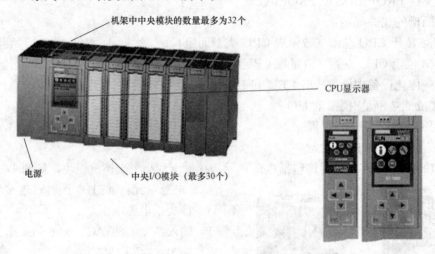

图 1 - 47　S7 - 1500 系列 PLC 外形

S7 - 1500 系列 PLC 具有如下特点：

（1）适用于中高性能范围的模块化系统。

（2）根据 CPU 系列进行分级。

（3）可以显示基本的 CPU 设置（系统时间、接口等），可以调用诊断和状态信息（诊断缓冲区、消息显示、CPU 状态等）。

（4）模块系列丰富。

（5）高性能 I/O 总线，可通过中央 I/O 实现高效的过程接口。

（6）单层最多可扩展至 32 个模块。

（7）支持 PROFIBUS 或 PROFINET。

（8）插槽的相关规定：

1）CPU 的左侧：1 个电源（PM 或 PS）；

2）CPU 的右侧：信号模块（数字式、模拟式）、工艺模块、通信模块和其他电源。

（9）对于 CPU 右侧的模块，没有与插槽有关的规定。

2. S7 - 1500 系列 PLC 的 CPU 显示器

S7 - 1500 系列 PLC 的 CPU 显示器如图 1 - 48 所示。每个 S7 - 1500 系列 PLC 的 CPU 都配有一个显示器，显示器的尺寸有 1.36 "和 2.4" 两种，具体取决于 CPU 的型号。1.36" 适用于性能不超过 CPU1513 的 CPU，2.4 " 适用于 CPU1515 之后的 CPU。显示器有单独的订货号，可以在 CPU 运行期间带电插拔和进行语言切换，可以双语言显示菜单和错误/消息文本等，没有显示器也可以对 CPU 进行操作。

显示器上的颜色随 CPU 的当前状态的变化而变化（例如，错误＝红色状态行）。显示器可以使用 STEP 7 的可用用户接口语言。显示器设计有机

图 1 - 48　S7 - 1500 系列 PLC 的 CPU 显示器

械式防盗功能。激活显示器的密码后，可以防止对其进行未经授权的操作访问。

3. S7 - 1500 系列 PLC 的附件

S7 - 1500 系列 PLC 的附件包括安装导轨存储卡和前连接器等，如图 1 - 49 所示。

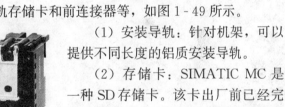

（1）安装导轨：针对机架，可以提供不同长度的铝质安装导轨。

（2）存储卡：SIMATIC MC 是一种 SD 存储卡。该卡出厂前已经完成了格式化处理，任何时候不得采用 Windows 应用程序对其进行格式化处理。需要将数据保存在该卡或删除该卡上的数据时，必须关闭其写保护功能或其侧面的小型滑动开关。

（3）前连接器：前连接器用于 I/O 模块的接线连接。

该存储卡可以用来传输固件更新，作为 CPU 的装载内存。

该存储卡可以存储 S7 程序、各种数据和项目。

图 1 - 49　S7 - 1500 系列 PLC 的附件

（a）安装导轨；（b）存储卡；（c）前连接器

4. S7 - 1500 系列 PLC 的存储器

S7 - 1500 系列 PLC 的存储器包括装载存储器、工作存储器和保持性存储器。

（1）装载存储器。S7-1500 系列 PLC 用存储卡作装载存储器，其容量取决于卡。项目下载

到 CPU 时，首先保存在装载存储器中，然后复制到工作存储器中运行。

（2）工作存储器。S7-1500 系列 PLC 的工作存储器和 S7-1200 系列 PLC 一样是集成在 CPU 中的高速存取的 RAM，分为程序工作存储器和数据工作存储器。集成的程序工作存储器用于存储 FB、FC 和 OB。集成的数据工作存储器用于存储数据块和工艺对象中与运行相关的部分。有些数据块可以存储在装载存储器中。

（3）保持性存储器。保持性存储器具有断电保持功能。S7-1500 系列 PLC 的保持性存储器字节数可以查找 CPU 的设备手册。PLC 断电时工作存储器的某些数据（如数据块或位存储器 M）的值会永久保存在保持性存储器中。数据的保持性可通过参数进行设置。

（4）存储器复位或重置为出厂设置：重置期间，CPU 中的全部内部存储区数据都被删除。所有的块都会从已插入 SMC 的装载内存重新装载到工作内存。重置出厂设置期间，CPU 时间、诊断缓冲区和运行时数计数器等也被删除。

　　　　重置后全部用户数据（保持性存储器和工作内存中数据块的实际值）都将丢失。

模块二 基本逻辑指令应用

【模块概述】

在日常生活和工农业生产中，很多生产机械的运动是通过电动机的拖动完成的，而电动机的拖动控制可以由电气控制技术、PLC控制技术等手段来实现。

最初PLC技术大都应用在电气控制电路的工程改造项目，PLC是继电器控制柜（盘）的理想替代物，实际应用中常遇到对老设备的改造，即可用PLC取代继电器控制柜。本模块探讨如何将电动机的电气控制电路转化为PLC控制的梯形图程序。

本模块包含三个应用实例，由浅入深、全面系统地学习将电气控制线路图转化为PLC控制系统梯形图的方法和步骤。

【学习目标】

(1) 学会梯形图编程中使用的符号。
(2) 理解基本逻辑指令的功能和使用要领。
(3) 掌握将电气控制电路转化为PLC程序的一般方法。
(4) 能够利用PLC技术对简单电气控制系统进行改造。

【知识学习】

1. PLC控制系统与电气控制系统的比较

图2-1为电气控制系统，图2-2为PLC控制系统。显而易见，PLC控制系统的输入/输出部分与传统的电气控制系统基本相同，其差别仅仅在于控制部分。电气控制系统是用硬接线将许多继电器、接触器按某种固定方式连接起来完成逻辑功能，所以其逻辑功能不能灵活改变，并且接线复杂，故障点多。而PLC控制系统是通过存放在存储器中的用户逻辑控制程序来完成控制功能的，由于用逻辑控制程序代替了电气控制电路，使其不仅能实现逻辑运算，还具有数值运算及过程控制等复杂控制功能。由于PLC采用软件实现控制功能，因此可以灵活、方便地通过改变用户逻辑控制程序实现控制功能的改变，从根本上解决了电气控制系统控制电路难以改变逻辑关系的问题。

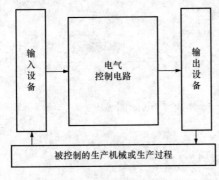

图2-1 电气控制系统原理框图

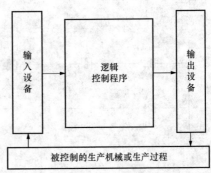

图2-2 PLC控制系统原理框图

2. PLC 与电气控制系统的电气符号对照

要想实现由电气控制电路向 PLC 控制的梯形图的程序转化，还要了解二者的符号对照关系。表 2-1 给出了 PLC 与电气控制系统的电气符号对照关系。

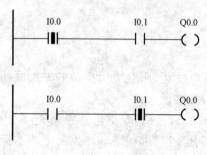

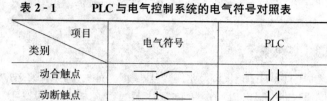

表 2-1　　　　PLC 与电气控制系统的电气符号对照表

类别＼项目	电气符号	PLC
动合触点	╱	┤├
动断触点	╱	┤/├
线　圈	─□─	─( )─

3. 梯形图几种基本的逻辑关系

图 2-3 为"与"逻辑关系，只有输入信号均为高电平时输出信号才显示为高电平。

图 2-4 为"或"逻辑关系，输入信号至少有一个高电平时输出信号才为高电平。

图 2-3　"与"逻辑关系

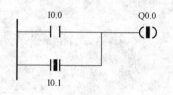

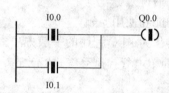

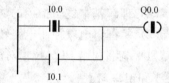

图 2-4　"或"逻辑关系

图 2-5 为"异或"逻辑关系，即 I0.0 和 I0.1 电位相同输出为逻辑"0"，I0.0 和 I0.1 电位相异输出为逻辑"1"。

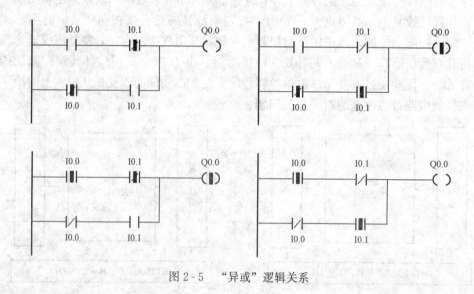

图 2-5　"异或"逻辑关系

任务一 电气控制电路与 PLC 程序的转换

一、控制要求

图 2-6 所示为电动机的单方向连续运转控制电路，由主电路和控制电路两部分构成。主电路由电源开关 Q、熔断器 FU1、交流接触器 KM 的动合主触头、热继电器 FR 和电动机 M 构成；控制电路由熔断器 FU2、启动按钮 SB2、停止按钮 SB1、交流接触器 KM 的动合辅助触点、热继电器 FR 的动断触点和交流接触器线圈 KM 组成。

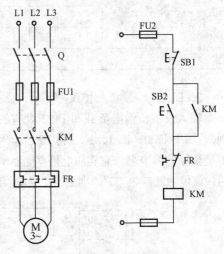

图 2-6　电动机的单方向连续
运转控制电路

电路的工作过程如下：

（1）先接通三相电源开关 Q。

（2）启动过程：按下启动按钮 SB2→KM 线圈得电→KM 主触头闭合（同时与 SB2 并联的 KM 动合辅助触点闭合）→电动机 M 通电运转。当松开 SB2 时，KM 线圈仍可通过与 SB2 并联的 KM 动合辅助触点保持通电，从而使电动机连续转动。这种依靠接触器自身的辅助触点保持线圈通电的电路称为自锁（自保）电路，起到自锁作用的辅助动合触点称自锁触点。

（3）停机过程：按下停止按钮 SB1→KM 线圈失电→KM 主触头、辅助触点断开→电动机断电停止运转。

此电路是一个典型的电动机的启—保—停电气控制电路。下面介绍如何将此控制电路转化为 PLC 控制的梯形图程序。

二、任务实施

🌐 步骤一：任务分析

将电气控制电路转换为 PLC 控制梯形图可遵循的一般步骤如下：

（1）认真研究电气控制电路及有关资料，深入理解控制要求。

（2）对电气控制电路中用到的输入设备和输出负载进行分析、归纳。

（3）将归纳出的输入/输出设备进行 PLC 控制的 I/O 编号设置，并做出 PLC 的输入/输出接线（要特别注意对原电气控制电路中作为输入设备的动断形式的处理）。

（4）用 PLC 的软继电器符号和输入/输出编号取代原电气控制电路中的电气符号及设备编号。

（5）整理梯形图（注意避免因 PLC 的周期扫描工作方式可能引起的错误）。

🌐 步骤二：任务准备

1. 输入、输出设备分析

在理解控制电路工作过程的前提下，首先对电路中用到的输入设备和输出负载进行分析，归纳出电路中出现的 3 个输入设备：启动按钮 SB2、停止按钮 SB1、热继电器 FR；1 个输出负载：接触器线圈 KM。

2. I/O设置

将归纳出的输入/输出设备进行 PLC 控制的 I/O 编号列表，见表 2 - 2。

表 2 - 2   **I/O 编 号 列 表**

设备/信号类型	序 号	名 称	PLC 地址	编 号
输 入	1	启动按钮	I0.0	SB2
	2	停止按钮	I0.1	SB1
	3	热继电器	I0.2	FR
输 出	1	接触器线圈	Q0.0	KM

3. PLC 输入/输出接线

输入设备、输出负载和 PLC 对应的 I/O 接口的接线关系如图 2 - 7 所示（以 CPU226 为例）。图中 I0.0、I0.1、I0.2 为 PLC 输入继电器，Q0.0 为 PLC 输出继电器。图中的继电器并不是实际的继电器，它实质上是存储器中的每一位触发器。该位触发器为"1"，相当于继电器接通；该位触发器为"0"，则相当于继电器断开。因此，这些继电器在 PLC 中也称"软继电器"。

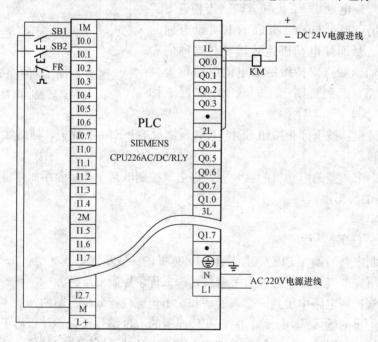

图 2 - 7 PLC 输入/输出接线

 提示：在 PLC 的输入/输出接线图中，把原停止按钮 SB1、热继电器 FR 的动断形式改为动合形式，这样设计更为合适（原因在本任务拓展中说明）。

步骤三：具体实施

1. 转换

依照表 2 - 1 的符号对照关系，可以把电动机的电气控制电路转成 PLC 控制梯形图程序形式，如图 2 - 8 所示。

2. PLC 的等效电路

为了进一步理解 PLC 控制系统和电气控制系统的关系，下面给出了 PLC 的等效电路。PLC 的等效电路可分为三个部分：收集被控设备（开关、按钮、传感器等）的信息或操作命令的输入部分，运算、处理来自输入部分信息的内部控制电路（用户程序）和驱动外部负载的输出部分。图 2-9 为电动机 PLC 控制系统等效电路。

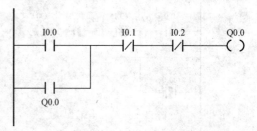

图 2-8 电动机的 PLC 控制梯形图程序

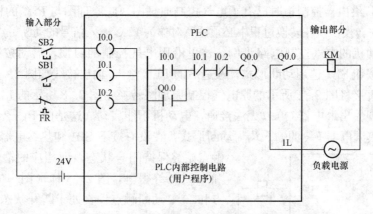

图 2-9 电动机 PLC 控制系统等效电路

其工作过程如下：

按下启动按钮 SB2，输入继电器 I0.0 线圈得电，其动合触点闭合，输出继电器 Q0.0 线圈得电并自锁，接触器 KM 得电吸合，电动机运转；按下停机按钮 SB1，I0.1 的动断触点断开 Q0.0 的线圈，KM 失电释放，电动机停转。过载时热继电器 FR 动作，I0.2 的动断触点断开，Q0.0 线圈失电，电动机停止运行。

至此，完成了电动机的电气控制电路向 PLC 控制的梯形图程序的转化。

◉ 步骤四：任务测试

在完成程序转化后，一方面可以在 Micro/WIN 环境下通过系统测试功能中的程序状态监控对程序进行便捷的调试，从而检验程序的正确性，并对程序进行适当的修改和调试；另一方面通过观察电动机运行过程，确定整个系统是否符合要求。

针对本程序的具体调试方法是在【调试】菜单中执行调试命令：单击【调试】→【开始程序状态监控】菜单或单击工具栏上的 按钮对程序进行调试。

程序的初始状态监控如图 2-10 所示。

在启动按钮按下后，I0.0 有输入信号的监控状态如图 2-11 所示。

在停止按钮按下后，I0.1 有输入信号的监控状态如图 2-12 所示。

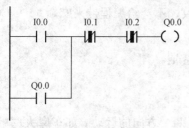

图 2-10 初始状态监控

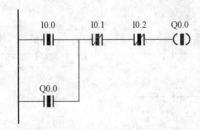
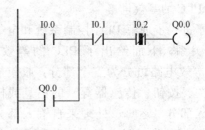

图 2-11　启动按钮按下后状态　　　　　图 2-12　停止按钮按下后状态

三、任务拓展

用 PLC 取代继电器控制柜时已有了电气控制原理图，此原理图与 PLC 的梯形图相类似，可以进行相应的转换，但在转换过程中必须注意对作为 PLC 输入信号的动断触点的处理。

以上述电动机的电气控制电路为例，这里沿用电气控制的习惯，启动按钮 SB2 选用动合形式，停止按钮 SB1 选用动断形式，改造后的 PLC 输入/输出接线如图 2-13（a）所示。

此时如果直接将图 2-1 所示的原电气控制原理图转换为图 2-8 所示的 PLC 梯形图，运行程序时会发现输出继电器 Q0.0 无法接通，电动机不能启动。这是由于图 2-13（a）中停止按钮 SB1、热继电器 FR 的输入均为动断形式，在没有按下 SB1 和热继电器无动作时两个触点始终保持闭合状态，即相应的输入继电器 I0.1 和 I0.2 始终得电，图 2-5 梯形图中的 I0.1 动断触点和 I0.2 动断触点一直处于断开状态，所以输出继电器 Q0.0 无法得电，必须将图 2-8 梯形图中的 I0.1 和 I0.2 触点形式改变为动合形式，如图 2-13（b）所示才能满足控制要求。但此类梯形图形式与习惯并不符合。

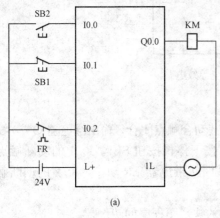

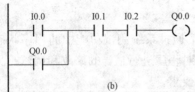

图 2-13　动断输入触点的处理
(a) PLC 输入/输出接线；(b) 梯形图

实际设计梯形图时，输入继电器的触点状态全部按相应的输入设备为动合形式进行设计更为合适。因此，建议尽可能用输入设备的动合触点与 PLC 输入端连接，尤其在改造项目中，要尽量将作为 PLC 输入的原动断触点的接线形式作改动（某些只能用动断触点输入的除外）。这是因为，采用动合触点输入时，可使 PLC 的输入口在大多数时间内处于断开状态，这样做既节电，又可以延长 PLC 输入口的使用寿命，同时在转换为梯形图时也能保持与电气控制原理图的习惯一致，不会给编程带来麻烦。

任务二　电动机的正反转控制

一、控制要求

在日常生活和生产加工过程中，往往要求能够实现正反两个方向的运动。如车库大门的升降、电梯轿厢的上下运行、起重机吊钩的上升与下降、机床工作台的前进与后退等。图 2

-14 所示为机床工作台自动往返示意图，图中 SQ1 为左限位，SQ2 为右限位，M 为电动机，由电动机的正反转拖动工作台实现往返运动，电动机正转拖动机床工作台前进，电动机反转机床工作台后退。

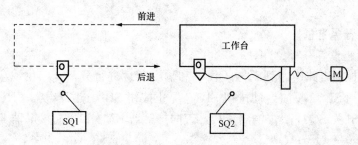

图 2-14 机床工作台自动往返示意图

下面介绍 PLC 如何控制电动机的正反转，从而带动机床工作台的往返运动。

二、任务实施

🔄 **步骤一：任务分析**

仍然以电动机的电气控制电路为切入点，在已有的电气控制电路基础上，实施 PLC 的控制系统改造。图 2-15 所示为双向限位的电动机正反转电气控制电路。

图中 KM1 为正转接触器，KM2 为反转接触器，SB1 为停止按钮，SB2、SB3 为电动机正、反转启动按钮，SQ1 为电动机正转行程开关，SQ2 为电动机反转行程开关。从主电路可以看出，KM1 和 KM2 的主触头是不允许同时闭合的，否则会发生相间短路，因此要求在各自的控制电路中串接入对方的动断辅助触点。当正转接触器 KM1 的线圈通电时，其动断辅助触点断开，即使按下 SB3 也不能使 KM2 线圈通电；同理，当 KM2 的线圈通电时，其动断辅助触点断开，也不能使 KM1 线圈通电。这两个接触器利用各自的触点封锁对方的控制电路，称为"互锁"，这两个辅助动断触点称为互锁触点。控制电路中加入互锁环节后，就能够避免两个接触器同时通电，从而防止了相间短路事故的发生。

双向限位的电动机正反转工作过程如下：

（1）先接通三相电源开关 Q。

（2）启动：按下正转启动按钮 SB2 →KM1 线圈得电→电动机正转并拖动工作台前进→到达终端位置时，工作台上的撞块压下换向行程开关 SQ1，SQ1 动断触点断开→正向接触器 KM1 失电释放，电动机断电停转，运动部件停止运行。

按下反向启动按钮 SB3→反向接触器 KM2 得电吸合→电动机反转并拖动工作台后退→当工作台上的撞块压下行程开关 SQ2 时，SQ2 动断触点断开→反向

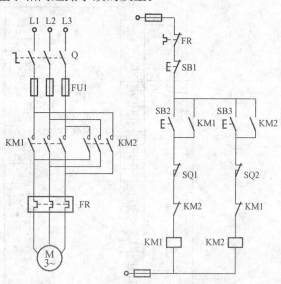

图 2-15 双向限位的电动机正反转电气控制电路

接触器 KM2 失电释放，电动机断电停转，运动部件停止运行。

（3）停止：在电动机运行时，任何时刻按下停止按钮 SB1 时，电动机停止旋转。

理解了电路的工作过程，根据电气控制电路转换为 PLC 控制梯形图的一般步骤和方法，完成相应的转换。

◎ 步骤二：任务准备

1. 输入、输出设备分析

对上述电气控制电路中用到的输入设备和输出负载进行分析，归纳出应有 6 个输入设备：正向启动按钮 SB2、反向启动按钮 SB3、停止按钮 SB1、热继电器 FR、正向限位开关 SQ1 和反向限位开关 SQ2，2 个输出负载：正向接触器 KM1 和反向接触器 KM2。

2. 进行 I/O 编号设置

将归纳出的输入、输出设备进行 PLC 控制的 I/O 编号列表，见表 2-3。

表 2-3   I/O 编 号 列 表

设备/信号类型	序 号	名 称	PLC 地址	编 号
输 入	1	停止按钮	I0.0	SB1
	2	正向启动按钮	I0.1	SB2
	3	反向启动按钮	I0.2	SB3
	4	热继电器	I0.3	FR
	5	正向限位开关	I0.4	SQ1
	6	反向限位开关	I0.5	SQ2
输 出	1	正向接触器线圈	Q0.0	KM1
	2	反向接触器线圈	Q0.1	KM2

3. 输入/输出接线

对应的输入/输出设备与 PLC 输入/输出接线如图 2-16 所示。

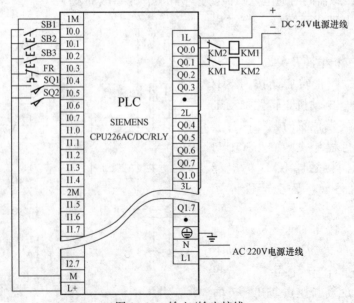

图 2-16 输入/输出接线

提示：在 PLC 的输入/输出接线图中，为了运行更加可靠，在输出端硬件上也增设了互锁触点 KM1 和 KM2。

◎ 步骤三：具体实施

整理双向限位 PLC 控制的电动机正反转梯形图程序如图 2-17 所示。

双向限位 PLC 控制的工作过程如下：

图 2-17 中 SQ1、SQ2 为安装在预定位置的限位开关。按下正向启动按钮 SB2，输入继电器 I0.0 动合触点闭合，输出继电器 Q0.0 线圈得电并自锁，接触器 KM1 得电吸合，电动机正向运转使运动部件向前运行。与此同时 Q0.0 的动断触点断开输出继电器 Q0.1 的线圈，实现互锁。当运动部件运行到终端位置时，装在其上的挡铁碰撞限位开关 SQ1，使连接于 Q0.0 线圈驱动电路的 I0.4 动断触点断开，Q0.0 线圈失电使 KM1 释放，电动机断电停转，运动部件停

图 2-17 梯形图程序

止运行；按下反向启动按钮 SB2 时，输入继电器 I0.1 动合触点闭合，输出继电器 Q0.1 线圈得电并自锁，接触器 KM2 得电吸合，电动机反向运转。此时 Q0.1 的动断触点断开输出继电器 Q0.0 的线圈，实现互锁。当运动部件向后运行至挡铁碰撞限位开关 SQ2 时，I0.5 的动断触点断开 Q0.1 线圈，KM2 失电释放，电动机停转使运动部件停止运行。停机时按下停机按钮 SB3，I0.2 的两对动断触点分别断开。过载时热继电器 FR 动作，I0.3 的两对动断触点断开，这两种情况都可使 Q0.0 或 Q0.1 线圈失电，电动机停止运行。

◎ 步骤四：任务测试

完成程序转化后，在 Micro/WIN 环境下通过系统测试功能中的程序状态监控对程序进行调试，检验程序的正确性；同时通过观察电动机运行过程，确定整个系统工作过程是否符合要求。

程序的初始状态监控如图 2-18 所示。

在正转启动按钮按下后，I0.1 有输入信号后的监控状态如图 2-19 所示。

图 2-18 初始状态监控

图 2-19 按下正转启动按钮时的状态

电动机正转并拖动工作台前进到达终端位置时，工作台上的撞块压下换向行程开关 SQ1，SQ1 的动断触点 I0.4 断开使 Q0.0 失电，电动机停转，此时的监控状态如图 2-20 所示。

按下反向启动按钮时的测试方法同上面过程类似。

无论电动机在正转或反转运行时，按下停止按钮，电动机应立即停止运行。在电动机运行时按下停止按钮，I0.0 有输入信号后的监控状态如图 2-21 所示。

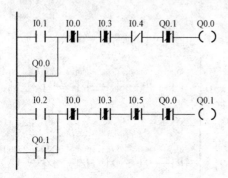

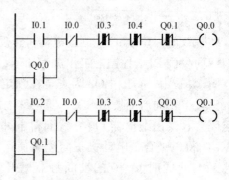

图 2-20 撞到左限位 SQ1 时的状态   图 2-21 按下停止按钮时的状态

三、任务拓展

1. 自动往返控制

在上述电路中，SQ1 和 SQ2 分别为机床工作台左右限位开关，可以手动控制工作台在限定的范围内往返运动。下面介绍如何实现工作台的自动往返。

考虑左右限位开关 SQ1 和 SQ2 采用复合行程开关，当电动机正转并拖动工作台前进到达终端位置时，工作台上的撞块压下换向行程开关 SQ1，SQ1 的触点发生转换，其动断触点断开使 KM1 线圈失电，同时 SQ1 动合触点闭合，使 KM2 线圈得电，实现了由正转向反转的自动转换；同理，SQ2 可以实现由反转向正转的自动转换。机床工作台自动往返控制的电气控制电路如图 2-22 所示。

请在理解上述电路工作原理的基础上，完成电气控制向 PLC 控制梯形图的转换。

2. 限位保护

实际运行过程中也可能会出现这样的情况，当工作台到达换向开关 SQ1 或 SQ2 的位置时，由于故障未能切断 KM1 或 KM2 线圈电源，工作台继续运动，致使其越出允许位置而导致事故发生。

那么，如何避免这样的事故发生呢？可以考虑增加系统限位保护功能。具体措施是分别在 SQ1 和 SQ2 的附近再增设两个极限行程开关 SQ3 和 SQ4。正常情况下，机床工作台就在 SQ1 和 SQ2 限定的范围内做往返运动，一旦 SQ1 或 SQ2 不起作用，未能使 KM1 或 KM2 线圈断电，工作台继续运动，撞块将压下极限行程开关 SQ3 或 SQ4，使 KM1 或 KM2 线圈失电释放，电动机立即停止。

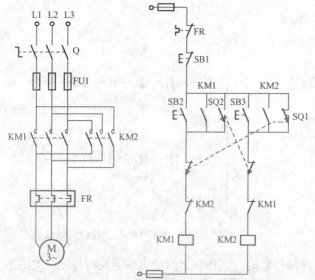

图 2-22 机床工作台自动往返控制的电气控制电路

SQ3、SQ4 起限位保护作用。加限位保护的机床工作台示意图如图 2 - 23 所示。

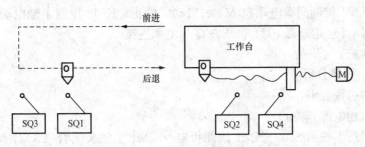

图 2 - 23　加限位保护的机床工作台示意图

要求在上述电路的基础上，完成：

（1）电气控制系统电路图。

（2）PLC 系统信号设置。

（3）PLC 输入/输出接线图。

（4）PLC 系统程序设计。

（5）系统调试。

　　提示：极限行程开关 SQ3、SQ4 起限位保护作用，撞块压下 SQ3 或 SQ4 时，使 KM1 或 KM2 线圈失电释放，电动机立即停止，以阻止事故发生，无需改变转向。

任务三　电动机顺序启/停控制

一、控制要求

在生产实践中，由多台电动机拖动的设备，常需要电动机按先后顺序工作。例如机床中要求润滑电动机启动后，主轴电动机才能启动。图 2 - 24 为两台电动机顺序启动控制电路。

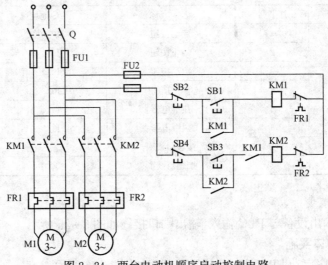

图 2 - 24　两台电动机顺序启动控制电路

其中，M1 为润滑电动机，M2 为主轴电动机。M1 和 M2 各由热继电器 FR1、FR2 进行保护，接触器 KM1 控制润滑电动机 M1 的启动、停止；KM2 控制主轴电动机 M2 的启动、停止，KM1、KM2 经熔断器 FU1 和开关 Q 与电源连接。

二、任务实施

步骤一：任务分析

电路的工作过程如下：

（1）接通三相电源开关 Q。

（2）启动：按下按钮 SB1→KM1 线圈得电→KM1 主触头闭合（KM1 动合辅助触点闭合）→润滑电动机 M1 启动→按下启动按钮 SB3→KM2 线圈得电→KM2 主触头闭合→电动机 M2 启动。

（3）停止：按下停止按钮 SB4→KM2 线圈失电→主轴电动机 M2 停止运转→按下停止按钮 SB2→M1 停止运转。

按下停止按钮 SB2→KM1、KM2 线圈同时失电→两台电动机 M1、M2 停止运转。

理解了电路的工作过程，根据电气控制电路转换为 PLC 控制梯形图的一般步骤和方法，我们完成相应的转换。

　提示：此电路只对启动顺序提出了要求，对停止顺序未加限定。

步骤二：任务准备

1. 输入、输出设备分析

对上述电气控制电路中用到的输入设备和输出负载进行分析，归纳出应有 6 个输入设备：润滑电动机的启、停按钮 SB1、SB2，主轴电动机的启、停按钮 SB3、SB4，热继电器 FR1、FR2；2 个输出负载：接触器 KM1 和 KM2。

2. 进行 I/O 编号设置

将归纳出的输入/输出设备进行 PLC 控制的 I/O 设置列表，见表 2-4。

表 2-4　　　　　　　　　　　　I/O 设 置 列 表

设备/信号类型	序号	名　称	PLC 地址	编　号
输　入	1	启动按钮	I0.0	SB1
	2	停止按钮	I0.1	SB2
	3	启动按钮	I0.2	SB3
	4	停止按钮	I0.3	SB4
	5	热继电器	I0.4	FR1
	6	热继电器	I0.5	FR2
输　出	1	接触器线圈	Q0.0	KM1
	2	接触器线圈	Q0.1	KM2

3. 输入/输出接线

对应的输入/输出设备与 PLC 输入/输出端口接线如图 2-25 所示。

步骤三：具体实施

两台电动机顺序启动 PLC 控制的梯形图程序如图 2-26 所示。

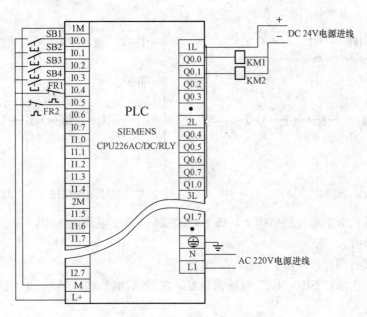

图 2-25　输入/输出端口接线

PLC 控制的工作过程如下：

按下 M1 启动按钮 SB1，输入继电器 I0.0 动合触点
闭合，输出继电器 Q0.0 线圈接通并自锁，接触器 KM1
得电吸合，润滑电动机 M1 启动运转，同时连接在 Q0.1
线圈驱动电路的 Q0.0 动合触点闭合，为启动主轴电动机
M2 做准备。可见，只有电动机 M1 先启动后，电动机
M2 才能启动。

如果按下 M2 启动按钮 SB3，I0.2 动合触点闭合，
Q0.1 线圈接通并自锁，接触器 KM2 得电吸合，电动机
M2 启动。按下 M1 停止按钮 SB2，I0.1 动断触点断开，
或 M1 过载时热继电器 FR1 动作，使 I0.4 动断触点断开，

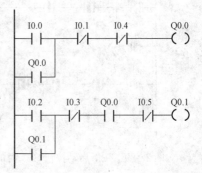

图 2-26　两台电动机顺序启动 PLC
控制的梯形图程序

这两种情况都会使 Q0.0 线圈失电，并且由于连接在 Q0.1 线圈驱动电路的 Q0.0 动合触点
随之断开，使得 Q0.1 线圈同时失电，两台电动机都停止运行。若只按下 M2 停止按钮 SB4
时，I0.3 动断触点断开；M2 过载时 FR2 动作，I0.5 动断触点断开，这两种情况均使得
Q0.1 线圈失电，M2 停止运行，而 M1 仍运行。

　　◉ 步骤四：任务测试

完成程序转化后，在 Micro/WIN 环境下通过系统测试功能中的程序状态监控对程序进
行调试，检验程序的正确性；通过观察电动机运行过程，确定整个系统工作过程是否符合
要求。

程序的初始状态监控如图 2-27 所示。

若首先按下启动按钮 SB3，则输入继电器 I0.2 有信号，但主轴电动机 M2 应不运转。
按下启动按钮 SB1，输入继电器 I0.0 有信号，润滑电动机 M1 运转，其监控状态如图 2-28
所示。

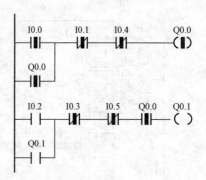

图 2-27 初始状态监控   图 2-28 按下启动按钮 SB1 时的状态

在润滑电动机 M1 运转的前提下，按下启动按钮 SB3，主轴电动机 M2 运转，其监控状态如图 2-29 所示。

停止的方式有两种：

若先按下停止按钮 SB4，I0.3 有输入信号，主轴电动机 M2 停转，此时的监控状态如图 2-30 所示。

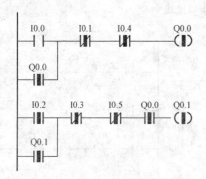
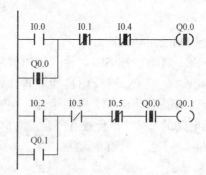

图 2-29 按下启动按钮 SB3 时的状态   图 2-30 先按下停止按钮 SB4 时的状态

接下来按下停止按钮 SB2，I0.1 有输入信号，润滑电动机 M1 停转，此时的监控状态如图 2-31 所示。

若首先按下停止按钮 SB2，I0.1 有输入信号，润滑电动机 M1 和主轴电动机 M2 同时停转。

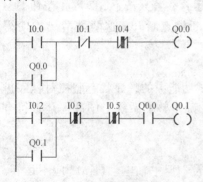

图 2-31 再按下停止按钮
SB2 时的状态

三、任务拓展

1. 顺序启动，逆序停车

上述完成的内容当中只考虑了启动过程中的顺序控制，在生产实践中往往也要考虑停车过程中的顺序控制。对上述润滑电动机和主轴电动机的控制，可以提出如下控制要求：启动，润滑电动机 M1 启动后，主轴电动机 M2 才能启动；停止，主轴电动机 M2 停止后，润滑电动机 M1 才能停止。

请在上述电路的基础上，完成：

（1）电气控制系统电路图的修改。

（2）PLC 系统程序设计。

（3）系统调试。

> 提示：PLC 的输入/输出点数不变，I/O 设置和接线图不变，启动控制方式不变，只需对停止部分的控制电路和程序进行修改。

2. 多台电动机的顺序启停

对比两台电动机的顺序启停控制，三台及以上电动机的顺序启停控制方法是一样的。下面以三台电动机为例，练习其顺序启停控制的程序设计方法。

（1）控制要求：3 台电动机 M1～M3，分别设置各自启停按钮，如下：

1）前级电动机不启动，后级电动机无法启动，即 M1 电动机不启动时，M2 电动机无法启动，如此类推；前级电动机停止时，后级电动机也停止，如 M1 停止时，也停止 M2、M3。

2）前级电动机不启动，后级电动机无法启动；后级电动机停止后，前级电动机才能停止，即后级电动机没有停止时，前级电动机不能停止。

（2）在理解控制要求的基础上，完成以下内容：

1）输入/输出设备分析，并进行 I/O 编号设置。

2）PLC 输入/输出设备接线。

3）PLC 梯形图程序设计。

4）系统调试，调试结果记录到表 2-5。

5）撰写技术报告。

表 2-5　　　　　　　　　　　调 试 结 果 记 录 表

序号	输 入 信 号						输 出 信 号		
	M1 启	M1 停	M2 启	M2 停	M3 启	M3 停	M1	M2	M3
1	1/0③	0	1/0①	0	1/0②	0			
2	1/0①	0	1/0③	0	1/0②	0			
3	1/0①	0	1/0②	0	1/0③	0			
	0	1/0③	0	1/0②	0	1/0①			
4	1/0①	0	1/0②	0	1/0③	0			
	0	1/0①	0	0	0	0			

注　表格中"1"表示线圈为接通状态；"0"表示线圈为断开状态；"1/0"表示线圈接通后断开；〇内数字表示线圈动作顺序。

模块三　定时器/计数器指令应用

【模块概述】

在电子世界中，一个普遍的观点是事件几乎都是瞬时发生的。而在自动化控制工程中，经常需要延迟事件以便机器部件完成其运动，解决这个问题的最好办法是使用定时器。任何时候，编程人员需要计数动作或者累积次数时，都会用到计数器。定时器/计数器指令是PLC最基本的功能指令，在控制系统中应用非常普遍，S7-200系列PLC提供了256个不同类型的定时器和计数器，为编程带来了很大的便利。

本模块主要学习定时器/计数器指令的功能及应用技巧，训练应用定时器/计数器指令完成典型控制任务的基本方法，以及定时器和计数器指令联合应用时应注意的问题和技巧。

【学习目标】

(1) 读懂控制系统时序图。

(2) 理解定时器/计数器指令的功能及使用要领。

(3) 领会定时器和计数器指令联合应用技巧。

(4) 能够应用定时器/计数器指令完成典型控制任务。

【知识学习】

一、定时器

(一) 分类

S7-200系列PLC的定时器按触点转换时刻可分为：

(1) 延时接通定时器（TON）：输入端通电后，定时器延时接通。

(2) 延时断开定时器（TOF）：输入端通电时输出端接通，输入端断开时定时器延时断开。

(3) 保持型延时接通定时器（TONR）：输入端通电时定时器计时，断开时计时停止，计时值累计；复位端接通时计时值复位为0。

定时器对时间间隔计数，时间间隔又称为时基或分辨率。S7-200系列PLC的CPU提供三种定时器分辨率：1ms定时器、10ms定时器和100ms定时器，最长定时值和分辨率的关系是

$$最长定时值 = 时基（分辨率）\times 最大定时计数值$$

 提示：选择了定时器号就决定了定时器的类型和分辨率。建议在一个项目中，一个定时器号只使用一次。

具体的定时器编号与定时精度见表3-1。

表3-1			定时器编号与定时精度
定时器	定时精度（ms）	最大值（s）	CPU221/CPU222/CPU224/CPU226
TONR	1	32.767	T0、T64
	10	327.67	T1~T4、T65~T68
	100	3276.7	T5~T31、T69~T95
TON/TOF	1	32.767	T32、T96
	10	327.67	T33~T36、T97~T100
	100	3276.7	T37~T63、T101~T255

（二）功能

每个定时器均有一个16位的当前值寄存器和一个1位的状态位，当前值寄存器用于存储定时器累计的时基增量值（1~32767），而状态位用于表示定时器的状态。若当前值寄存器累计的时基增量值大于等于设定值时，定时器的状态位被置1，该定时器的触点转换。

定时器的当前值、设定值均为16位有符号整数，允许的最大值为32767。除了常数外，还可以用VW、IW等作它们的设定值。

（三）程序举例

1.延时接通定时器（TON）

延时接通定时器TON的梯形图如图3-1所示。从表3-1可查询到编号为T33的定时器是时基脉冲为10ms的延时接通定时器；图中IN端为输入端，用于连接驱动定时器线圈的信号；PT端为设定端，用于标定定时器的设定值。

延时接通定时器T33时序图如图3-2所示：当连接于IN端的I0.0触点闭合时，T33线圈得电开始计时（数时基脉冲），当前值逐步增长；当时间累计值（时基×脉冲数）达到设定值PT（10ms×100＝1s）时，定时器的状态位被置1，T33的动合触点闭合，输出继电器Q0.0线圈得电（此时当前值仍增长，但不影响状态位的变化）；当连接于IN端的I0.0触点断开时，T33线圈失电，状态位置0，T33触点断开，Q0.0线圈失电，且T33当前值清零。若I0.0触点的接通时间未到设定值就断开，则T33跟随复位，Q0.0不会有输出。

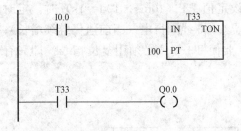

图3-1 延时接通定时器TON梯形图

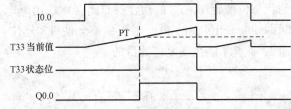

图3-2 延时接通定时器T33时序图

 提示：连接定时器IN端信号触点的接通时间必须大于等于其设定值，定时器的触点才会转换。

2.延时断开定时器（TOF）

延时断开定时器TOF的梯形图如图3-3所示。从表3-1可查询到编号为T33的定时器是时基脉冲为10ms的延时断开定时器；图中IN端为输入端，用于连接驱动定时器线圈的信号；PT端为设定端，用于标定定时器的设定值。

延时断开定时器T33时序图如图3-4所示。当连接于IN端的I0.0触点由接通到断开时，T33开始计时（数时基脉冲），当前值逐步增长；当时间累计值（时基×脉冲数）达设定值PT（10ms×100＝1s）时，定时器的状态位被置0，T33的触点恢复原始状态，其动合触点断开，输出继电器Q0.0线圈失电（此时T33当前值保持不变）；当连接于IN端的I0.0触点再次接通时，定时器的状态位置1，T33触点闭合，Q0.0线圈得电，且T33当前值清零。若I0.0触点的断开时间未到设定值就接通，则T33当前值清零，Q0.0状态不变。

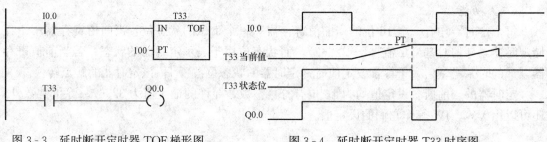

图3-3　延时断开定时器TOF梯形图　　　　图3-4　延时断开定时器T33时序图

提示： 连接定时器IN端信号触点的断开时间必须大于等于其设定值，定时器的触点才会转换。

3. 保持型延时接通定时器（TONR）

保持型延时接通定时器梯形图如图3-5所示。从表3-1可查询到编号为T3的定时器是时基脉冲为10ms的保持型延时接通定时器。

保持型延时接通定时器T3时序图如图3-6所示。当连接于IN端的I0.0触点闭合时，定时器T3开始计时（数时基脉冲），当前值逐步增长；若当前值未达设定值IN端的I0.0触点断开，其当前值保持（不像TON那样复位）；当IN端的I0.0触点再次闭合时，T3的当前值从原保持值开始继续增长；当时间累计值达设定值PT（10ms×100＝1s）时，定时器的状态位被置1，T3的动合触点闭合，输出继电器Q0.0线圈得电（当前值仍继续增长）；此时即使断开IN端的I0.0触点也不会使T3复位，要使T3复位必须用复位指令，即只有接通I0.1点才能达到复位的目的。

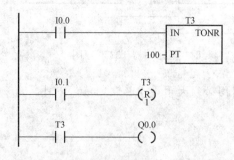

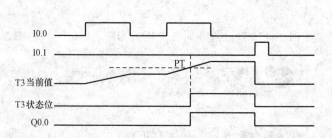

图3-5　保持型延时接通定时器梯形图　　　图3-6　保持型延时接通定时器T3时序图

提示： 保持型延时接通定时器的当前值可以在电源掉电时保持记忆。

二、计数器指令

（一）分类

S7 - 200 系列 PLC 的计数器按工作方式可分为：

（1）加计数器（CTU）；

（2）减计数器（CTD）；

（3）加/减计数器（CTUD）。

（二）功能

计数器的结构与定时器基本相同，每个计数器有一个 16 位的当前值寄存器用于存储计数器累计的脉冲数（1~32767），另有一个状态位表示计数器的状态。若当前值寄存器累计的脉冲数大于等于设定值时，计数器的状态位被置 1，该计数器的触点转换。

同定时器一样，计数器的当前值、设定值均为 16 位有符号整数（INT），允许的最大值为 32767。除了常数外，还可以用 VW、IW 等作它们的设定值。

（三）程序举例

1. 加计数器（CTU）

加计数器梯形图如图 3 - 7 所示。图中 CU 端用于连接计数脉冲信号；R 端用于连接复位信号；PV 端用于标定计数器的设定值。

加计数器 C4 时序图如图 3 - 8 所示。当连接于 R 端的 I0.1 动合触点为断开状态时，计数脉冲有效。此时每接收到来自 CU 端的 I0.0 触点由断到通的信号，计数器的值即加 1 成为当前值，直至计数最大值 32767；当计数器的当前值大于或等于设定值 4 时，计数器 C4 的状态位被置 1，C4 的触点转换，Q0.0 线圈得电；当连接于 R 端的 I0.1 触点接通时，C4 状态位置 0，C4 触点回复原始状态，Q0.0 线圈失电，当前值清零。

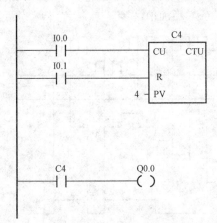

图 3 - 7 加计数器梯形图

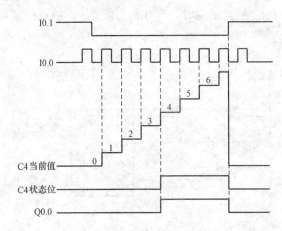

图 3 - 8 加计数器 C4 时序图

2. 减计数器（CTD）

减计数器梯形图如图 3 - 9 所示。图中 CD 端用于连接计数脉冲信号；LD 端用于连接复位信号；PV 端用于标定计数器的设定值。

减计数器 C5 时序图如图 3 - 10 所示。当连接于 LD 端的 I0.1 动合触点为断开状态时，计数脉冲有效。此时每接收到来自 CD 端的 I0.0 触点由断到通的信号，计数器的值即减 1 成为当前值；当计数器的当前值减为 0 时，计数器 C5 的状态位被置 1，C5 的触点转换，Q0.0 线圈得电；当连接于 LD 端的 I0.1 触点接通时，C5 状态位置 0，C5 触点回复原始状态，Q0.0 线圈失电，当前值回复为设定值。

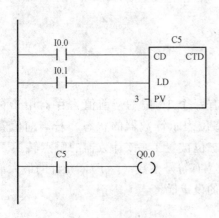

图 3 - 9　减计数器梯形图

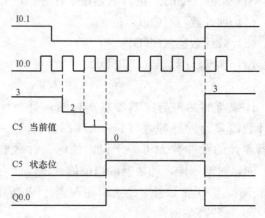

图 3 - 10　减计数器 C5 时序图

3. 加/减计数器（CTUD）

加/减计数器梯形图如图 3 - 11 所示。图中 CD 端为减计数脉冲输入端，其他符号的意义同加计数器 CTU。

加/减计数器 C50 时序图如图 3 - 12 所示。当连接于 R 端的 I0.3 动合触点为断开状态时，计数脉冲有效。此时每接收到来自 CU 端 I0.1 触点由断到通的信号，计数器的当前值即加 1，而每接收到来自 CD 端 I0.2 触点由断到通的信号，计数器的当前值即减 1；当计数器的当前值大于或等于设定值 4 时，计数器 C50 的状态位被置 1，触点转换；当连接于 R 端的 I0.3 触点接通时，C50 状态位置 0，触点回复原始状态，当前值清零。

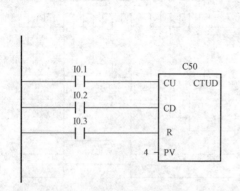

图 3 - 11　加/减计数器梯形图

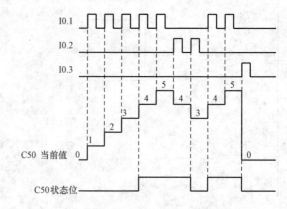

图 3 - 12　加/减计数器 C50 时序图

加/减计数器（CTUD）的计数范围为 -32767～32767，当前值为最大值 32767 时，下一个 CU 端输入脉冲使当前值变为最小值 -32768；当前值为最小值 -32768 时，下一个 CD 端输入脉冲使当前值变为最大值 32767。

提示：不同类型的计数器不能共用同一编号的计数器。

三、数据传送指令

MOVB：传送字节指令。MOVB指令将输入字节传送到输出字节，在传送过程中不改变字节的大小。字节传送电路与MOVB指令的用法如图3-13所示。

图中EN端连接执行条件；IN端指定源操作数；OUT端指定目标操作数。当连接EN端的I0.2的动合触点闭合时，产生的脉冲信号将IN端的常数"5"传送到指定的输出字节QB0。

MOVW、MOVD、MOVR分别为传送字、传送双字和传送实数指令。

在实际应用中，MOVB指令常用作继电器的清零。如图3-14所示，当连接EN端的I0.1的动合触点闭合时，产生的脉冲信号将IN端的常数"0"传送到指定的字节MB0和输出字节QB0，完成清零操作。

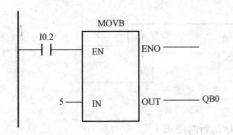

图3-13　字节传送电路与
MOVB指令的用法

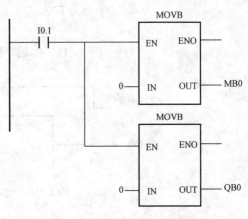

图3-14　MOVB指令应用示例

任务一　电动机间歇运行控制

一、控制要求

电动机间歇运行的继电器控制电路如图3-15所示。此电路可应用于机床自动间歇润滑控制等。电动机间歇运行时序图如图3-16所示。

二、任务实施

◉ 步骤一：任务分析

可以看出，合上控制开关SA后，电动机5s后开始运转，10s后停止运行。电动机就这样停止5s，运转10s，周而复始地间歇运行下去，只有断开控制开关SA后，电动机才会停止运转。电动机的运行时间和停止时间都可以由定时器的设定值控制。下面就应用定时器指令完成电动机间歇运行的控制。

◉ 步骤二：任务准备

此电路中包含了1个输入设备（控制开关SA），1个输出负载，1个接触器KM。I/O设置见表3-2。其PLC控制的输入/输出接线如图3-17所示。

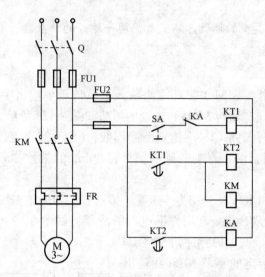

图 3-15　电动机间歇运行的继电器控制电路

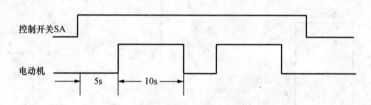

图 3-16　电动机间歇运行时序图

表 3-2　　　　　　　　　　**I/O 设 置 列 表**

设备/信号类型	名　称	PLC 地址	编　号
输　入	控制开关	I0.0	SA
输　出	接触器线圈	Q0.0	KM

◉ 步骤三：程序编制

由继电器控制电路转换的梯形图如图 3-18（a）所示，经过最后整理后又可得到更为简洁的梯形图如图 3-18（b）所示。

工作过程如下：

合上控制开关 SA 后，输入继电器 I0.0 动合触点闭合，定时器 T37 线圈得电开始计时，经过设定时间 5s 后，T37 动合触点闭合，定时器 T38 线圈得电开始计时，同时输出继电器 Q0.0 线圈得电，接触器 KM 得电吸合，电动机运转。经过 T38 的设定时间 10s 后，T38 动断触点断开 T37 线圈，T37 动合触点断开，进而使 T38、Q0.0 线圈失电，电动机停止运转。此时 T38 动断触点又接通 T37 线圈，计时到 T37 的设定时间 5s 后，T37 动合触点再次接通 T38、Q0.0 线圈，KM 得电吸合，电动机重新启动运转，运行 10s 后又停止运行，电动机就这样停止 5s，运转 10s，周而复始地间歇运行下去，只有断开控制开关 SA 使 I0.0 触点断开后，电动机才会停止运转。

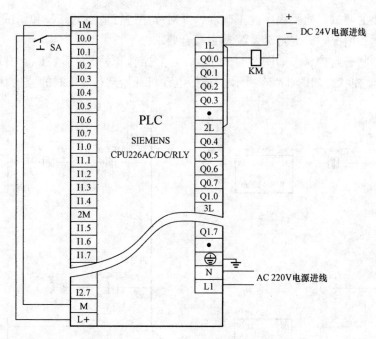

图 3-17 PLC控制的输入/输出接线

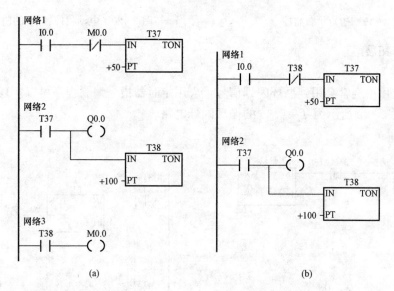

图 3-18 电动机间歇运行控制

(a) 梯形图；(b) 简化后的梯形图

　　电动机的运行时间由定时器 T38 的设定值控制，停止时间由定时器 T37 的设定值控制，设定时间可根据实际要求确定。这一梯形图也可以完成方波与占空比可调的脉冲信号发生器的功能，只要根据要求改变两个定时器的设定时间，就可得到不同的波形输出。

🌀 步骤四：系统调试

　　在完成程序编制后，一方面在 Micro/WIN 环境下通过系统测试功能中的程序状态监控对程序进行便捷的调试，检验程序的正确性，并对程序进行适当的修改和调试；另一方面通过观察电动机运行情况，确定整个系统是否符合要求。

　　程序的初始状态监控状态如图 3-19 所示。合上控制开关 SA 后，I0.0 有输入信号，电动机停转 5s 的监控状态如图 3-20 所示。5s 后电动机开始运行 10s 时的监控状态如图 3-21 所示。

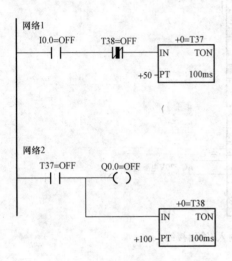

图 3-19　初始状态监控

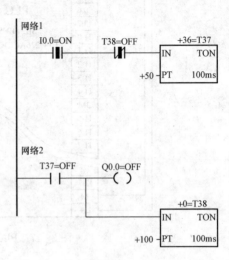

图 3-20　电动机停转 5s 的监控状态

三、任务拓展

1. 闪烁电路

　　在实际应用中经常会用到循环闪烁信号，应用定时器指令编制程序可以实现不同周期的闪烁电路。图 3-22 所示为 $T=0.4s$ 的循环闪烁电路。

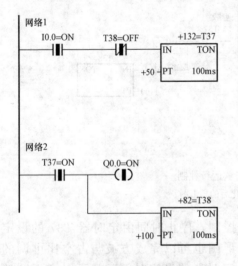

图 3-21　电动机运行时的监控状态

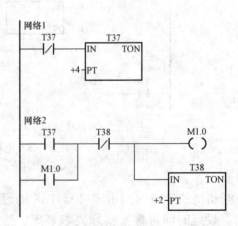

图 3-22　循环闪烁电路

　　定时器 T37 和自身动断触点构成循环计时电路，每隔 0.4s 触点转换一次，T37 的动断触点复位定时器 T37，动合触点接通，辅助继电器 M1.0 通电自锁，同时定时器 T38 开始延时 0.2s 后断开 0.2s，定时器 T38 的动合触点接通再次接通，如此往复循环，构成 0.4s 闪烁电路。

2. 定时器范围的扩展

PLC 的定时器和计数器都有一定的设置范围，如 S7-200 系列 PLC 的最大定时值为 3276.7s，最大计数值为 32767。如果需要的设定值超过这个范围，可以运用定时器和计数器的组合来扩充设定值的范围。图 3-23 为设定值 1h 的定时器扩展电路。

如图 3-23 所示，当 I0.0 线圈得电时，I0.0 触点转换，定时器 T37 的 IN 端 I0.0 动合触点接通，使第一逻辑行中 T37（时基脉冲 100ms）形成了一个设定时间为 60s（100ms×600）的循环计时电路。计数器 C0 的 R 端 I0.0 动断触点断开，C0 开始工作，此时连接到计数器 CU 端的 T37 动合触点每 60s 闭合一次，计数器对这个脉冲信号进行计数，计到 60 次时，C0 的动合触点闭合，Q0.0 线圈得电。从 I0.0 线圈接通到 Q0.0 线圈得电，延时时间 T_Σ 为定时器和计数器设定值的乘积，即 $T_\Sigma = TC = 60 \times 60 = 3600$（s）$= 1h$。

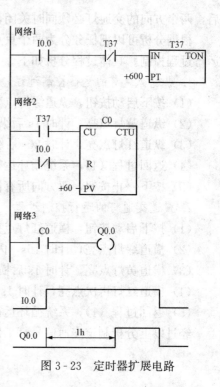

图 3-23 定时器扩展电路

任务二 十字路口交通灯控制

一、控制要求

图 3-24 所示为十字路口交通指挥灯时序图，按下启动按钮，十字路口交通指挥灯按图示规律自动循环；按下停止按钮，所有灯光熄灭。

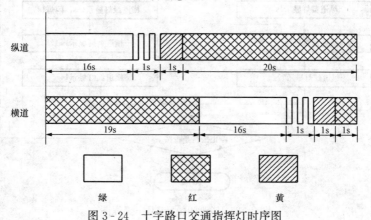

图 3-24 十字路口交通指挥灯时序图

二、任务实施

● 步骤一：任务分析

根据控制要求对任务进行分析，从十字路口交通信号灯系统的运行时序图 3-24 可以看到，纵道与横道的信号灯运行时，要同时启动，时间上也是需要相互配合的，停止按钮按下后，两个方向的交通灯必须同时关闭，否则将会出现交通事故。

根据分析可以把任务分为两个重点环节，即纵道交通灯的运行过程控制和横道交通灯的运行过程控制。具体过程分析如下。

1. 纵道交通灯的运行控制过程

（1）按下启动按钮，纵道绿灯点亮，计时 16s，闪烁 1s 后熄灭。

（2）纵道黄灯点亮，计时 1s 后纵道黄灯熄灭。

（3）纵道红灯点亮，计时 20s 后纵道红灯熄灭。

（4）返回过程（1），系统循环运行。

（5）按下停止按钮，双方向所有信号灯熄灭。

2. 横道交通灯的运行控制过程

（1）按下启动按钮，横道红灯点亮，计时 19s 后横道红灯熄灭。

（2）横道绿灯点亮，计时 16s，闪烁 1s 后熄灭。

（3）横道黄灯点亮，计时 1s 后横道黄灯熄灭。

（4）横道红灯再次点亮，计时 1s 后红灯熄灭。

（5）返回过程（1），系统循环运行。

经过以上分析制定交通信号灯工作流程如图 3-25 所示。

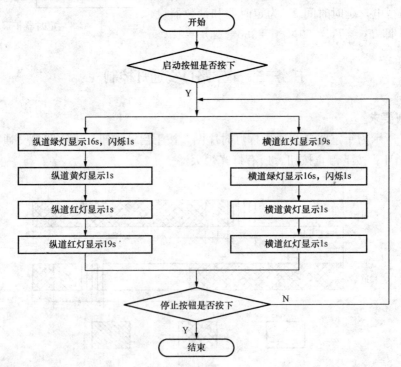

图 3-25　交通信号灯工作流程图

● 步骤二：任务准备

此电路中包含了 2 个输入设备（启动按钮 SB1、停止按钮 SB2），6 个输出负载（纵道绿灯 HL1、纵道黄灯 HL2、纵道红灯 HL3、横道红灯 HL4、横道绿灯 HL5、横道黄灯 HL6）。I/O 设置列表见表 3-3。PLC 控制的系统输入/输出接线图，如图 3-26 所示。

表 3 - 3			I/O 设置列表		
设备/信号类型	设备名称	信号地址	设备/信号类型	设备名称	信号地址
输 入	启动按钮 SB1	I0.0	输 出	纵道红灯 HL3	Q0.2
	停止按钮 SB2	I0.1		横道红灯 HL4	Q0.3
输 出	纵道绿灯 HL1	Q0.0		横道绿灯 HL5	Q0.4
	纵道黄灯 HL2	Q0.1		横道黄灯 HL6	Q0.5

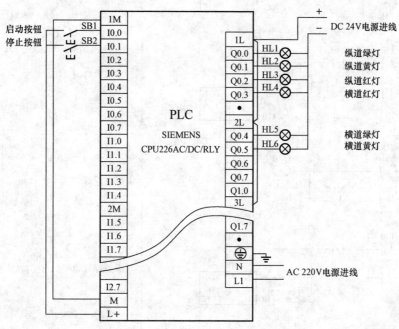

图 3 - 26 PLC控制的输入/输出接线图

⏩ **步骤三：程序编制**

（1）纵道交通灯控制程序见表 3 - 4。

表 3 - 4	纵道交通灯控制程序

梯 形 图	注 释
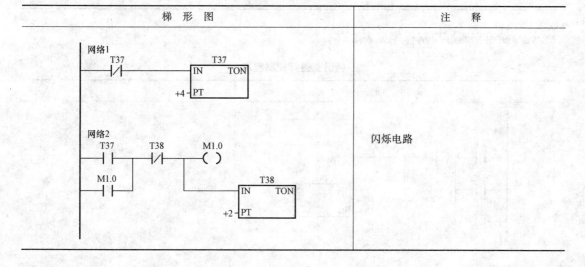	闪烁电路

梯 形 图	注 释
网络3 I0.0 —[ ]— T39 —[/]— M0.0 —( )— M0.0 —[ ]— T42 —[ ]—　　　T39 IN TON +160 PT	纵道绿灯点亮 16s
网络4 T39 —[ ]— T40 —[/]— M0.1 —( )— M0.1 —[ ]—　　　T40 IN TON +10 PT	纵道绿灯闪烁 1s
网络5 M0.0 —[ ]— Q0.0 —( )— M0.1 —[ ]— M1.0 —[ ]—	纵道绿灯
网络6 T40 —[ ]— T41 —[/]— Q0.1 —( )— Q0.1 —[ ]—　　　T41 IN TON +10 PT	纵道绿灯熄灭后点亮黄灯，1s 后黄灯熄灭
网络7 T41 —[ ]— T42 —[/]— Q0.2 —( )— Q0.2 —[ ]—　　　T42 IN TON +200 PT	纵道黄灯熄灭后点亮红灯，20s 后红灯熄灭

（2）横道交通灯控制程序见表 3-5。

表 3-5　　　　　　　　　　横道交通灯控制程序

梯 形 图	注 释
网络8 I0.0 —[ ]— T43 —[/]— M0.2 —( )— M0.2 —[ ]— T47 —[ ]—　　　T43 IN TON +190 PT	横道红灯点亮 19s 后熄灭

续表

梯　形　图	注　释
网络9 T43　　T44　　　M0.3 ├┤├──┤/├────( ) M0.3 ├┤├─────────┤IN　　TON T44 　　　　　　　+160─PT	横道绿灯点亮 16s
网络10 T44　　T45　　　M0.4 ├┤├──┤/├────( ) M0.4 ├┤├─────────┤IN　　TON T45 　　　　　　　+10─PT	横道绿灯闪烁 1s
网络11 M0.3　　　　　Q0.4 ├┤├─────────( ) M0.4　　M1.0 ├┤├──┤├	横道绿灯
网络12 T45　　T46　　　Q0.5 ├┤├──┤/├────( ) Q0.5 ├┤├─────────┤IN　　TON T46 　　　　　　　+10─PT	横道绿灯熄灭后点亮黄灯，1s 后黄灯熄灭
网络13 T46　　T47　　　M0.5 ├┤├──┤/├────( ) M0.5 ├┤├─────────┤IN　　TON T47 　　　　　　　+10─PT	横道黄灯熄灭后点亮红灯，1s 后红灯熄灭
网络14 M0.2　　　　　Q0.3 ├┤├─────────( ) M0.5 ├┤├	横道红灯

（3）按下停止按钮，双向交通灯停止控制程序见表 3 - 6。

⊕ 步骤四：系统调试

测试的内容有两方面：一方面是通过系统测试功能中的程序状态监控，观察程序是否符合工作流程图，判断程序编制是否正确。另一方面是观察交通灯负载运行状况，看是否满足控制要求，判断硬件电路是否符合要求。调试的过程可以依据表 3-7 的步骤进行。

表 3-6　　　　　　　　　　　　双向交通灯停止控制程序

梯　形　图	注　释
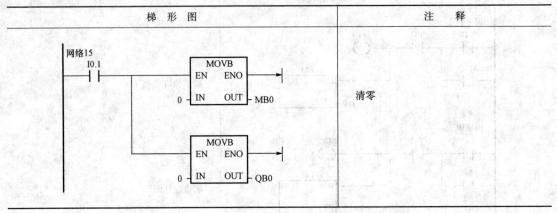	清零

表 3-7　　　　　　　　　　　系 统 调 试 表 格

项　目 当前状态	操　作	预测结果	通　过	失　败
完成程序编写	编译程序	无错误报告	□	□
程序编译成功	下载程序	出现下载窗口，数据下载正常	□	□
程序下载成功	运行 CPU	CPU 运行指示灯正常	□	□
CPU 运行正常	在线监控程序	无通信错误，能正常读取输入输出点状态	□	□
程序监控正常	按照控制要求逐一给出运行条件	依照时序图不同条件下能够得到相对应的输出信号	□	□
程序输出正确	观察信号灯状态	信号灯负载运行正常	□	□

　　如果所有步骤都符合要求，则表明本项目符合控制要求，正式完成项目。

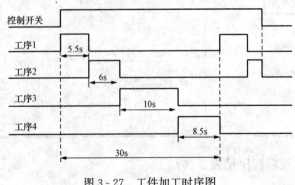

图 3-27　工件加工时序图

三、任务拓展

　　设某工件加工过程分为四道工序完成，共需 30s，其时序图如图 3-27 所示。

　　控制要求：当控制开关接通时，按时序循环运行；控制开关断开时，停止运行，而且每次接通控制开关时均从第一道工序开始。试编制满足上述控制要求的梯形图并进行系统设计和调试。

任务三　组合吊灯亮度控制

一、控制要求

用一个按钮控制组合吊灯三档亮度，控制时序图如图 3-28 所示。

二、任务实施

🔄 步骤一：任务分析

根据控制要求对任务进行分析，从图 3-28 可以看出，系统完成如下功能：控制按钮按一下，一组灯亮，按两下，两组灯亮，按三下，三组灯都亮，按四下，全灭。这是很典型的计数器应用实例，需要使用四个计数器实现。

🔄 步骤二：任务准备

组合吊灯三档亮度控制电路中包含了 1 个输入设备（控制按钮 SB），3 个输出负载（灯 HL1、灯 HL2、灯 HL3）。其 I/O 设置见表 3-8。PLC 输入/输出接线如图 3-29 所示。

表 3-8　　I/O 设置表

设备/信号类型	设备名称	信号地址
输　入	控制按钮 SB	I0.0
输　出	灯 HL1	Q0.0
	灯 HL2	Q0.1
	灯 HL3	Q0.2

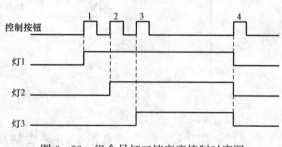

图 3-28　组合吊灯三档亮度控制时序图

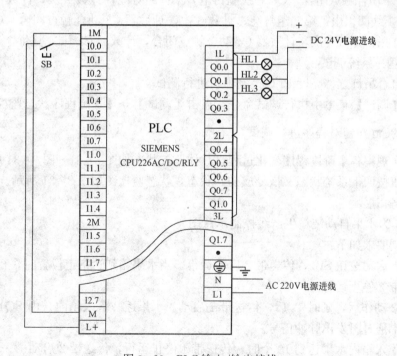

图 3-29　PLC 输入/输出接线

➡ 步骤三：程序编制

组合吊灯三档亮度 PLC 控制梯形图如图 3-30 所示。

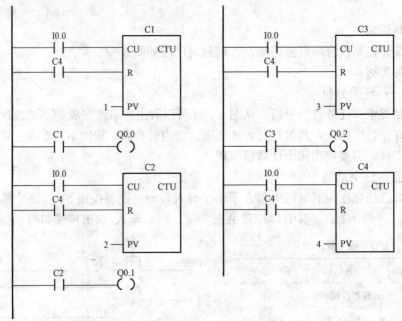

图 3-30　组合吊灯三档亮度 PLC 控制梯形图

工作过程如下：

合上控制按钮后，输入继电器 I0.0 动合触点闭合，计数器 C1～C4 开始计数，计数 1 次，计数器 C1 动合触点闭合，Q0.0 线圈得电，第一组灯亮；计数 2 次，计数器 C2 动合触点闭合，Q0.1 线圈得电，第二组灯亮；计数 3 次，计数器 C3 动合触点闭合，Q0.2 线圈得电，第三组灯亮；计数 4 次，计数器 C4 动合触点闭合，计数器 C1～C4 复位，三组灯全灭。

➡ 步骤四：系统调试

下面对组合吊灯三档亮度 PLC 控制项目进行测试：

（1）在【调试】菜单中执行调试命令：点击【调试】→【开始程序状态监控】菜单或点击工具栏上的 🔲 按钮对程序进行调试。

（2）依次观察各个阶段程序变化过程，具体监控状态如图 3-31～图 3-34 所示。

控制按钮按四下系统状态又恢复成初始状态，状态监控图如图 3-31 所示。

三、任务拓展

图 3-35 为水果自动装箱生产线控制示意图。

系统控制要求如下：

（1）按下启动按钮 SB1，传送带 2 启动运行，当水果箱到达指定位置时，行程开关 SQ2 动作，传送带 2 停止运行。

（2）SQ2 动作后，延时 1s 后，传送带 1 启动，水果逐一落入箱内，由 SQ1 检测水果的数量，在水果通过时发出脉冲信号。

（3）当落入箱内水果达到 10 个时，传送带 1 停止运行，传送带 2 启动……

（4）按下停止按钮 SB2，传送带 1 和 2 均停止。

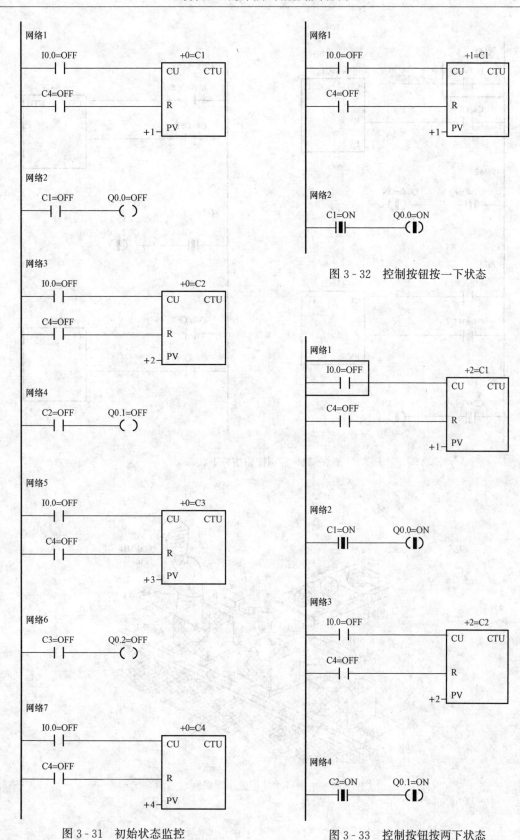

图 3‑31 初始状态监控

图 3‑32 控制按钮按一下状态

图 3‑33 控制按钮按两下状态

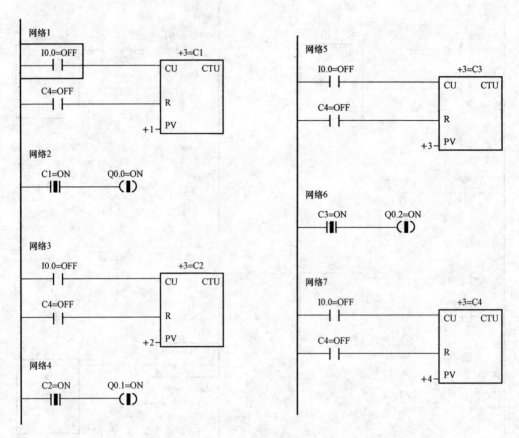

图 3-34　控制按钮按三下状态

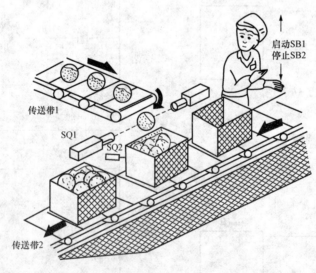

图 3-35　水果自动装箱生产线控制示意图

根据上述系统控制要求，给出 I/O 设置表，见表 3-9。

表 3-9 I/O 设 置 表

设备/信号类型	设备名称	信号地址	设备/信号类型	设备名称	信号地址
输　　入	启动按钮 SB1	I0.0	输　　入	计数传感器 SQ1	I0.3
	停止按钮 SB2	I0.1	输　　出	传送带 2 电动机	Q0.0
	位置传感器 SQ2	I0.2		传送带 1 电动机	Q0.1

根据控制要求和 I/O 设置表，应用定时器和计数器指令完成：

（1）硬件接线图；

（2）系统程序设计；

（3）系统调试。

模块四　置位/复位指令应用

【模块概述】

本模块主要讲述置位/复位指令、正向/反向转换指令的指令功能。通过完成自动开关门、自动搅拌机的 PLC 控制任务,灵活掌握指令的功能及指令的应用技巧。

【学习目标】

(1) 理解置位/复位指令的基本功能及使用方法。

(2) 理解正向/反向转换指令的基本功能及使用方法。

(3) 应用指令完成典型控制任务。

【知识学习】

一、置位/复位指令

1. 置位/复位指令功能

S (Set):置位(置 1)指令。从指定的地址(位)开始的 N 个地址(位)均被置位,可以置位 1~255 个点($N=1\sim255$)。

R (Reset):复位(置 0)指令。从指定的地址(位)开始的 N 个地址(位)均被复位,可以复位 1~255 个点($N=1\sim255$)。

2. 程序举例

图 4-1 所示为置位/复位使用入门程序,图中 $N=1$,I0.0 一旦接通,即使再断开,Q0.0仍保持接通;I0.1 一旦接通,即使再断开,Q0.0 仍保持断开。其时序图如图 4-2 所示。

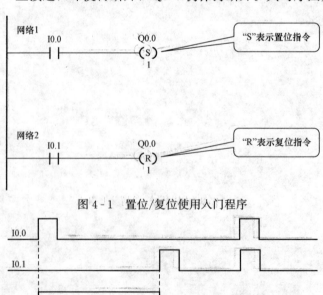

图 4-1　置位/复位使用入门程序

图 4-2　置位/复位使用入门程序时序图

提示：（1）置位/复位指令具有"记忆"功能。当使用置位指令时，其线圈置位并且自保持；当使用复位指令时，其线圈复位。

（2）置位/复位指令编排顺序可任意安排，但是当一对置位/复位命令同时使用时，编写顺序在后的指令有效。

[例4-1] 置位/复位指令的使用

如图4-3所示，图中 $N=3$，I0.0 接通，从 Q0.0 开始的 3 位（即 Q0.0、Q0.1、Q0.2）被置 1；I0.1 接通，从 Q0.0 开始的 3 位（即 Q0.0、Q0.1、Q0.2）被置 0。

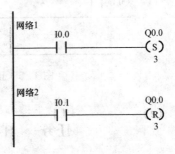

图4-3 置位/复位指令的使用

 提示：如果复位指令指定是定时器位（T）或计数器位（C），指令使定时器或计数器位复位，并清除定时器或计数器的当前值。

二、正向/反向转换指令

1. 正向/反向转换指令功能

EU（Edge Up）：正向转换指令。可检测指令前面的逻辑状态，当指令前面信号由断开到接通时，输出信号，其输出信号的脉冲宽度为一个扫描周期。

ED（Edge Down）：反向转换指令。检测指令前面的逻辑状态，当指令前面信号由接通到断开时，输出信号，其输出信号的脉冲宽度为一个扫描周期。

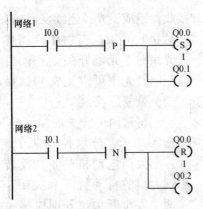

图4-4 正向/反向指令入门程序

注：图中 P 表正向转换指令，N 表反向转换指令。

2. 程序举例

[例4-2] 正向/反向指令的使用入门程序如图4-4所示。

当正向转换指令检测到 I0.0 动合触点从断开到闭合时，Q0.1 接通一个扫描周期，Q0.0 线圈保持接通状态；当反向转换指令检测到 I0.1 动合触点从闭合到断开时，Q0.2 接通一个扫描周期，Q0.0 线圈保持断开状态。其时序图如图4-5所示。

 提示：无法在首次扫描时检测上升沿或向下沿。所以对开机时就为接通状态的输入条件，正向转换指令不执行。

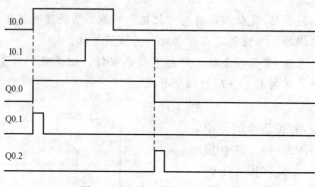

图 4 - 5　正向/反向指令时序图

任务一　自动开关门控制

一、控制要求

当有车辆到达货库大门前时，自动门开始上升打开，当门升到一定高度后，升门动作停止。当车辆完全通过大门时，自动开始降门动作，下降到一定位置时，完成关门动作。

二、任务实施

⏩ 步骤一：任务分析

PLC 可用来控制自动打开和关闭货库大门，以便让接近大门的车辆进入或离开库房。采用一台 PLC，使用两套不同的传感器来完成控制要求。

使用一个超声波开关来检测接近大门的物体，使用一个光电开关来检测通过大门物体。

超声波开关的工作原理是：当物体（汽车）进入超声波的检测范围时，超声波开关便检测出物体反射回来的超声波，开关动作。

光电开关的工作原理是：光电开关由光源和接收器组成。光源连续发射光束，接收器连续接收光束。当物体遮挡住光源发射的光束时，光电开关动作；当物体离开大门时，光束可以正常到达接收器，接收器又恢复原状。

将这两个开关的接点连接到 PLC 的输入端子，分别控制两个输出继电器，控制大门电动机的正、反转，就可以实现大门的自动打开和关闭。另外，还需两个限位开关，分别检测大门是否到达上极限和下极限，控制大门在适当位置停下来。图 4 - 6 所示为自动开关门控制示意图。

当有车辆接近仓库大门时，超声波开关有信号，升门继电器动作，可以通

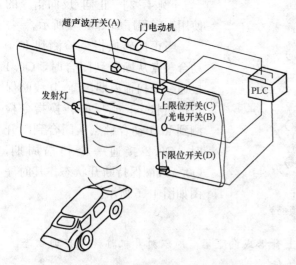

图 4 - 6　自动开关门控制示意图

过置位命令实现。当门上升到令上限位开关动作，升门继电器复位，可以通过复位命令实现。当车驶入（/出）仓库后，若光电开关刚检测到信号就降门，存在安全隐患。如车在门下时停车，门依然下降车便会被卡住。为了提高安全性，降门的信号要在车全部驶入（/出）仓库后再给出，即光电开关信号从接通到断开时发出降门信号，可以通过反向转换指令来完成。

⟳ **步骤二：任务准备**

此电路中包含了 4 个输入设备：超声波开关 S1，光电开关 S2，上限位开关 SQ1，下限位开关 SQ2；2 个输出负载：升门继电器 KA1，降门继电器 KA2。I/O 设置见表 4-1。其PLC 控制的输入/输出接线如图 4-7 所示。

表 4-1　　　　　　　　　I/O 设置表

设备/信号类型	设备名称	信号地址	设备/信号类型	设备名称	信号地址
输　入	超声波开关 S1	I0.0	输　入	下限位开关 SQ2	I0.3
	光电开关 S2	I0.1	输　出	升门继电器 KA1	Q0.0
	上限位开关 SQ1	I0.2		降门继电器 KA2	Q0.1

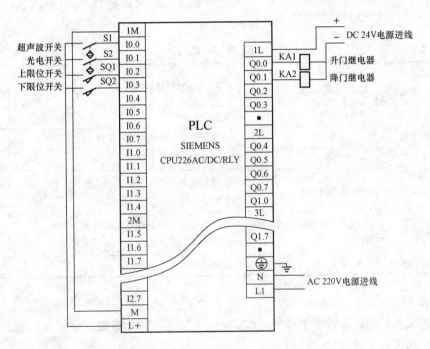

图 4-7　PLC 控制的输入/输出接线

⟳ **步骤三：程序编制**

按照控制要求编制梯形图程序，自动开关门的控制程序如图 4-8 所示。

工作过程如下：

（1）当车进入超声波检测范围，超声波开关有信号，即 I0.0 有输入信号。网络 1 中

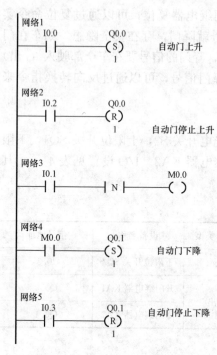

图 4-8   自动开关门的控制程序

I0.0动合触点闭合，Q0.0线圈得电，自动开关门上升。

（2）门上升至上限位开关，I0.2有输入信号，网络2中I0.2动合触点闭合。Q0.0线圈失电，门上升动作停止。

（3）当车进入自动门，光电开关有信号，网络3中I0.1动合触点闭合；当车完全进入自动门，光电开关复位，网络3中M0.0线圈得电一个扫描周期（由于线圈得电时间太短，所以从监控画面中并不能观测到M0.0线圈得电）。Q0.1线圈得电，自动门下降。

（4）当自动门下降碰到下限位开关时，下限位开关转换，网络5中的I0.3动合触点闭合，Q0.1线圈失电，自动门下降停止。

步骤四：系统调试

1. 程序调试表格

对照表 4-2 设置项目程序调试表，记录调试结果。

表 4-2   程 序 调 试 表

项目 当前状态	操作	预测结果	通过	失败
完成程序编写	编译程序	无错误报告	□	□
程序编译成功	下载程序	出现下载窗口，数据下载正常	□	□
程序下载成功	运行 CPU	CPU 运行指示灯正常	□	□
CPU 运行正常	在线监控程序	无通信错误，能正常读取输入输出点状态	□	□
程序监控正常	按照状态图逐一给出运行条件	依照状态图不同条件下能够得到相对应的输出信号	□	□
程序输出正确	观察	设备动作正常	□	□

2. 状态图

程序调试成功后，运行整个控制系统，对照表 4-3 进行测试，分析和排除故障，直到测试结果和状态表一致。

表 4-3   状 态 表

动作顺序	输 入 信 号				输 出 信 号	
	超声波开关 S1	光电开关 S2	上限位开关 SQ1	下限位开关 SQ2	升门继电器 KA1	降门继电器 KA2
0	—	—	—	+	—	—
1	+	—	—	+	+	—

续表

动作顺序	输 入 信 号				输 出 信 号	
	超声波开关 S1	光电开关 S2	上限位开关 SQ1	下限位开关 SQ2	升门继电器 KA1	降门继电器 KA2
2	+/-	-/+	+	-	-	-
3	-	+/-	+	-	-	+
4	-	-	-	+	-	-

注　"+"为得电状态，"-"为失电状态。

 提示：正向/反向转换指令使用时，由于产生的信号只有一个扫描周期通常与置位/复位指令配合使用，在监控程序中不能显示辅助继电器线圈已经得电。

任务二　自动定时搅拌机控制

一、控制要求

自动定时搅拌机如图 4-9 所示，初始状态控制出料电磁阀 A 为关闭状态，运行开始进料电磁阀 B 打开，开始进料，当罐内的液位上升到一定高度，液位传感器 SL1 的触点接通，关闭进料电磁阀 B，同时启动搅拌电动机 M，开始搅拌。在搅拌 1min 后，停止搅拌，打开出料电磁阀 A，当罐内液位下降到一定位置，液位传感器 SL2 触点断开，关闭出料电磁阀 A，重新打开进料电磁阀 B，又一次进料。重复上述过程，完成定时搅拌。

二、任务实施

🌀 步骤一：任务分析

初始状态控制出料电磁阀 A 为关闭状态。按下启动按钮电磁阀 B 打开，开始进料；当高液位传感器 SL1 接通后，关闭电磁阀 B，同时启动电动机 M 并开始计时；计时 1min（利用定时器指令）后，电动机 M 停止，出料电磁阀打开；SL2 由接通到断开（利用反向转换指令），电磁阀 A 关闭，电磁阀 B 打开，进行循环。打开、关闭电磁阀可以利用置位/复位指令完成。

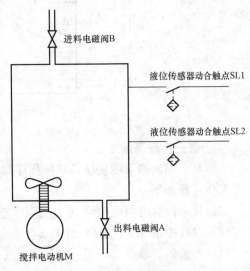

图 4-9　自动定时搅拌机

 提示：传感器信号为长脉冲信号。按钮为短脉冲信号，注意加以区分。

🌀 步骤二：任务准备

此电路中包含了 4 个输入设备（启动按钮 SB1，停止按钮 SB2，高液位传感器 SL1，低液位传感器 SL2），3 个输出负载（出料电磁阀 A，进料电磁阀 B，搅拌电动机 M）。I/O 设置见表 4-4。其 PLC 控制的输入/输出接线如图 4-10 所示。

表 4 - 4 　　　　　　　　　　 **I/O 设 置 表**

设备/信号类型	设备名称	信号地址	设备/信号类型	设备名称	信号地址
输　入	启动按钮 SB1	I0.0	输　出	出料电磁阀 A	Q0.0
	停止按钮 SB2	I0.1		进料电磁阀 B	Q0.1
	高液位传感器 SL1	I0.2		搅拌电动机 M	Q0.2
	低液位传感器 SL2	I0.3			

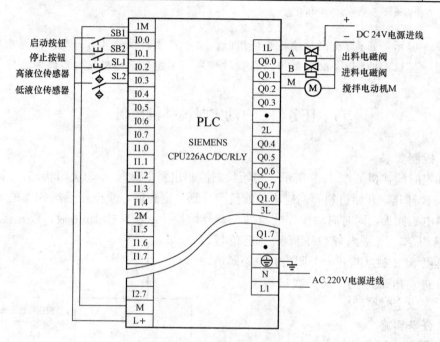

图 4 - 10　PLC 控制的输入/输出接线

🌐 步骤三：程序编制

按照要求编制梯形图程序，具体程序如图 4 - 11 所示。

工作过程如下：

初始状态控制出料电磁阀 A 为关闭状态。

按下启动按钮 SB1，网络 2 的 I0.0 动合触点闭合，Q0.1 线圈得电，电磁阀 B 打开，开始进料；当罐内的液位上升到一定高度，液位传感器 SL1 的触点接通，网络 3 的 I0.2 动合触点闭合，M0.1 线圈得电，网络 4、5 中 M0.1 动合触点闭合，Q0.1 线圈失电，关闭进料电磁阀 B，同时 Q0.2 线圈得电，启动搅拌电动机 M，开始搅拌；网络 6 中 Q0.2 动合触点闭合，定时器 T37 开始定时，在搅拌 1min 后，网络 7 中的 T37 动合触点闭合，Q0.2 线圈失电，停止搅拌。当搅拌电动机由运行到停止时，网络 8 的 Q0.2 触点由通到断，反向转换指令在其后沿使 M0.2 产生一个脉冲信号，其动合触点使 Q0.0 线圈得电，打开出料电磁阀 A；当罐内液位下降到一定位置，液位传感器 SL2 触点断开，网络 10 中 I0.3 动合触点由闭合到断开，M0.3 线圈得电，网络 11、2 中 M0.3 动合触点闭合，Q0.0 线圈失电，关闭出料电磁阀 A，网络 2 中的 Q0.1 线圈得电，重新打开进料电磁阀 B，又一次进料。重复上述过程，完成定时搅拌。

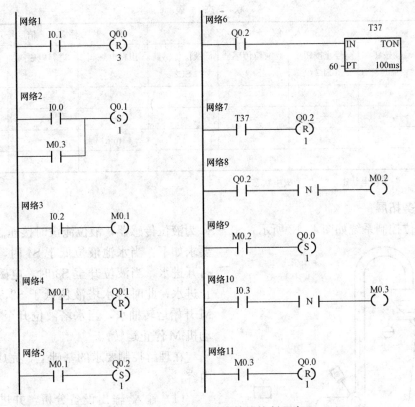

图 4-11 自动定时搅拌机控制程序

步骤四：任务测试

1. 程序调试表格

对照表 4-5 设置项目程序调试表，并记录调试结果。

表 4-5 程序调试表

项目 当前状态	操 作	预 测 结 果	通 过	失 败
完成程序编写	编译程序	无错误报告	☐	☐
程序编译成功	下载程序	出现下载窗口，数据下载正常	☐	☐
程序下载成功	运行 CPU	CPU 运行指示灯正常	☐	☐
CPU 运行正常	在线监控程序	无通信错误，能正常读取输入输出点状态	☐	☐
程序监控正常	按照状态图逐一给出运行条件	依照状态图不同条件下能够得到相对应的输出信号	☐	☐
程序输出正确	观察	设备动作正常	☐	☐

2. 状态图

程序调试成功后，运行整个控制系统，对照表 4-6 进行测试，分析和排除故障，直到测试结果和状态表一致。

表 4-6　　　　　　　　　　　　　　　　状　态　表

动作顺序	输　入　信　号				输　出　信　号		
	启动按钮 SB1	停止按钮 SB2	高液位传感器 SL1	低液位传感器 SL2	出料电磁阀 A	进料电磁阀 B	搅拌电动机 M
0	－	－	－	－	－	－	－
1	+/－	－	－	－	－	+	－
2	－	－	+	+	－(1min)/+	－	+(1min)/－
3	－	－	－	－	－	+	－

注　表中"+"为得电状态，"－"为失电状态。

三、任务拓展

水塔液位控制系统如图 4-12 所示，S1～S4 为液位传感器，液位淹没时接通。系统控制要求如下：当水池液位低于 S4 时，电磁阀 Y 打开进水，当液位升至 S3 时，电磁阀关闭停止进水；此时若水塔液位低于 S2，则电动机 M 开始运转抽水，当水塔液位升至 S1 时，电动机 M 停止运转。

在理解控制要求的基础上，完成以下工作内容：

（1）输入/输出设备分析，并进行 I/O 编号设置。

（2）PLC 输入/输出设备接线。

（3）PLC 梯形图程序设计。

（4）系统调试。

（5）撰写技术报告。

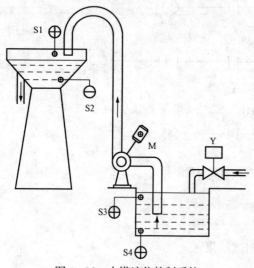

图 4-12　水塔液位控制系统

模块五　跳转/标号指令应用

【模块概述】

在工业现场控制中常遇到操作方式的选择，用来实现不同工作方式的切换，如电动机启/停、手动/自动控制，应用跳转和标号指令可以实现这一功能。跳转和标号指令是用来跳过部分使其不执行的指令，必须在主程序、子程序或中断程序内部实现跳转。跳转/标号指令的应用使 PLC 程序的灵活性和智能性大大提高，使主机可以根据不同条件，选择执行不同的程序段。

本模块通过电动机启/停、手动/自动控制、电动葫芦升降机构的控制等任务的完成，熟悉指令的功能，灵活掌握指令的应用。

【学习目标】

(1) 熟悉跳转/标号指令的基本功能和使用要领。
(2) 应用跳转/标号指令完成手/自动工作模式。
(3) 应用跳转/标号指令完成典型控制任务。

【知识学习】

⊜ 跳转/标号指令

1. 跳转/标号指令功能

JMP（Jump）：跳转指令，将程序的执行跳转到指定的标号。

LBL（Label）：标号指令，指定跳转的目标标号。

2. 程序举例

图 5-1 为跳转/标号指令的示意图。操作数 n 为常数范围为 $0\sim255$，JMP 和对应的 LBL 必须在同一程序块中。当转移条件成立（I0.0 动合触点闭合）执行程序 A 后，跳过程序 B，执行程序 C；若转移条件不成立（I0.0 动合触点为断开状态），则执行程序 A 后，执行程序 B，然后执行程序 C。这两条指令的功能是传统继电器控制所没有的。

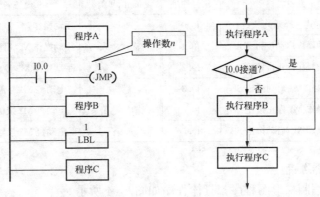

图 5-1　JMP、LBL 指令的功能

任务一　电动机启停的手动/自动控制

一、控制要求

有 3 个电动机 M1～M3，具有两种启停工作方式：

（1）手动操作方式：分别用每个电动机各自的启停按钮控制 M1～M3 的启停状态。

（2）自动操作方式：按下启动按钮，电动机 M1～M3 每隔 5s 依次启动；按下停止按钮，M1～M3 同时停止。

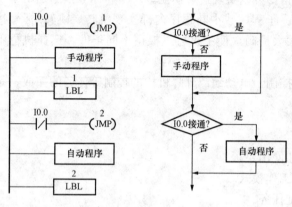

图 5-2　程序结构

二、任务实施

● 步骤一：任务分析

从控制要求中可以看到，需要在程序中体现两种可以任意选择的控制方式。由此想到运用跳转指令的程序结构可以满足控制要求，搭建程序结构如图 5-2 所示。当操作方式选择开关闭合时，I0.0 动合触点闭合，跳过手动方式程序段不执行；I0.0 动断触点断开，选择自动方式程序段执行。而方式选择开关断开时的情况与此相反，跳过自动方式程序段不执行，选择手动方式程序段执行。

● 步骤二：任务准备

此电路中包含了 9 个输入设备。

方式选择开关 SA，自动操作启动按钮 SB1，自动操作停止按钮 SB2，手动操作 M1 启动按钮 SB3，手动操作 M1 停止按钮 SB4，手动操作 M2 启动按钮 SB5，手动操作 M2 停止按钮 SB6，手动操作 M3 启动按钮 SB7，手动操作 M3 停止按钮 SB8；三个输出负载：电动机 M1 接触器 KM1，电动机 M2 接触器 KM2，电动机 M3 接触器 KM3。I/O 设置表见表 5-1。其 PLC 输入/输出接线如图 5-3 所示。

表 5-1　I/O 设置表

设备/信号类型	设备名称	信号地址	设备/信号类型	设备名称	信号地址
输入	方式选择开关 SA	I0.0	输入	手动操作 M2 停止按钮 SB6	I0.6
	自动操作启动按钮 SB1	I0.1		手动操作 M3 启动按钮 SB7	I0.7
	自动操作停止按钮 SB2	I0.2		手动操作 M3 停止按钮 SB8	I1.0
	手动操作 M1 启动按钮 SB3	I0.3	输出	电动机 M1 接触器 KM1	Q0.0
	手动操作 M1 停止按钮 SB4	I0.4		电动机 M2 接触器 KM2	Q0.1
	手动操作 M2 启动按钮 SB5	I0.5		电动机 M3 接触器 KM3	Q0.2

● 步骤三：程序编制

按照控制要求编制梯形图程序，具体程序如图 5-4 所示。

工作过程如下：

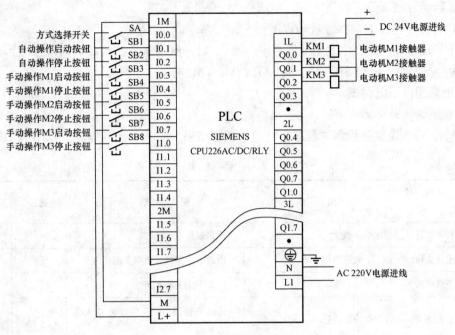

图 5 - 3 PLC 控制的输入/输出接线

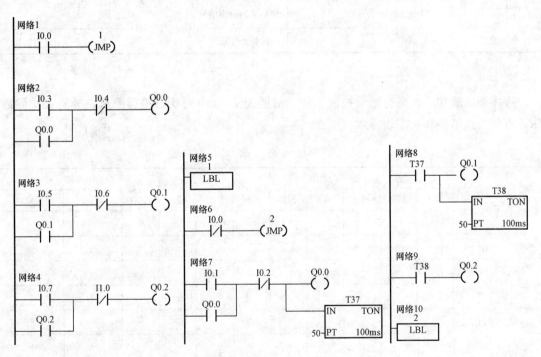

图 5 - 4 电动机启停、手动/自动控制程序

方式选择开关未按下，执行手动程序：

按下启动按钮 SB3，电动机 M1 启动，按下停止按钮 SB4，电动机 M1 停止；按下启动按钮 SB5，电动机 M2 启动，按下停止按钮 SB6，电动机 M2 停止；按下启动按钮 SB7，电

动机 M3 启动，按下停止按钮 SB8，电动机 M3 停止。

方式选择开关按下，执行自动程序：

按下启动按钮 SB1，电动机 M1 启动，隔 5s 后，电动机 M2 启动，再隔 5s 后，电动机 M3 启动。按下停止按钮 SB2，电动机 M1、M2、M3 停止。

⊙ 步骤四：系统调试

1. 程序调试表格

对照表 5-2 设置项目调试程序，并记录调试结果。

表 5-2　　　　　　　　　　　　程 序 调 试 表

项目 当前状态	操　作	预 测 结 果	通过	失败
完成程序编写	编译程序	无错误报告	□	□
程序编译成功	下载程序	出现下载窗口，数据下载正常	□	□
程序下载成功	运行 CPU	CPU 运行指示灯正常	□	□
CPU 运行正常	在线监控程序	无通信错误，能正常读取输入输出点状态	□	□
程序监控正常	按照状态图逐一给出运行条件	依照状态图不同条件下能够得到相对应的输出信号	□	□
程序输出正确	观察	设备动作正常	□	□

2. 状态图

程序调试成功后，运行整个控制系统，对照表 5-3 所列状态进行测试，分析和排除故障，直到测试结果和状态表一致。

表 5-3　　　　　　　　　　　　状 态 表

动作顺序	输 入 信 号									输 出 信 号		
	SA	SB1	SB2	SB3	SB4	SB5	SB6	SB7	SB8	KM1	KM2	KM3
0	−	−	−	−	−	−	−	−	−	−	−	−
1	−	−	−	+/−	−	−	−	−	−	+	−	−
2	−	−	−	−	+/−	−	−	−	−	−	−	−
3	−	−	−	−	−	+/−	−	−	−	−	+	−
4	−	−	−	−	−	−	+/−	−	−	−	−	−
5	−	−	−	−	−	−	−	+/−	−	−	−	+
6	−	−	−	−	−	−	−	−	+/−	−	−	−
7	+	+/−	−	−	−	−	−	−	−	+	−(5s)/+	−(10s)/+
8	+	−	+/−	−	−	−	−	−	−	−	−	−

注　表中"＋"为得电状态，"−"为失电状态。

任务二 电动葫芦升降机构

一、控制要求

电动葫芦升降测试系统的负荷试验控制要求如下：

(1) 可手动上升、下降。

(2) 自动运行时，上升 6s→停 9s→下降 6s→停 9s，反复运行 1h 后发出声光信号，并停止运行。

二、任务实施

⊙步骤一：任务分析

根据控制要求，需要在程序中体现手动/自动控制方式，采用跳转指令的程序结构可以满足控制要求。自动运行时，由于要反复运行，所以应采用循环结构。由于计时器只能计时 3276.7s，所以，需使用两个定时器接力计时 1h(3600s)。

 提示：上升和下降接触器不能同时得电，否则将发生短路。

⊙步骤二：任务准备

此电路中包含了 4 个输入设备（手动/自动工作方式选择开关 S1，上升按钮 S2，下降按钮 S3，停止按钮 S4），4 个输出负载（电动机上升接触器 KM1，电动机下降接触器 KM2，蜂鸣器 HA 声音报警，指示灯 HL 灯光报警）。I/O 设置表见表 5-4。其 PLC 控制的输入/输出接线如图 5-5 所示。

表 5-4

I/O 设 置 表

设备/信号类型	设备名称	信号地址	设备/信号类型	设备名称	信号地址
输　入	工作方式（手动、自动）选择开关 S1	I0.0	输　出	电动机上升接触器 KM1	Q0.0
	上升按钮 S2	I0.1		电动机下降接触器 KM2	Q0.1
	下降按钮 S3	I0.2		蜂鸣器 HA	Q0.2
	停止按钮 S4	I0.3		指示灯 HL	Q0.3

⊙步骤三：程序编制

按照要求编制梯形图程序，具体程序如图 5-6 所示。

工作过程：

1. 手动运行

当选择开关 S1 在手动位置时，网络 2 的动合触点 I0.0 断开，网络 6 的动断触点 I0.0 闭合，将 JMP2 和 LBL2 之间的程序跳过，运行 JMP1 和 LBL1 之间的程序。

启动上升：按下启动按钮，网络 3 的 I0.1 闭合，Q0.0 继电器通电，触点 Q0.0 闭合自保。电动机正转上升。网络 4 的 Q0.0 断开，以保证下降的 Q0.1 不会通电。

启动下降：按下下降按钮，网络 4 的 I0.2 闭合，Q0.1 继电器通电，触点 Q0.1 闭合自保。电动机反转下降。网络 3 的 Q0.1 断开，以保证上升的 Q0.0 不会通电。

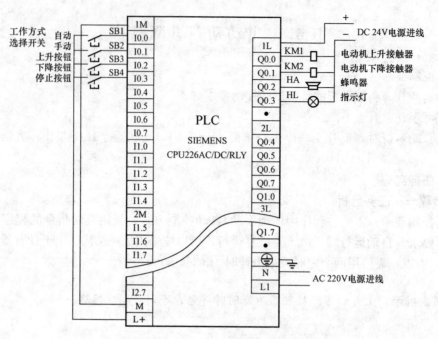

图 5-5　PLC 控制的输入/输出接线

停止：按下停止按钮，网络 1 的 I0.3 闭合，M0.0 通电，网络 3 的 M0.0 触点断开，停止电动机的正转，上升停止；网络 4 的 M0.0 断开，停止电动机的反转，下降停止。

2. 自动运行

当选择开关 S1 在自动位置时，网络 2 的动合开关 I0.0 闭合，将 JP1 和 LBL1 之间的程序跳过，网络 6 的动开触点 I0.0 断开，运行 JMP2 和 LBL2 之间的程序。

网络 23 的 I0.0 闭合，使 M1.1 通电自保，T41 定时器开始计时。

上升 6s：网络 7 的 I0.0 闭合，由于微分指令的作用，M0.1 只通电一个扫描周期。在 M0.1 通电期间，网络 8 的 M0.1 触点闭合，Q0.0 通电，电动机正转上升。网络 9 的 Q0.0 闭合，定时器 T37 开始计时，时间到达 6s 时，T37 动作，网络 10 的 T37 动合触点闭合，M0.2 通电一个扫描周期，网络 11 的 M0.2 闭合一个扫描周期，Q0.0 断电，停止上升。

停止 9s：网络 12 的 Q0.0 断开，M0.3 通电一个扫描周期，网络 14 的 M0.3 闭合，M0.4 通电，闭合自保，网络 14 的 M0.4 闭合，T38 开始计时。

下降：T38 当时间到达 9s 时，网络 15 的 T38 动合触点闭合，M0.5 通电一个扫描周期，网络 16 的 M0.5 闭合，使 Q0.1 通电，电动机反转下降。网络 17 的 Q0.1 闭合 T39 开始计时。当 T39 计时达到 6s 时，网络 18 的 T39 闭合，M0.6 通电一个扫描周期，网络 19 的 M0.6 闭合，Q0.1 断电。

停止 9s：在 Q0.1 断电时，网络 20 的 Q0.1 断开，由于微分指令的作用，M0.7 闭合一个扫描周期，网络 21 的 M0.7 闭合，M1.0 通电自保，网络 22 的 M1.0 闭合，T40 开始计时。

进入第二次循环：当 T40 时间到达 9s 时，网络 7 的 T40 闭合，由于微分指令的作用，M0.1 只通电一个扫描周期。在 M0.1 通电期间，网络 12 的 M0.3 触点闭合，Q0.0 通电，电动机正转上升……

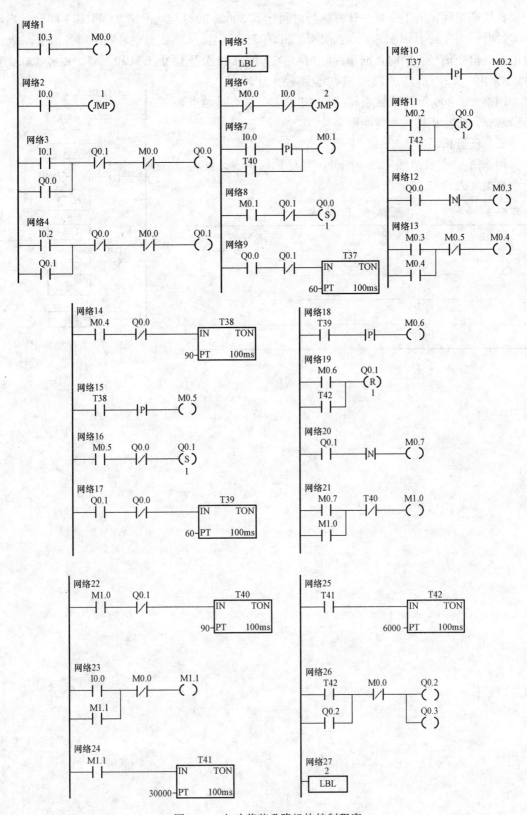

图 5-6 电动葫芦升降机构控制程序

在循环期间，T41 一直在计时，当时间达到 3000s 的时候，网络 24 的 T41 闭合，启动 T42 计时，当 T42 计时到 600s 时，网络 26 的 T42 闭合，Q0.2 通电，发出声音信号，Q0.3 通电，发出光信号。同时，网络 11 和网络 19 的 T42 分别停止上升和下降，由于 Q0.0 和 Q0.1 断电，T37、T38、T39、T40 全部停止计时。

网络 8 的 Q0.1 动断触点和网络 16 的 Q0.0 动断触点是互锁触点，防止正转和反转同时启动。

三、任务拓展

根据图 5-7 所给程序结构图分析程序执行情况，并将分析结果填入表 5-5 中。

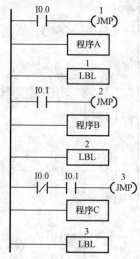

图 5-7 程序结构图

表 5-5　　　　　程 序 执 行 结 果

I0.0	I0.1	执行程序段
1	0	
0	1	
0	0	
1	1	

模块六　移位寄存器指令应用

 【模块概述】

移位寄存器指令是 PLC 经常使用的功能指令，在控制系统中应用非常普遍，提供了一种排列和控制产品流或者数据的简单方法，为编程带来了很大的便利。本模块主要学习移位寄存器指令的功能及应用技巧，并了解使用移位寄存器指令解决的两种类型的实际问题。

【学习目标】

（1）领会移位寄存器指令的功能及使用要领。

（2）能够应用移位寄存器指令解决两种典型控制任务。

【知识学习】

⊙ 移位寄存器指令

1. 移位寄存器的功能

移位寄存器指令即将一个数值移入移位寄存器中。移位寄存器 SHRB 指令提供了一种排列和控制产品流或者数据的简单方法。使用该指令时，每个扫描周期，整个移位寄存器移动一位。移位寄存器 SHRB 指令格式如图 6 - 1 所示。

移位寄存器指令把输入的 DATA 端数值移入移位寄存器。其中，EN 端为执行条件，连接移位脉冲信号，满足执行条件时每个扫描周期使整个移位寄存器移动一位；S_BIT 端指定移位寄存器的最低位；N 指定移位寄存器的长度和移位方向（正向移位＝N，反向移位＝－N）。SHRB 指令移出的每一位都被放入溢出标志位（SM1.1）。这条指令的执行取决于最低有效位（S_BIT）和由长度（N）指定的位数。

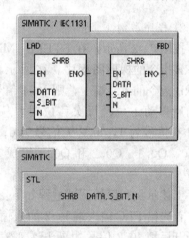

图 6 - 1　移位寄存器 SHRB 指令格式

> 💀 **提示**：移位寄存器指令 EN 端每接收到一个上升沿信号，移位寄存器移动一位；EN 端一直接通，则每个扫描周期移位寄存器均移动一位。

由图 6 - 1 可知，S7 - 200 系列 PLC 的移位寄存器指令具体输入/输出主要有三个，详细内容见表 6 - 1。

表 6 - 1　　　　　　　　　　　　　　　移位寄存器接收操作数

输入/输出	数据类型	操　作　数
DATA、S_BIT	布尔 BOOL	I、Q、V、M、SM、S、T、C、L
N	BYTE	IB、QB、VB、MB、SMB、SB、LB、AC、＊VD、＊LD、＊AC、常数

移位寄存器的最高位（MSB.b）可通过下面公式计算求得

MSB. b = [(S_BIT 的字节号)+([N−1]+(S_BIT 的位号))/8 的商].[除 8 的余数]

例如，如果 S_BIT 是 V33.4，N 是 14，那么 MSB.b 是 V35.1，即

$$MSB. b = V33+([14]-1+4)/8$$
$$= V33+17/8$$
$$= V33+2(余数为1)$$
$$= V35.1$$

当反向移动时，N 为负值，输入数据从最高位移入，最低位（S_BIT）移出。移出的数据放在溢出标志位（SM1.1）中。

当正向移动时，N 为正值，输入数据从最低位（S_BIT）移入，最高位移出。移出的数据放在溢出标志位（SM1.1）中。

移位寄存器的最大长度为 64 位，可正可负。图 6-2 中给出了 N 为正和负两种情况下的移位过程。

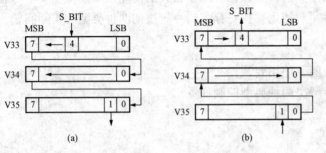

图 6-2   移位寄存器的入口和出口

(a) N 为正；(b) N 为负

2. 程序举例

按图 6-3 所示，在 STEP7-Micro/WIN 梯形图程序编辑窗口中输入包含移位寄存器 SHRB 指令的梯形图程序。在所示的程序中，I0.1 的信号通过前沿微分指令后连接在 SHRB 指令的 EN 端上，则 I0.1 信号每接通一次，EN 端接收到一个脉冲信号，移位寄存器向后移动 1 位；每次移位时，从外部移入的数值为 DATA 端连接的 I0.2 的状态值，I0.2 有信号为 1，I0.2 无信号为 0；S_BIT 最低位是 Q0.0，长度 N 为+4，移位寄存器由 Q0.0、Q0.1、Q0.2 和 Q0.3 组成，方向为正向移动，即从 Q0.0 向 Q0.3 的方向进行移位。

上述示例程序的调试过程如下：

首先给 PLC 输入端 I0.2 加入输入信号，再给 I0.1 加入输入信号后立即断开，I0.1 信号断开后把 I0.2 信号也断开，观察可编程序控制器输出端口 Q0.0 至 Q0.3 的变化。如图 6-4（a）、(b) 所示，指示灯 Q0.0 变亮。

再次给 PLC 输入端 I0.1 加入输入信号后立即断开，观察可编程序控制器输出端口 Q0.0 至 Q0.3 的变化。如图 6-4 (c) 所示，指示灯 Q0.0 由亮变灭，Q0.1 由灭变亮。

重复上面的操作两次，如图 6-4（d）、(e) 所示。

Q0.3 指示灯变亮后，给 PLC 输入端 I0.1 加入输入信号后立即断开，结果如图 6-4 (f) 所示，Q0.3 由亮变灭，Q0.4 没有变化，原因就在于 Q0.4 并不属于移位寄存器，Q0.3 的信号直接溢出。

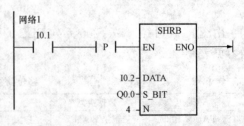

图 6-3   移位寄存器使用举例

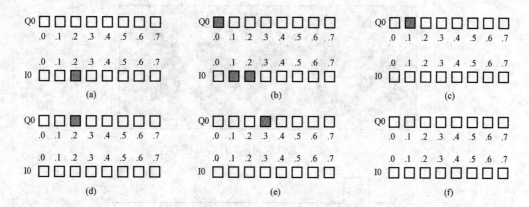

图 6-4 Q0.0 至 Q0.3 指示灯变化图

（a）I0.2 为 1，无灯亮；（b）I0.1，I0.2 为 1，Q0.0 亮；（c）Q0.1 亮；（d）Q0.2 亮；（e）Q0.3 亮；（f）无灯亮

示例程序时序图如图 6-5 所示。

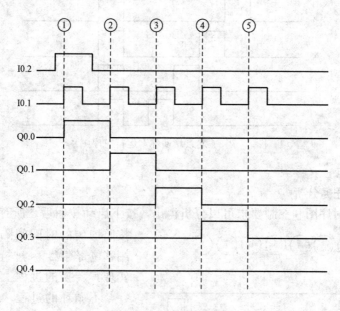

图 6-5 示例程序时序图

 提示：使用移位寄存器指令时，对于 N 端的选择要注意，长度可以选择的稍微大一些，但是要清楚哪些继电器是要使用的，哪些是没有必要的。

任务一 文字广告牌控制

一、控制要求

图 6-6 所示是一个"北京欢迎你"广告灯箱，其运行时序图如图 6-7 所示，要求每 1s 变化一次。

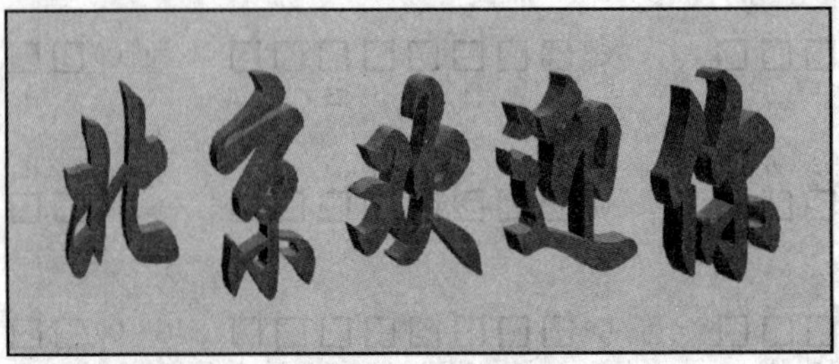

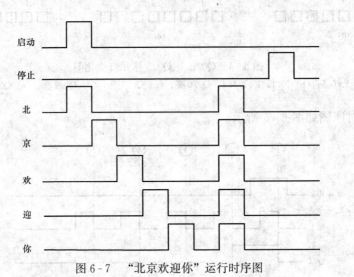

图 6-6　"北京欢迎你"广告灯箱

图 6-7　"北京欢迎你"运行时序图

二、任务实施

步骤一：任务分析

从图 6-7 的时序图和控制要求可以分析得出，按下启动按钮后，所有输出负载的变化按照均匀的时间间隔（1s）进行，利用移位寄存器 1s 进行 1 次移位很容易实现其转换的过程。整个控制过程是一个不循环的过程，从开始到结束有 8s 的时间，用位存储器 M 来代表每一秒钟，则整个过程至少需要 8 个辅助继电器。所以，可以按照图 6-8 所示来划分整个过程。

步骤二：任务准备

此任务中包含了 2 个输入设备（启动按钮、停止按钮），5 个输出负载（"北"指示灯、"京"指示灯、"欢"指示灯、"迎"指示灯和"你"指示灯）。I/O 设置见表 6-2。其 PLC 控制的输入/输出接线如图 6-9 所示。

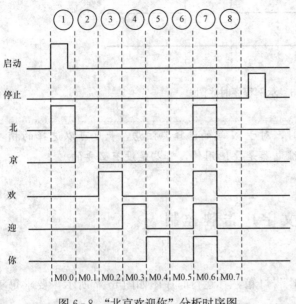

图 6-8　"北京欢迎你"分析时序图

表 6 - 2   I/O 设 置 表

设备/信号类型	设备名称	信号地址	设备/信号类型	设备名称	信号地址
输　入	启动按钮 SB1	I0.0	输　出	"欢" HL3	Q0.2
	停止按钮 SB2	I0.1		"迎" HL4	Q0.3
输　出	"北" HL1	Q0.0		"你" HL5	Q0.4
	"京" HL2	Q0.1			

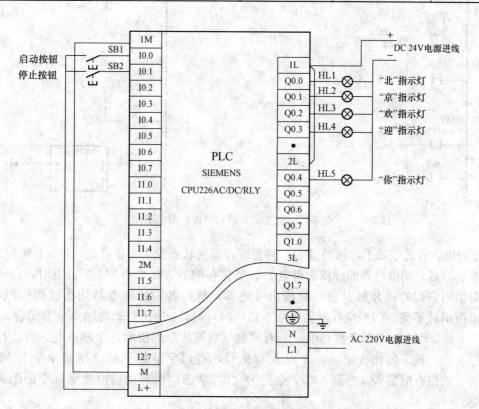

图 6 - 9 PLC 控制的输入/输出接线

步骤三：程序编制

使用移位寄存器编写此类程序时，首先要确定移位寄存器指令的各输入端，组建起合适的移位寄存器。在本任务中，通过上述分析可知：每经过 1s，移位寄存器各位的状态产生一次移位，在整个移动过程中，只有 1 个 "1" 信号在移位寄存器的 M0.0 到 M0.7 之间移位，即在某一秒内，只有 1 个位存储器 M 是线圈得电状态。该程序梯形图程序如图 6 - 10 所示。

程序运行过程如下：

SM0.5 是系统提供的周期为 1s 的时钟脉冲，通过前沿微分指令后，则每经过 1s 就产生 1 个移位脉冲，使移位寄存器移动 1 次。按住启动按钮 SB1 不松开，I0.0 输入有信号，这时 DATA 端为 "1" 信号，当 EN 端接收到 1 个脉冲时，I0.0 的 "1" 信号移动至位存储器 M0.0 中，M0.0 的线圈得电，M0.0 动合触点闭合，Q0.0 的线圈得电，"北" 指示灯点亮。这时可以松开启动按钮，保证在后面的移位过程中只有 1 个 "1" 信号在移动，只有 1 个位

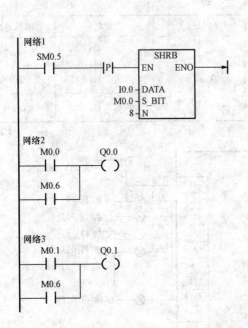

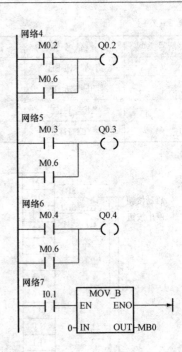

图 6-10　"北京欢迎你"梯形图程序

存储器得电。在此基础上，每经过 1s，移位寄存器的状态发生 1 次移位，M0.1 到 M0.7 依次得电 1s，各输出继电器同样依次得电 1s。当位存储器 M0.5 和 M0.7 得电时，由于程序中没有使用它们的动合触点去驱动输出继电器，所以各输出继电器均为线圈失电状态，各输出指示灯不亮。而当位存储器 M0.6 得电时，M0.6 的所有动合触点全都闭合，Q0.0 到 Q0.4 五个输出继电器全都得电，所有"北京欢迎你"的指示灯全部点亮，符合控制要求。停止时，按下停止按钮，I0.1 输入有信号，利用字节传送指令使整个字节 MB0 清零，所有的位存储器 M0.0 到 M0.7 全变为"0"状态，所有的输出指示灯全部熄灭，不再点亮。

步骤四：系统调试

按照图 6-9 所示的任务接线图连接好 PLC 控制的外部输入/输出接线，在软件中编写好

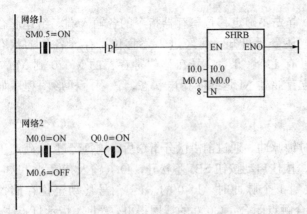

图 6-11　启动后第 1s 梯形图程序监视状态

上述程序，并保存好后，开始任务调试。具体方法在【调试】菜单中执行调试命令：单击【调试】→【开始程序状态监控】菜单或单击工具栏上的 按钮对程序进行状态监控。

按下启动按钮，位存储器 M0.0 得电，第 1s 梯形图程序监视状态如图 6-11 所示。

第 2s，位存储器 M0.1 得电，梯形图程序监视状态如图 6-12 所示。

第 7s，位存储器 M0.6 得电，

“北京欢迎你”全部指示灯点亮的梯形图程序监视状态如图 6-13 所示。

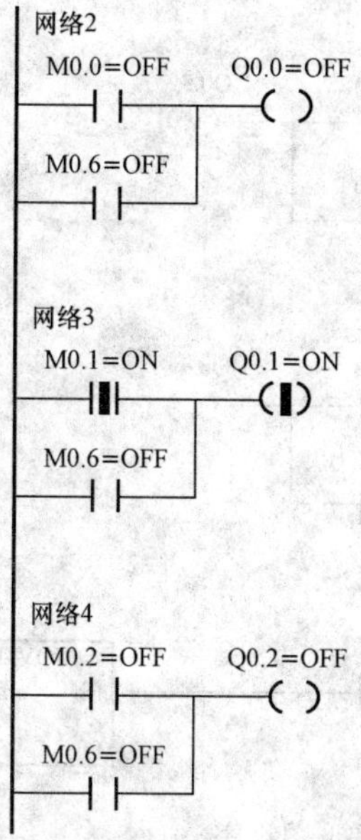

网络2
M0.0=OFF
Q0.0=OFF
M0.6=OFF
网络3
M0.1=ON
Q0.1=ON
M0.6=OFF
网络4
M0.2=OFF
Q0.2=OFF
M0.6=OFF

图 6-12　第 2s 梯形图程序监视状态

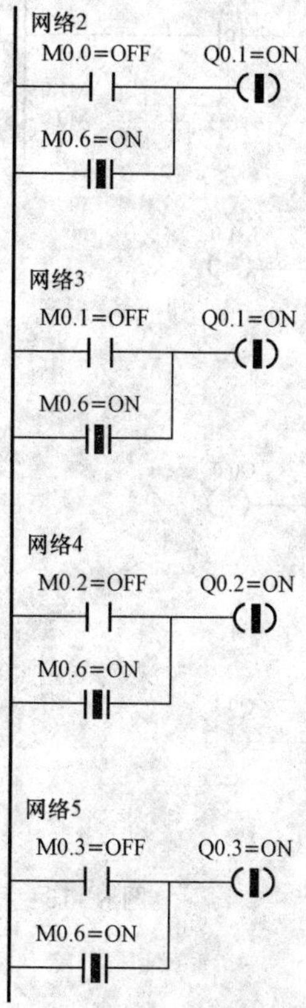

网络2
M0.0=OFF
Q0.1=ON
M0.6=ON
网络3
M0.1=OFF
Q0.1=ON
M0.6=ON
网络4
M0.2=OFF
Q0.2=ON
M0.6=ON
网络5
M0.3=OFF
Q0.3=ON
M0.6=ON

图 6-13　第 7s 梯形图程序状态监视

按下停止按钮，所有位存储器 M0.0 到 M0.7 全部失电，“北京欢迎你”全部指示灯熄灭的程序状态监视如图 6-14 所示。

三、任务拓展

广告牌的运行过程一般都是循环闪亮的过程，通过移位寄存器该如何实现呢？

在使用移位寄存器编写上述程序时，要注意两点：第一点，移位寄存器中第一位的状态只能由 DATA 端的信号状态来决定；第二点，对于均匀时间间隔变化的任务来说，每一段时间内移位寄存器的位存储器中只有 1 位是“1”状态，也就是只有 1 个“1”信号在不断地移动。

网络6
M0.4=OFF
Q0.4=OFF
M0.6=OFF
网络7
I0.1=ON
MOVB
EN
ENO
0
IN
MB0
0

图 6-14　停止时梯形图程序状态监视

对于循环任务，就是要把循环周期最后一步，即循环点对应的移位寄存器那一位的状态移动到开始的第一位中去。所以，循环点的信号要送到移位寄存器的 DATA 端，与启动按钮共同作用。实现循环任务的梯形图程序如图 6-15 所示。

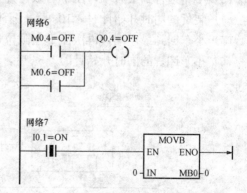

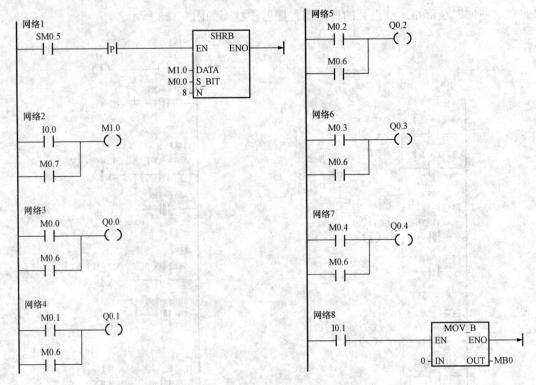

图 6 - 15 移位寄存器实现循环任务的梯形图程序

任务二   运料小车运行自动控制

一、控制要求

图 6 - 16 是运料小车运行控制的示意图，其运行过程如下：

（1）小车停止时，处于最左端，左限位开关 SQ2 被压下。

（2）按下启动按钮 SB1，小车开始向右运行。

（3）小车运行到最右端，压下右限位开关 SQ1 后，漏斗翻门打开，开始装货。

（4）装货的同时开始计时，10s 后，漏斗翻门关闭，小车开始左行返回。

（5）小车回到最左端，再次压下左限位开关后，小车停止，开始打开小车底门卸货。

（6）小车卸货的同时开始计时，5s 后，小车底门关闭，小车运行过程结束。

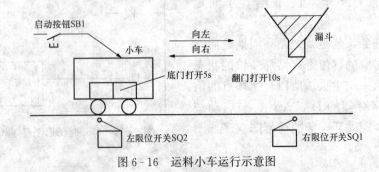

图 6 - 16   运料小车运行示意图

二、任务实施

步骤一：任务分析

从小车的运行过程可以分析得出：小车的运行状态随着过程中变量的变化而改变，如得到启动信号后，由停止变运行；右限位开关 SQ1 有信号后，小车由运行变停止。如果使用位存储器来代表小车的每一个运行状态，按照小车的运行过程，这些位存储器就随着信号依次得电，移位寄存器的移位特性正好能同这种情况一一对应。所以，此项任务可以使用移位寄存器来完成。

从小车右行开始，M0.0 线圈得电代表小车正在右行；M0.1 线圈得电代表小车停在右端，翻门打开，开始 10s 的装货；M0.2 线圈得电代表装货完毕，小车开始左行；M0.3 线圈得电代表小车回到最左端，开始卸货 5s。利用移位寄存器接收到脉冲信号，产生一次移位的功能可以编写出任务程序。

另外，小车左、右运行即小车电动机需要正、反转运行，在实际电路中需要用到两个继电器，并且为了保证系统的安全，还要在程序和硬件电路中进行互锁处理。同时小车运行中，也要保证漏斗的翻门和小车底门都不能打开。

步骤二：任务准备

经过分析，此任务中包含了 4 个输入设备（启动按钮 SB1、停止按钮 SB2、检测左端信号的左限位开关 SQ2 和检测右端信号的右限位开关 SQ1），4 个输出负载（控制小车右行的继电器 KA1、控制小车左行的继电器 KA2、漏斗翻门打开的继电器 KA3 和小车的底门继电器 KA4）。I/O 设置表见表 6-3。其 PLC 控制的输入/输出接线如图 6-17 所示。

表 6-3
I/O 设 置 表

设备/信号类型	设备名称	信号地址	设备/信号类型	设备名称	信号地址
输 入	启动按钮 SB1	I0.0	输 出	左行继电器 KA1	Q0.0
	停止按钮 SB2	I0.1		右行继电器 KA2	Q0.1
	左限位开关 SQ2	I0.2		漏斗翻门继电器 KA3	Q0.2
	右限位开关 SQ1	I0.3		小车底门继电器 KA4	Q0.3

> **提示：** KA1 和 KA2 要实现电动机的正、反转运行过程，一定要在程序和硬件电路中进行互锁。

步骤三：程序编制

图 6-18 为满足任务控制要求的程序。

程序中，网络 1 由 5 个触点串联连接，当小车停在左端原位时，限位开关 SQ2 受压，I0.2 动合触点闭合，此时 M0.0～M0.3 的动断触点均为闭合状态，M1.0 线圈得电，使移位寄存器的 DATA 端置 "1"。由于小车运行时，移位寄存器中的 "1" 信号在 M0.0～M0.3 之间依次移动，所以在此期间 M0.0～M0.3 的动断触点总有一个处于断开状态，将几个动断触点串联连接可以保证小车运行时，移位寄存器的 DATA 端禁止置 "1"，以免产生误操作信号，这就保证了程序的可靠运行。

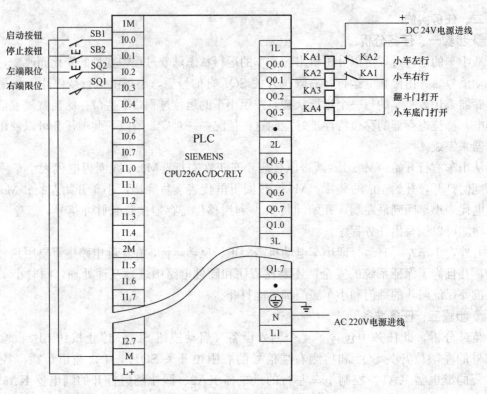

图 6-17 PLC 控制的输入/输出接线

    网络 2 中移位寄存器的 EN 端接收 5 条并联支路的连接信号，除去第一个支路，后面每个支路由两个触点串联而成，第一个触点是小车状态所对应的位存储器，第二个触点是运行到下一个状态所满足的条件。第一条支路由左端限位开关 I0.2 和启动按钮 I0.0 两个触点串联连接，当小车位于左端原位时，左限位开关 SQ2 受压，第一条支路的 I0.2 动合触点为闭合状态，按下启动按钮，I0.0 触点闭合，EN 端接收到由断到通的前沿脉冲信号产生移位，DATD 端的"1"信号移至最低位（即 M0.0），网络 3 的 M0.0 动合触点闭合，Q0.0 线圈得电，接通继电器 KA2，小车开始右行。同时 EN 端第二条支路的信号 M0.0 闭合，等待条件 I0.3。

    当小车运行到最右端，右限位开关 SQ1 被压下，I0.3 动合触点闭合产生移位脉冲信号，"1"信号从 M0.0 移至 M0.1。这时，网络 3 中的 M0.0 动合触点恢复断开状态，Q0.1 线圈失电，小车停止右行。同时网络 4 中的 M0.1 动合触点均闭合，Q0.2 线圈得电，接通继电器 KA3，装货漏斗翻门打开，开始装货，并开始计时。此时 EN 端第三条支路的状态信号 M0.1 闭合等待计时条件 T37。

    当 10s 计时时间到，T37 动合触点闭合，产生移位脉冲信号，"1"信号从 M0.1 移至 M0.2。网络 4 中的 M0.1 动合触点恢复断开状态，Q0.2 线圈失电，漏斗翻门关闭。网络 5 中的 M0.2 动合触点闭合，Q0.0 线圈得电，小车开始左行。同时 EN 端第四条支路的状态信号 M0.2 也闭合等待转换条件 I0.2。

    小车左行到最左端后，左限位开关 SQ2 被压下，I0.2 动合触点闭合产生移位脉冲信号，"1"信号从 M0.2 移至 M0.3。网络 5 中的 M0.2 动合触点恢复断开状态，Q0.0 线圈失电，小车停止左行。网络 6 中的 M0.3 动合触点闭合，Q0.3 线圈得电，打开小车底门开始卸货，同时开始计时。这时 EN 端第五条支路的状态信号 M0.3 闭合等待计时条件 T38。

卸货时间到达 5s 后，定时器 T38 动合触点闭合，产生移位脉冲信号，"1"信号从 M0.3 移至溢出位，Q0.3 线圈失电，小车底门关闭，整个运送过程结束。

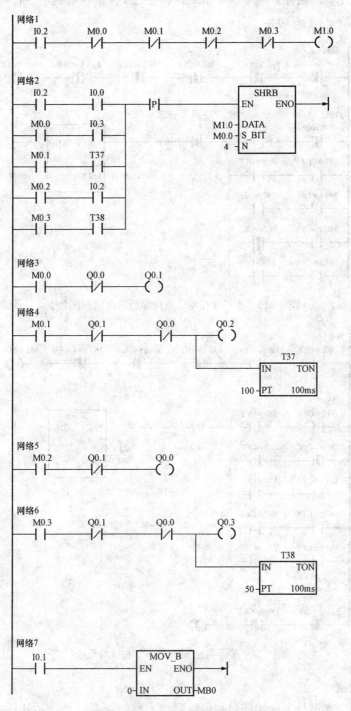

图 6-18　小车运行梯形图程序

💿 **步骤四：系统调试**

按照图 6-17 所示的接线原理图连接好 PLC 的外部输入/输出接线，在软件中编写好上述程序，并保存好后，开始任务调试。具体方法在【调试】菜单中执行调试命令：单击【调试】→【开始程序状态监控】菜单或单击工具栏上的 🔃 按钮对程序进行状态监控。其监视状态如图 6-19～图 6-23 所示。

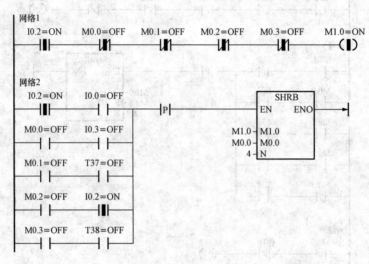

图 6-19　小车停在左端原位等待启动的程序状态

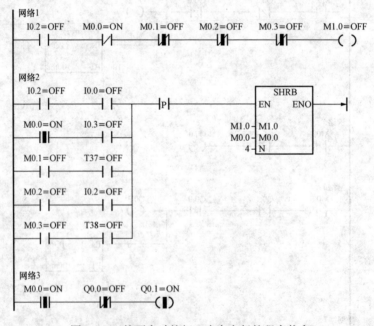

图 6-20　按下启动按钮，小车右行的程序状态

三、任务总结

通过上述两个典型任务的实施过程可以看出，移位寄存器指令适用的控制过程有两类：一类是控制过程能按照均匀的时间间隔划分成连续的若干阶段；一类是控制过程会随着过程

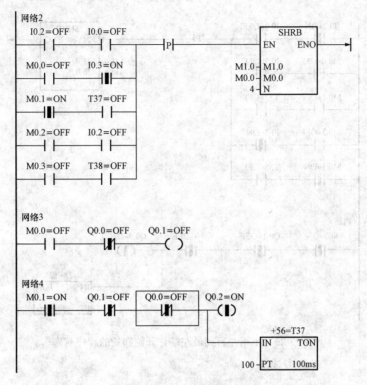

图 6 - 21 小车右行到最右端,开始装货的程序状态

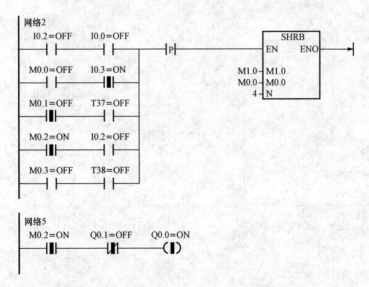

图 6 - 22 装货时间到,小车左行的程序状态

中一些变量的变化而改变。

　　使用移位寄存器设计的梯形图看起来简洁,所用指令也比较少。但是移位寄存器对较复杂的控制系统设计不是很方便,使用过程中在线修改能力差,尤其是在控制过程中有并列和选择的要求时,最好不要使用。

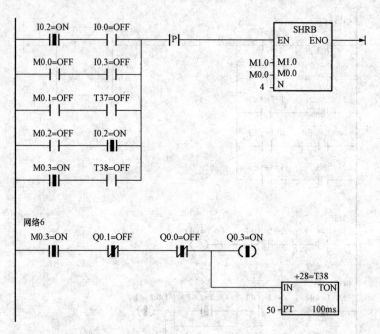

图 6-23   小车左行到最左端，开始卸货的程序状态

模块七　顺序控制继电器指令应用

【模块概述】

在工业控制领域中，顺序控制的应用很广，尤其在机械行业，几乎无例外地利用顺序控制实现加工的自动循环。可编程序控制器的设计者继承了顺序控制的思想，为顺序控制程序的编制提供了大量通用和专用的编程元件，开发了专门供编制顺序控制程序用的顺序功能图，针对顺序控制过程的顺序控制继电器指令，提供了一种按照自然工艺段编写状态控制程序的编程技术。

【学习目标】

（1）能够按照顺序控制过程的工艺流程绘制顺序功能图。

（2）能够使用顺序控制继电器指令编写程序。

【知识学习】

一、顺序功能图设计法的基本知识

PLC在逻辑控制系统中的程序设计方法主要有经验设计法、继电器控制电路移植法和逻辑设计法三种。

经验设计法实际上是沿用了传统继电器系统电气原理图的设计方法，即在一些典型单元电路（梯形图）的基础上，根据被控对象对控制系统的具体要求，不断地修改和完善梯形图。有时需要多次反复调试和修改梯形图，增加很多辅助触点和中间编程元件，最后才能得到一个较为满意的结果。这种设计方法没有规律可遵循，具有很大的试探性和随意性，最后的结果因人而异。设计所用时间、设计质量与设计者的经验有很大关系，所以称之为经验设计法，一般可用于较简单的梯形图程序设计。

继电接触器控制电路移植法，主要用于继电接触器控制电路改造时的编程，按原电路图的逻辑关系对照翻译即可。

逻辑设计法适用PLC各输出信号的状态变化有一定的时间顺序的场合，在程序设计时根据画出的各输出信号的时序图，理顺各状态转换的时刻和转换条件，找出输出与输入及内部触点的对应关系，并进行适当化简。在逻辑设计法中最为常用的是顺序功能图设计法（又称顺序控制设计法）。这种先进的设计方法成为目前PLC程序设计的主要方法。

（一）顺序功能图概述

顺序功能图又称流程图，它是描述控制系统的控制过程、功能和特性的一种图形。顺序功能图并不涉及所描述的控制功能的具体技术，是一种通用的技术语言。因此，顺序功能图也供不同专业人员进行技术交流。

顺序功能图是设计顺序控制程序的有力工具。在顺序控制设计法中，顺序功能图的绘制是最为关键的一个环节，它直接决定用户设计的PLC程序的质量。

各个PLC厂家都开发了相应的顺序功能图，各国也都制定了顺序功能图的国家标准。我国于2008年颁布了顺序功能图的国家标准（GB/T 21654—2008）。

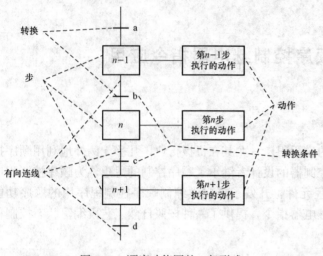

图 7-1 顺序功能图的一般形式

图 7-1 所示即为顺序功能图的一般形式。它主要由步、转换、转换条件、有向连线和动作等要素组成。

系统的工作过程可以划分成若干个状态不变的阶段，这些阶段称为"步"。步在顺序功能图中用矩形框表示，框内的数字是该步的编号，图 7-1 所示各步的编号为 $n-1$、n、$n+1$。编程时一般用 PLC 内部软继电器来代表各步，因此经常直接用相应的内部软继电器编号作为步的编号，如 S0.0。当系统正工作于某一步时，该步处于活动状态，称为"活动步"。控制过程刚开始阶段的活动步与系统初始状态相对应，称为"初始步"。在顺序功能图中初始步用双线框表示，每个顺序功能图至少应该有一个初始步。

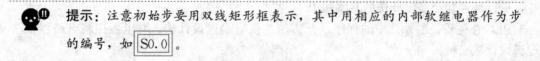

提示：注意初始步要用双线矩形框表示，其中用相应的内部软继电器作为步的编号，如 S0.0 。

所谓"动作"是指某步处于活动步时，PLC 向被控系统发出的命令，或被控系统应该执行的动作。"动作"用矩形框中的文字或符号表示，该矩形框应与相应步的矩形框相连接。如果某一步有几个动作，可以用图 7-2 中的两种画法来表示，但并不隐含这些动作之间的任何顺序。

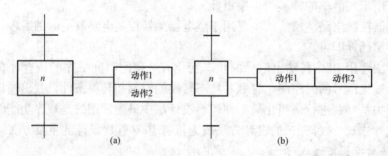

图 7-2 多个动作的画法
(a) 画法一；(b) 画法二

当步处于活动状态时，相应的动作被执行，但应注意表明动作是保持型还是非保持型的。保持型的动作是指该步活动时执行该动作，该步变为不活动后继续执行该动作。非保持型动作是指该步活动时执行，步变为不活动时动作也停止执行。一般保持型的动作在顺序功能图中应该用文字或助记符标注，而非保持型动作不要标注。

提示： 例如某步中的一个非保持型动作为电动机 Q0.0 得电运转，在顺序功能图中可以简单的表示为：$\boxed{\text{Q0.0}}$；另一个保持型动作为指示灯 Q0.1 得电变亮，则可以在顺序功能图中结合 S 指令表示为：$\boxed{\text{S}\ |\ \text{Q0.0}}$。

如图 7-1 所示，步与步之间用有向连线连接，并且用转换将步分隔开。步的活动状态进展按有向连线规定的路线进行，有向连线上无箭头标注时，其进展方向默认为是从上到下、从左到右。如果不是上述方向，应在有向连线上用箭头注明方向。步的活动状态进展由转换来完成，转换用与有向连线垂直的短画线来表示。转换条件是与转换相关的逻辑命题，它可以用文字语言、代数表达式或图形符号标注等各种形式来表示，它的信号类型也是多种多样，可以是输入信号条件、输出信号的条件、中间继电器的信号，还可以是定时器、计数器的信号等。转换条件的表达形式见表 7-1。

 提示： 步与步之间不允许直接相连，必须有转换隔开；而转换与转换之间也同样不能直接相连，必须有步隔开。

表 7-1　　　　　　　　　　　　**转换条件的表达形式**

转换条件	梯形图表达形式	备　注
I	─┤├─	二进制逻辑信号 I 为 "1" 时成立
$\bar{\text{I}}$	─┤/├─	二进制逻辑信号 I 为 "0" 时成立
I↑	─┤├─┤P├─	二进制逻辑信号 I 从 "0" 到 "1" 时成立
I↓	─┤├─┤N├─	二进制逻辑信号 I 从 "1" 到 "0" 时成立

 提示： 步与步之间实现转换应同时具备两个条件：①前级步必须是 "活动步"；②对应的转换条件成立。即所有由有向连线与相应转换符号相连的后续步变为活动步，而所有由有向连线与相应转换符号相连的前级步变为不活动步。

（二）顺序功能图设计法的基本步骤

1. 步的划分

分析被控对象的工作过程及控制要求，将系统的工作过程划分成若干阶段，这些阶段称为 "步"。步是根据 PLC 输出量的状态划分的，只要系统的输出量状态发生变化，系统就从原来的步进入新的步。图 7-3 所示为步的划分一例，某动力滑台的整个工作过程可划分为四步，即：0 步，A、B、C 均不输出；1 步，A、B 输出；2 步，B、C 输出；3 步，C 输出。在每一步内 PLC 各输出量状态均保持不变。

步也可根据被控对象工作状态的变化来划分，但被控对象的状态变化应该是由 PLC 输出状态变化引起的。如图 7-4 所示，初始状态是停在原位不动，当得到启动信号后动力滑台开始快进，快进到加工位置转为工进，到达终点加工结束又转为快退，快退到原位停止，又回到初始状态。因此，动力滑台的整个工作过程可以划分为停止（原位）、快进、工进、快退四步。但这些状态的改变都必须是由 PLC 输出量的变化引起的，否则就不能这样划分。例如：若从快进转为工进与 PLC 输出无关，那么快进、工进只能算一步。

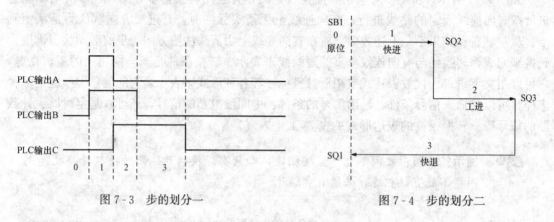

图 7-3 步的划分一   图 7-4 步的划分二

> **提示**：总之，步的划分应以 PLC 输出量状态的变化来划分，因为 PLC 输出状态没有变化时，就不存在程序的变化。

2. 转换条件的确定

确定各相邻步之间的转换条件是顺序功能图设计法的重要步骤之一。转换条件是使系统从当前的活动步进入下一步的条件。常见的转换条件有按钮、行程开关、定时器和计数器触点的动作（通/断）等。

如图 7-4 所示，滑台由停止（原位）转为快进，其转换条件是按下启动按钮 SB1（即 SB1 的动合触点接通）；由快进转为工进的转换条件是行程开关 SQ2 动作；由工进转为快退的转换条件是终点行程开关 SQ3 动作；由快退转为停止（原位）的转换条件是原位行程开关 SQ1 动作。转换条件也可以是若干个信号的逻辑（与、或、非等）组合，如 A1·A2、B1+B2。

3. 顺序功能图的绘制

根据以上分析就可以画出描述系统工作过程的顺序功能图。这是顺序功能图设计法中最为关键的一个步骤。

4. 梯形图的编制

根据顺序功能图，采用某种编程方式设计出梯形图程序。这将在下面的内容中介绍。

（三）顺序功能图的基本结构

根据步与步之间转换的不同情况，顺序功能图主要有以下几种不同的基本结构形式。

1. 单序列结构

顺序功能图的单序列结构形式最为简单，它由一系列按顺序排列、相继激活的步组成。每一步的后面只有一个转换，每一个转换后面只有一步，如图 7-1 所示。

提示：单序列结构的顺序功能图只能执行一遍，从初始步开始到最后一步结束。

2. 选择序列结构

选择序列有开始和结束之分。选择序列的开始称为分支，选择序列的结束称为合并。选择序列的分支是指一个前级步后面紧接着有若干个后续步可供选择，各分支都有各自的转换条件。分支中表示转换的短画线只能标在水平线之下。

图 7-5 所示为选择序列的分支。假设步 S0.1 为活动步，如果转换条件 a 成立，则步 S0.1 向步 S0.2 转换；如果转换条件 b 成立，则步 S0.1 向步 S0.3 转换；如果转换条件 c 成立，则步 S0.1 向步 S0.4 转换。

 提示：一个转换成立时，相应的后级步变为活动步，而前级步变为不活动步，所以选择分支中一般同时只允许选择其中一个序列。

选择序列的合并是指几个选择分支合并到一个公共序列上。各分支也都有各自的转换条件，转换条件只能标在水平线之上。

图 7-6 所示为选择序列的合并。如果步 S1.0 为活动步，转换条件 d 成立，则由步 S1.0 向步 S1.5 转换；如果步 S1.2 为活动步，且转换条件 e 成立，则步 S1.2 向步 S1.5 转换；如果步 S1.4 为活动步，且转换条件 f 成立，则步 S1.4 向步 S1.5 转换。

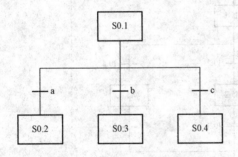

图 7-5　选择序列的分支

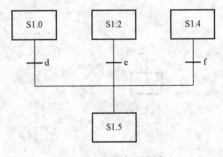

图 7-6　选择序列的合并

3. 并列序列结构

并列序列也有开始与结束之分。并列序列的开始也称为分支，并列序列的结束也称为合并。图 7-7 所示为并列序列的分支。它是指当转换实现后将同时使多个后续步激活。为了强调转换的同步实现，水平连线用双线表示。如果步 S0.2 为活动步，且转换条件 a 也成立，则 S0.3、S0.4、S0.5 三步同时变成活动步，而步 S0.2 变为不活动步。

 提示：步 S0.3、S0.4、S0.5 被同时激活，都变为活动步，此即为并列序列。但是，接下来的并列序列中的每一序列在转换时都将是独立的，没有相互影响。

图 7-8 所示为并列序列的合并。当合并前双线上的所有前级步 S1.0、S1.1、S1.2 都为活动步时，且转换条件 d 成立，才能使转换实现。即步 S1.3 变为活动步，而步 S1.0、S1.1、S1.2 均变为不活动步。

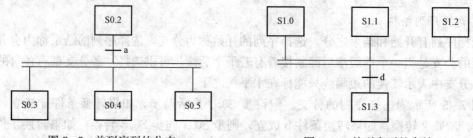

图 7-7   并列序列的分支   图 7-8   并列序列的合并

4. 子步结构

在绘制复杂控制系统的顺序功能图时，为了使总体设计时容易抓住系统的主要矛盾，能更简洁地表示系统的整体功能和全貌，通常采用"子步"的结构形式，可避免一开始就陷入某些细节中。

所谓子步的结构是指在顺序功能图中，某一步包含着一系列子步和转换。图 7-9 所示的顺序功能图采用了子步结构。顺序功能图中步 M0.5 包含了步 M5.1、M5.2、M5.3、M5.4 四个子步。

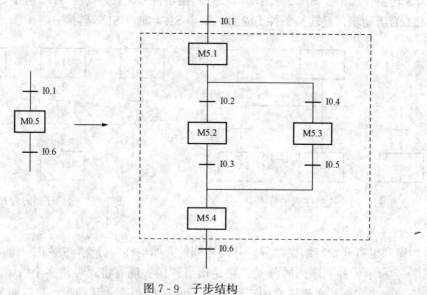

图 7-9   子步结构

提示：（1）子步序列通常表示整个系统中的一个完整子功能，类似于计算机编程中的子程序。因此，设计时只要先画出简单的描述整个系统的总顺序功能图，然后再进一步画出更详细的子顺序功能图。子步中可以包含更详细的子步。这种采用子步的结构形式，逻辑性强、思路清晰，可以减少设计错误，缩短设计时间。

（2）在实际控制系统中，顺序功能图中往往不是单一地含有上述某一种序列，而经常是上述各种基本序列结构的组合。并且，在实际使用中还经常碰到一些选择序列的特殊形式，如跳步、重复和循环序列等。

二、顺序控制继电器指令基本知识

PLC 的设计者为顺序控制程序的编制提供了大量通用和专用的编程元件，顺序控制继电器指令即 SCR 指令就是针对顺序控制过程专用元件。SCR 指令提供了一种在 LAD、FBD 或 STL 中按照自然工艺段编写状态控制程序的编程技术。无论如何，由一系列必须重复执行的操作组成的应用程序，使用 SCR 可以使程序更加结构化，以至于直接与应用程序相对应。这样可以更快速、更方便地进行编程和调试应用程序。

 提示：通过使用 SCR 指令，可以将程序分为一个连续步骤流，或分为可以同时现用的多个步骤流，还可以将一个步骤流有条件地分为多个步骤流，或将多个步骤流有条件地重新组合为一个步骤流。

1. SCR 指令的介绍

SCR 指令的格式如图 7-10 所示，SCR 指令只有一个操作数，其接收的操作数见表 7-2。如图 7-10 所示，SCR 指令包含载入、转换和结束三种指令。

表 7-2   SCR 指令接收的操作数

输入/输出	数据类型	操作数
S_bit	BOOL	S

（1）载入顺序控制继电器指令（LSCR）。载入顺序控制继电器（LSCR）指令将操作数 S_bit 位引用的 S 位的数值载入到 SCR 和逻辑堆栈中。SCR 堆栈的结果值决定了是否执行 SCR 程序段，SCR 堆栈的值会被复制到逻辑堆栈的顶端，因此可以直接将盒或者输出线圈连接到左侧的能流线上而不经过中间触点。

图 7-11 给出了 S 堆栈、逻辑堆栈以及执行 LSCR 指令产生的影响，图中装载 Sx.y 的值到 SCR 和逻辑堆栈。

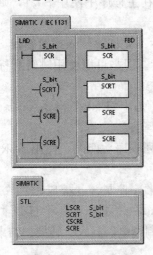

图7-10 SCR 的指令格式

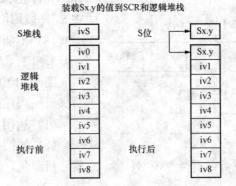

图 7-11 LSCR 指令对逻辑堆栈的影响

提示： 装载 SCR 指令（LSCR）标志着 SCR 段的开始，SCR 结束指令则标志着 SCR 段的结束。在装载 SCR 指令与 SCR 结束指令之间的所有逻辑操作的执行取决于 S 栈的值。而在 SCR 结束指令和下一条装载 SCR 指令之间的逻辑操作则不依赖于 S 堆栈的值。

（2）顺序控制继电器转换指令（SCRT）。顺序控制继电器转换（SCRT）指令识别要启用的 SCR 位（下一个要设置的 S_bit 位）。当使能位进入线圈或 FBD 方框时，打开引用的 S_bit 位，并关闭 LSCR 指令（启用该 SCR 段）的 S_bit 位。

 提示： SCR 转换指令（SCRT）提供一种从现用 SCR 段向另一个 SCR 段转换控制的方法。执行 SCRT 指令可以使当前激活的程序段的 S 位复位，同时使下一个将要执行的程序段的 S 位置位。在 SCRT 指令指行时，复位当前激活的程序段的 S 位并不会影响 S 堆栈。SCR 段会一直保持能流直到退出。

（3）顺序控制继电器结束指令（SCRE）。顺序控制继电器结束（SCRE）指令标记 SCR 段的结束。一旦将电源应用于输入，有条件顺序控制继电器结束（CSCRE）指令即标记 SCR 段结束。CSCRE 只有在 STL 编辑器中才能使用。

 提示：（1）CSCRE 只有在第二代（22x）CPU（从 1.20 版开始）才能使用。

（2）"有条件 SCR 结束"指令（CSCRE）提供一种无须执行"有条件 SCR 结束"和"SCR 结束"指令之间的指令即可退出现用 SCR 段的方法。"有条件 SCR 结束"指令不会影响任何 S 位，亦不会影响 S 堆栈。

2. SCR 指令的限制

使用 SCR 时有一定的限制：

（1）不能在一个程序中使用相同的 S 位。例如，如果在主程序中使用 S0.1，则不能在子程序中再使用。

（2）不能在 SCR 段中使用 JMP 和 LBL 指令。这表示不允许跳转入或跳转出 SCR 段，亦不允许在 SCR 段内跳转。但是可以使用跳转和标号指令在 SCR 段周围跳转。

（3）不能在 SCR 段中使用"END"指令。

3. SCR 指令的程序编写方法

图 7 - 12 所示的单序列顺序功能图，使用 SCR 指令编写梯形图程序的步骤如下：

（1）利用 S 指令置位顺序控制继电器 S0.1。

（2）如图 7 - 13 所示，在"指令树"中打开"程序控制"指令包，选择顺序控制继电器载入、转换、结束指令。

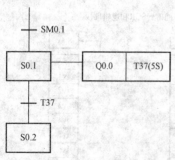

图 7 - 12　单序列顺序功能图

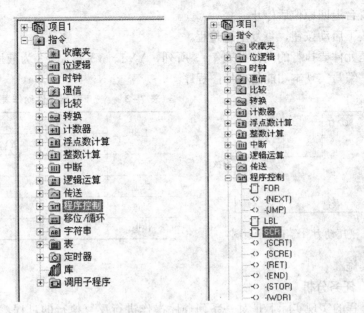

图 7 - 13 SCR 指令的编写

（3）编写如图 7 - 14 所示的梯形图程序。

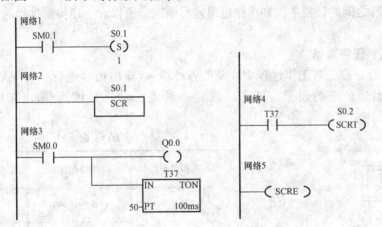

图 7 - 14 SCR 指令的梯形图示例

任务一 机床液压动力滑台控制

一、控制要求

某组合机床有一液压动力滑台，该液压动力滑台工作示意图如图 7 - 15 所示。

（1）动力滑台在原位时限位开关 SQ1 受压，按下启动按钮 SB1，接通电磁阀 YV1，动力滑台快进。

（2）动力滑台碰到限位开关 SQ2 后，接通电磁阀 YV1 和 YV3，动力头由快进转为工进。

（3）动力滑台碰到限位开关 SQ3 后，接通电磁阀 YV2，动力头快退。

（4）动力滑台退回原位后停止。

（5）再次按下启动按钮，重复上述过程。

过程中液压元件要执行的动作见表 7 - 3 所列，YV1、YV2、YV3 为液压电磁阀。根据这些控制要求，编写实现本功能的梯形图程序。

图 7-15　液压动力滑台工作示意图

表 7 - 3　液压元件动作表

工步	液 压 元 件		
	YV1	YV2	YV3
原位	—	—	—
快进	+	—	—
工进	+	—	+
快退	—	+	—

二、任务实施

步骤一：任务分析

上述工作过程的实现实际上是对一系列顺序操作进行反复执行的过程，适合 SCR 指令的顺序控制编程方式。

分析上述自动工作过程，可以划分为图 7 - 15 所示的原位、快进、工进和快退四个步骤，并且各步骤之间的转换条件和动作也很容易确定。所以，上述控制过程的顺序功能图如图 7 - 16 所示。

步骤二：任务准备

分析完成后，首先对工作过程中涉及的各种输入/输出信号进行统一规划，与 PLC 之间的输入/输出地址进行设置，其 I/O 设置表见表 7 - 4。其输入/输出接线如图 7 - 17 所示。

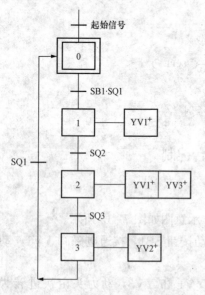

图 7 - 16　液压动力滑台顺序功能图

表 7 - 4　I/O 设 置 表

设备/信号类型	设备名称	信号地址
输　入	启动按钮 SB1	I0.0
	原位行程开关 SQ1	I0.1
	工进行程开关 SQ2	I0.2
	快退行程开关 SQ3	I0.3
输　出	YV1	Q0.1
	YV2	Q0.2
	YV3	Q0.3

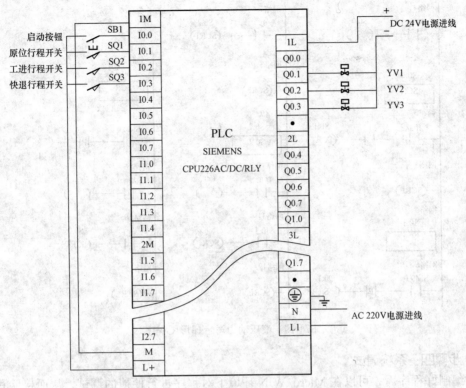

图 7-17　PLC 控制的输入/输出接线

步骤三：程序编制

利用设置好的 I/O 地址对图 7-16 所示的顺序功能图进行替换改变，得到适于 S7-200 可编程序控制器使用的顺序功能图 7-18，进而编写梯形图程序如图 7-19 所示。

程序运行过程如下：

当系统投入运行时，系统进行初始化设置，利用初始化脉冲信号 SM0.1，把所有的负载和顺序控制继电器都复位，同时激活初始步 S0.0；此时，液压动力滑台如果停止在原位，原位行程开关 SQ1 受压，I0.1 有信号，等待启动；按下启动按钮，转换条件 I0.0 接通，激活后续步 S0.1（S0.0 自动复位），接通 Q0.1 并保持得电状态，电磁阀 YV1 得电，动力滑台快进；当行程开关 SQ2 动作时，转换条件 I0.2 接通，S0.2 成为活动步（S0.1 自动复位），接通 Q0.3，由于 Q0.1 保持得电，所以此时 YV1、YV3 同时得电，动力滑台由快进转为工进；当行程开关 SQ3 动作时，转换条件 I0.3 接通，S0.3 成为活动步（S0.2 自动复位），接通 Q0.2，使电磁阀 YV2 得电，动力滑台由工进转为快退；当动力滑台回到原位时，SQ1 动作使 I0.1 接通，系统返回初始步（S0.3 自动复位）。

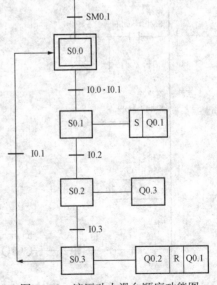

图 7-18　液压动力滑台顺序功能图

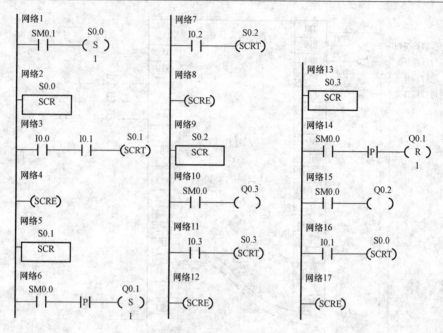

图 7-19　液压动力滑台梯形图程序

☞ 步骤四：系统调试

在编制好程序后，可以在 Micro/WIN 环境下对程序进行便捷的调试，从而检验程序编制的正确性，并对程序进行适当的修改和调试，本程序的具体调试方法是：

在【调试】菜单中执行调试命令：单击【调试】→【开始程序状态监控】菜单或单击工具栏上的 📶 按钮对程序进行调试。

图 7-19 所示程序的初始监控状态如图 7-20 所示。

在按下启动按钮后，I0.0 有输入信号，程序转换到 SCR 段 S0.1，液压动力滑台快进的监控状态如图 7-21 所示。

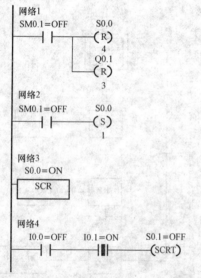

图 7-20　液压动力滑台初始监控状态

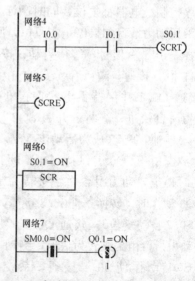

图 7-21　启动按钮按下后液压动力滑台状态

在液压动力滑台撞下行程开关 SQ2 后，I0.2 有输入信号，程序转换到 SCR 段 S0.2，滑台撞下行程开关 SQ2 后的监控状态如图 7-22 所示。

在液压动力滑台撞下行程开关 SQ3 后，I0.3 有输入信号，程序转换到 SCR 段 S0.3，滑台撞下行程开关 SQ3 后的监控状态如图 7-23 所示。

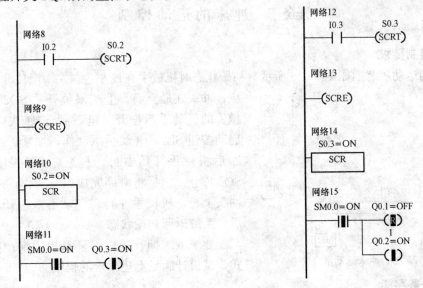

图 7-22　液压动力滑台撞下行程开关 SQ2 后状态　　　图 7-23　液压动力滑台撞下行程开关 SQ3 后状态

在液压动力滑台撞下行程开关 SQ1 后，I0.1 有输入信号，程序转换到 SCR 段 S0.0，滑台撞下行程开关 SQ1 后的监控状态如图 7-24 所示。

三、任务拓展

例如，为了限制绕线式异步电动机的启动电流，在其转子电路中串入电阻，此启动电路如图 7-25 所示。启动时接触器 KM1 合上，串上整个电阻 R1；启动 2s 后，KM4 接通，短接转子回路的一段电阻，剩下 R2；又经过 1s 后，KM3 接通，电阻改为 R3；再过 0.5s KM2 也合上，转子外接电阻全部短接，启动过程完毕。试使用顺序控制功能图设计方法解决上述任务，并完成：

（1）顺序功能图。

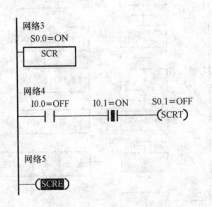

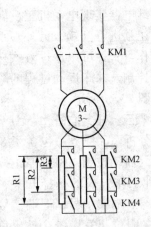

图 7-24　液压动力滑台撞下行程开关 SQ1 后状态　　　图 7-25　绕线式异步电动机启动电路

（2）输入/输出设备信号表。

（3）梯形图。

（4）任务调试。

任务二　冲床的运动控制

一、控制要求

冲床的运动示意图如图 7-26 所示。

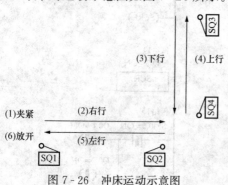

（3）下行　（4）上行

（1）夹紧　　（2）右行

（6）放开　　（5）左行

图 7-26　冲床运动示意图

初始状态时机械手在最左边，左端限位开关 SQ1 受压；冲头在最上面，上端限位开关 SQ3 受压，机械手的气动手爪松开（电磁阀 YV1 失电）。按下启动按钮 SB1，气动手爪动作，加紧工件并保持，2s 后机械手开始右行，直至碰到右端限位开关 SQ2 停止。以后将顺序完成以下动作：冲头下行、冲头上行、机械手左行、气动手爪松开，延时 2s 后，系统返回初始状态。

要求系统拥有连续循环和单周期两种工作方式，试设计满足上述要求的程序。

二、任务实施

🔘 步骤一：任务分析

从冲床的运动过程可以分析得出此过程主要可以分成初始状态、加紧工件、机械手右行、冲头下行、冲头上行、机械手左行、松开工件七个步骤。运动过程中的主要位置均安装有检测位置的限位开关，气动手爪的加紧和松开均利用时间进行确认。系统中气动手爪的控制利用单控电磁换向阀 YV1 控制，机械手的左行和右行、冲头的上行和下行均采用继电器实现电动机正反转控制，应该注意进行互锁。另外，系统有两种工作方式，可以通过方式选择开关进行控制。冲床运动过程的顺序功能图如图 7-27 所示。

🔘 步骤二：任务准备

通过分析，此任务中包含了 8 个输入设备（启动按钮 SB1、停止按钮 SB2、两种工作方式的选择开关、检测左端信号、右端信号、上端信号和下端信号的限位开关），5 个输出负载（控制气动手爪的电磁阀 YV1、控制

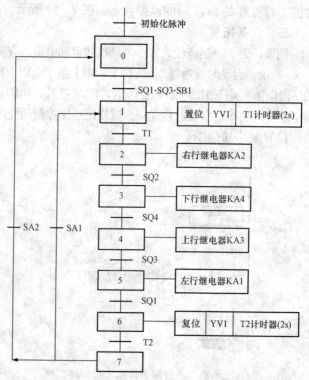

图 7-27　冲床运动过程的顺序功能图

机械手右行的继电器 KA1、控制机械手左行的继电器 KA2、控制冲头上行的继电器 KA3 和下行的继电器 KA4）。I/O 设置见表 7-5。其 PLC 控制的输入/输出接线如图 7-28 所示。

表 7-5

I/O 设置表

设备/信号类型	设备名称	信号地址
输 入	启动按钮 SB1	I0.0
	停止按钮 SB2	I0.1
	连续循环选择开关 SA1	I0.2
	单周期选择开关 SA2	I0.3
	左端限位开关 SQ1	I0.4
	右端限位开关 SQ2	I0.5
	上端限位开关 SQ3	I0.6
	下端限位开关 SQ4	I0.7
输 出	气动手爪 YV1	Q0.0
	机械手左行继电器 KA1	Q0.1
	机械手右行继电器 KA2	Q0.2
	冲头上行继电器 KA3	Q0.3
	冲头下行继电器 KA4	Q0.4

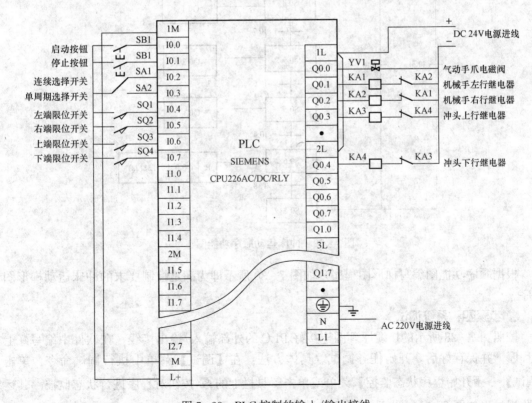

图 7-28 PLC 控制的输入/输出接线

提示：KA1 和 KA2 要实现机械手运动的正、反转运行过程，KA3 和 KA4 要
实现冲头运动的正、反转运行过程，一定要在程序和硬件电路中进行互锁。

步骤三：程序编制

利用 I/O 设置的输入/输出地址，替换上面顺序功能图，得到新的冲床运动顺序功能图
如图 7 - 29 所示。

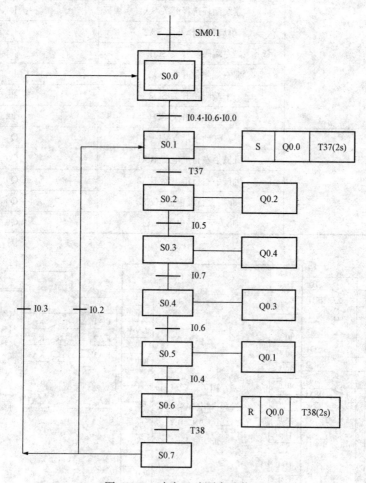

图 7 - 29　冲床运动顺序功能图

根据顺序功能图编写梯形图程序，如图 7 - 30 所示即为满足控制要求的冲床运动梯形图
程序。

步骤四：系统调试

按照图 7 - 28 所示的接线原理图连接好 PLC 的外部输入/输出接线，在软件中编写好上
述程序，并保存好后，开始任务调试。具体方法：在【调试】菜单中执行调试命令：单击
【调试】→【开始程序状态监控】菜单或单击工具栏上的 🔳 按钮对程序进行状态监控。其运
行监视过程如图 7 - 31～图 7 - 37 所示。

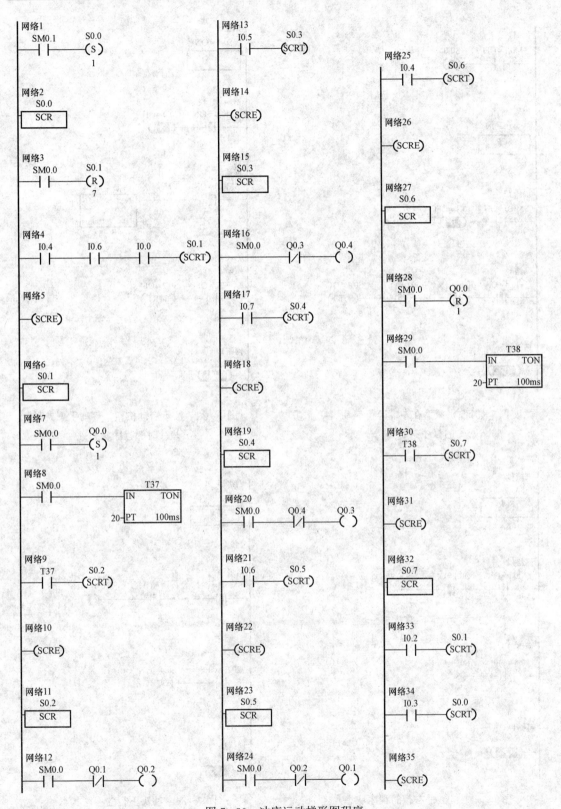

图 7 - 30　冲床运动梯形图程序

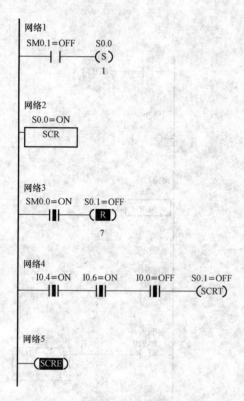

图 7-31　机械手在左端等待启动
的程序状态

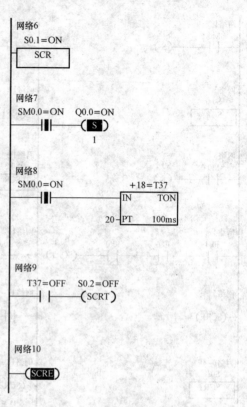

图 7-32　按下启动按钮，气动手爪夹紧
并计时的程序状态

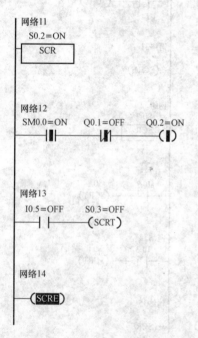

图 7-33　机械手右行的程序状态

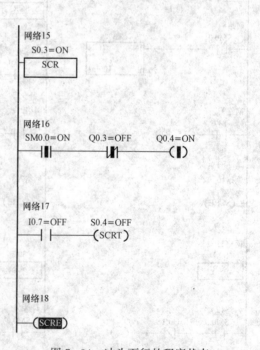

图 7-34　冲头下行的程序状态

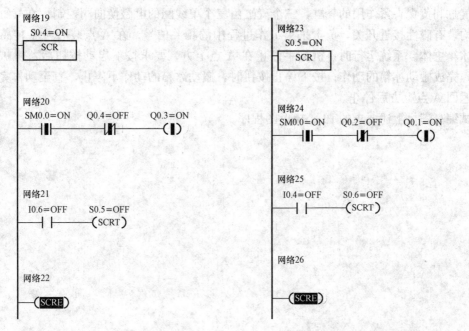

图 7-35　冲头上行的程序状态　　　　图 7-36　机械手左行的程序状态

三、任务拓展

如图 7-38 所示，某冰箱生产线上有一台工业机械手，主要功能是负责把冰箱从 A 点搬动到 B 点。该机械手为气动机械手，由三个双作用气缸组成：竖直方向的气缸、水平方向

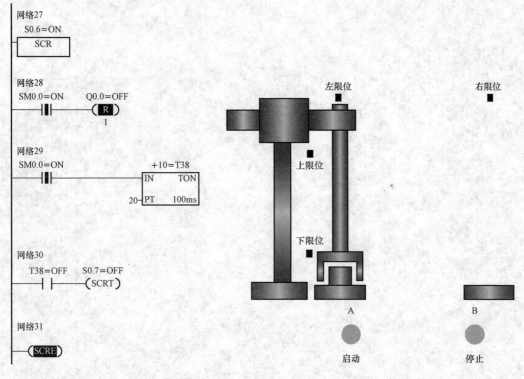

图 7-37　气动手爪松开的程序状态　　　　图 7-38　机械手搬物控制

上的气缸和负责夹紧作用的气缸，三个气缸由三个单线圈的电磁换向阀控制。在气缸的行程两端均装有磁性接近开关，负责采集工作过程中的相关信号。在 A 点装有一个传感器进行检测冰箱主体。系统运行时，机械手停止在 A 点上方，要求按下启动按钮后，机械手自动循环，完成搬动冰箱的动作；按下停止按钮时，搬动冰箱的动作不停止，直至动作完成，机械手返回 A 点上方后停止。

试编写满足上述要求的 PLC 梯形图程序。

模块八　算术运算指令应用

【模块概述】

早期的 PLC 是为了取代传统的继电—接触器控制系统，它的主要功能是处理位逻辑操作。随着计算机技术的发展，PLC 逐渐具备了越来越强的运算功能，拓宽了 PLC 的应用领域。

算术运算指令包括加法、减法、乘法、除法以及一些常用的数学函数。在程序设计过程中经常配合传送指令、转换指令和比较指令等一起完成相应功能，其中传送指令在前面模块三的内容中已经有所介绍，所以，本模块重点介绍算术运算指令的应用，兼顾转换指令和比较指令。

【学习目标】

(1) 会使用算术运算指令编程实现某些运算功能。

(2) 理解转换指令和比较指令的功能，并能用这些指令实现相应功能。

(3) 体会算术运算指令和转换及比较等指令在功能和使用中的相互配合。

【知识学习】

一、算术运算指令

1. 加、减、乘、除指令

在梯形图中，整数、双整数与浮点数的加、减、乘、除指令分别执行下列运算，具体指令见表 8-1 所列。

加法：IN1+IN2=OUT

减法：IN1−IN2=OUT

乘法：IN1＊IN2=OUT

除法：IN1/IN2=OUT

表 8-1　　　　　　　　　　加减乘除指令

梯形图	语句表	描述	梯形图	语句表	描述
ADD_I	+I IN1.OUT	整数加法	DIV_DI	/D IN1.OUT	双整数除法
SUB_I	−I IN1.OUT	整数减法	ADD_R	+R IN1.OUT	实数加法
MUL_I	＊I IN1.OUT	整数乘法	SUB_R	−R IN1.OUT	实数减法
DIV_I	/I IN1.OUT	整数除法	MUL_R	＊R IN1.OUT	实数乘法
ADD_DI	+D IN1.OUT	双整数加法	DIV_R	/R IN1.OUT	实数除法
SUB_DI	−D IN1.OUT	双整数减法	MUL	MUL IN1.OUT	整数乘法产生双整数
MUL_DI	＊D IN1.OUT	双整数乘法	DIV	DIV IN1.OUT	带余数的整数除法

（1）加法运算。整数加法（＋I）指令，将两个 16 位整数相加，产生一个 16 位结果。双整数加法（＋D）指令，将两个 32 位整数相加，产生一个 32 位结果。实数加法（＋R）指令，将两个 32 位实数相加，产生一个 32 位实数结果。

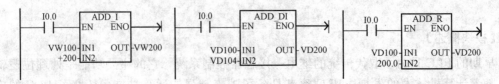

图 8-1　加法运算指令

如图 8-1 所示，加法运算指令由加法运算符（ADD）、数据类型符（I、DI、R）、加法运算允许信号（EN）、加数 1（IN1）、加数 2（IN2）和加法运算的和（OUT）构成。当加法允许信号 EN＝1 时，被加数 IN1 与加数 IN2 相加，其结果传送到和 OUT 中。

（2）减法运算。整数减法（－I）指令，将两个 16 位整数相减，产生一个 16 位结果。双整数减法（－D）指令，将两个 32 位整数相减，产生一个 32 位结果。实数减法（－R）指令，将两个 32 位实数相减，产生一个 32 位实数结果。

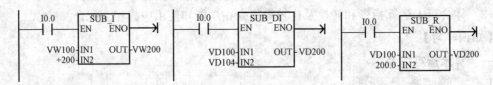

图 8-2　减法运算指令

如图 8-2 所示，减法运算指令由运算符（SUB）、数据类型符（I、DI、R）、减法运算允许信号（EN）、被减数（IN1）、减数（IN2）和减法运算的差（OUT）构成。当减法允许信号 EN＝1 时，被减数 IN1 与减数 IN2 相减，其结果传送到减法运算的差 OUT 中。

（3）乘法运算。整数乘法（＊I）指令，将两个 16 位整数相乘，产生一个 16 位结果。双整数乘法（＊D）指令，将两个 32 位整数相乘，产生一个 32 位结果。实数乘法（＊R）指令，将两个 32 位实数相乘，产生一个 32 位实数结果。此外还有完全整数乘法指令（MUL），将两个 16 位整数相乘，产生一个 32 位结果。

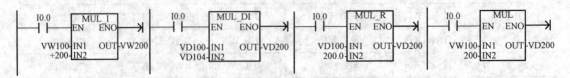

图 8-3　乘法运算指令

如图 8-3 所示程序中，当乘法允许信号 EN＝1 时，被乘数 IN1 与乘数 IN2 相乘，其结果传送到积 OUT 中。

（4）除法运算。

整数除法（/I）指令，将两个 16 位整数相除，产生一个 16 位结果。双整数除法（/D）指令，将两个 32 位整数相除，产生一个 32 位结果。实数除法（/R）指令，将两个 32 位实数相除，产生一个 32 位实数结果。对于上述除法，余数不被保留。此外，还有完全除法指令（DIV），将两个 16 位整数相除，产生一个 32 位结果，其中高 16 位为余数，低 16 位为商。

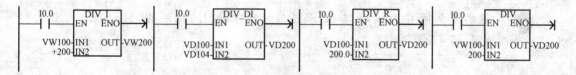

图 8-4 除法运算指令

如图 8-4 所示程序中，当除法允许信号 EN＝1 时，被除数 IN1 与除数 IN2 相除，其结果传送到积 OUT 中。

 SM1.1 表示溢出错误和非法值。如果 SM1.1 置位，SM1.0 和 SM1.2 的状态不再有效而且原始输入操作数不会发生变化。如果 SM1.1 和 SM1.3 没有置位，那么数字运算产生一个有效的结果，同时 SM1.0 和 SM1.2 有效。在除法运算中，如果 SM1.3 置位，其他算术运算标志位不会发生变化。

2. 加 1、减 1 指令

在梯形图中，字节、字与双字的加 1、减 1 指令分别执行下列运算，具体指令见表 8-2 所示。

加 1：IN＋1＝OUT
减 1：IN－1＝OUT

表 8-2 **加 1 减 1 指 令**

梯形图	语句表	描述	梯形图	语句表	描述
INC_B	INCB IN	字节加 1	DEC_W	DECW IN	字加 1
DEC_B	DECB IN	字节减 1	INC_D	INCD IN	双字加 1
INC_W	INCW IN	字加 1	DEC_D	DECD IN	字减 1

字节加 1 减 1 指令操作的是无符号数，其余指令的操作是有符号的。指令的梯形图命令格式如图 8-5、图 8-6 所示。

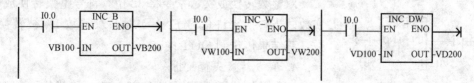

图 8-5 加 1 指令

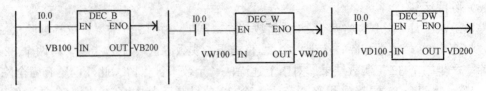

图 8-6　减 1 指令

这些指令同样影响标志位 SM1.0（零）SM1.1（溢出）、SM1.2（负）、SM1.3（除数为零）。

在 S7-200 的 CPU22X 系列 PLC 中，算术运算指令除了上述指令外，还有求平方根运算指令，在 CPU224 1.0 版本以上还可以做指数运算、对数运算、求三角函数的正弦、余弦和正切值。这些都是双字长的实数运算。在本书中不做详细介绍。

二、数据类型转换指令

1. BCD 码转换为整数指令

BCD 码转换成整数指令如图 8-7 所示。BCD 码转换成整数指令将 0 到 9999 范围内的 BCD 码转换成整数。当转换允许信号 EN＝1 时，BCD 码 IN 被转换成整数，其结果传送到 OUT 中。

2. 整数转换为 BCD 码指令

整数转换成 BCD 码指令如图 8-8 所示。整数转换成 BCD 码指令将 0 到 9999 范围内的整数转换成 BCD 码。当转换允许信号 EN＝1 时，整数 IN 被转换成 BCD 码，其结果存到 OUT 中。

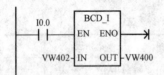

图 8-7　BCD 码转换成整数指令

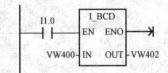

图 8-8　整数转换成 BCD 码指令

3. 双整数转换成实数指令

双整数转换成实数指令的梯形图如图 8-9 所示，由指令助记符 DI_R、指令允许输入 EN、双整数输入端 IN 和实数输出端 OUT 构成。

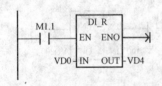

图 8-9　双整数转换成实数指令

双整数转换成实数指令将 32 位有符号整数转换成 32 位实数。当转换允许信号 EN＝1 时，双整数 IN 被转换成实数，其结果传送到 OUT 中。

4. 实数转换成整数指令

实数转换成整数指令包含四舍五入和截位取整两种形式。梯形图分别如图 8-10 和图 8-11 所示。

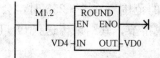

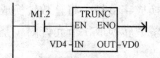

图 8-10 实数四舍五入成双整数指令　　　图 8-11 实数截位取整成双整数指令

实数四舍五入转换成双整数指令将实数转换成 32 位有符号整数，如果小数部分大于 0.5 就进一位，如果小于 0.5，就舍去。

实数截位取整转换成双整数指令同样将实数转换成 32 位有符号整数，但是只有实数的整数部分被转换，小数部分被丢弃。

实数转换成整数指令当转换允许信号 EN＝1 时，实数 IN 被转换成双整数，其结果传送到 OUT 中。

5. 双整数转换成整数指令

双整数转换成整数指令如图 8-12 所示，由指令助记符 DI_I、指令允许输入 EN、双整数输入端 IN 和整数输出端 OUT 构成。

双整数转换成整数指令将双整数转换成整数，如果要转换的数据太大，溢出位被置位且输出保持不变。当转换允许时，双整数 IN 被转换成整数，其结果传送到 OUT 中。

6. 整数转换成双整数指令

整数转换成双整数指令如图 8-13 所示，由指令助记符 I_DI、指令允许输入 EN、整数输入端 IN 和双整数输出端 OUT 构成。

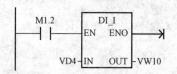

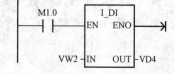

图 8-12 双整数转换成整数指令　　　图 8-13 整数转换成双整数指令

整数转换成双整数指令将整数转换成双整数，符号进行扩展。当转换允许时，整数 IN 被转换成有符号双整数，其结果传送到 OUT 中。

7. 字节转换成整数指令

字节转换成整数指令如图 8-14 所示，由指令助记符 B_I、指令允许输入 EN、字节输入端 IN 和整数输出端 OUT 构成。

字节转换成整数指令将字节转换成整数，由于字节是没有符号的，所以设有符号扩展。当字节转换成整数允许时，字节 IN 被转换成整数，其结果传送到 OUT 中。

8. 整数转换成字节指令

整数转换成字节指令如图 8-15 所示，由指令助记符 I_B、指令允许输入 EN、整数输入端 IN 和字节输出端 OUT 构成。

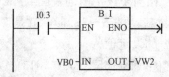

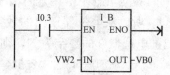

图 8-14 字节转换成整数指令　　　图 8-15 整数转换成字节指令

整数转换成字节指令将整数转换成字节，当整数的范围不在 0～255 时，会有溢出且输出不变。当整数转换成字节允许时，整数 IN 被转换成字节，其结果传送到 OUT 中。

　　数字转换指令中没有字节或整数直接转换实数的指令，当出现这种情况时，要先字节或整数转换成双整数，再进行双整数与实数之间的转换即可。

三、比较指令

比较指令用于两个相同数据类型的有符号数或无符号数 IN1 和 IN2 的比较判断操作。

比较运算符有：等于（＝）、大于等于（＞＝）、小于等于（＜＝）、大于（＞）、小于（＜）、不等于（＜＞）。

比较指令的类型主要包含：字节（BYTE）比较、整数（INT）比较、双字整数（DINT）比较和实数（REAL）比较。

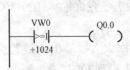

比较指令运行中，当比较数 IN1 和比较数 IN2 的关系符合比较运算符的条件时，比较触点闭合，后面的电路被接通。否则比较触点断开，后面的电路不接通。换句话说，比较触点相当于一个有条件的动合触点，当比较关系成立时，触点闭合。不成立时，触点断开。

图 8-16　比较指令

图 8-16 中，梯形图表示 VW0＞＝1024 时 Q0.0 就有输出，否则 Q0.0 没有输出。

　　应用比较指令应该注意数据类型。字节（8 位）用符号 B、整数（16 位）用符 I、双整数（32 位）用符号 D、实数（32 位）用符号 R 表示。

任务一　模拟电位计实现定时器的计时调节控制

一、控制要求

在 I0.0 的上升沿，用 CPU 模块上的模拟电位器 0 来设置 10ms 定时器 T33 的设定值，设置的范围为 4.5～13.5s，I0.1 为 ON 时 T33 开始定时，设计 PLC 的梯形图程序。

二、任务实施

◉ 步骤 1：任务分析

CPU221 和 CPU222 有 1 个模拟电位器，其他 CPU 有两个模拟电位器。CPU 将电位器的位置转换为 0～255 的数字值，然后存入两个特殊存储器字节 SMB28 和 SMB29 中，分别对应电位器 0 和电位器 1 的值。可以用小螺丝刀来调整电位器的位置。

要求在输入信号 I0.0 的上升沿时，用电位器 0 来设置定时器 T33 的设定值，设定的时间范围为 4.5～13.5s，而 T33 的定时精度为 10MS，相当于设定值的范围为 450～1350（以 0.01S 为单位），所以从电位器读出的数字 0～255 对应与 4.5～13.5s，就是对应于 450～1350。设读出的电位器 0 的数字为 N，则定时器 T33 的设定值为

$$PT＝(1350－450)÷255×N＋450＝900×N÷255＋450(0.01s)$$

为了保证运算的精度，应先乘后除。N 的最大值为 255，乘以 900 后的结果大于一个字

所能表示的最大整数 32767,所以需要使用整数乘整数得双整数的完全整数乘法指令 MUL;那么接下来的除法指令就需要使用双整数除法指令 DIV_DI,运算结果为双整数,但是结果不会超过整数的长度,商的低位字也可以作为除法的结果,又因为定时器设定值的长度为16 位,所以最后的结果以 16 位的字显示即可。

◆ 步骤 2: 具体实施

(1) 在接线完好状态下,各设备通电,保证正常运行。

(2) 在 Micro - WIN 编程环境下,编写如图 8 - 17 所示的程序。

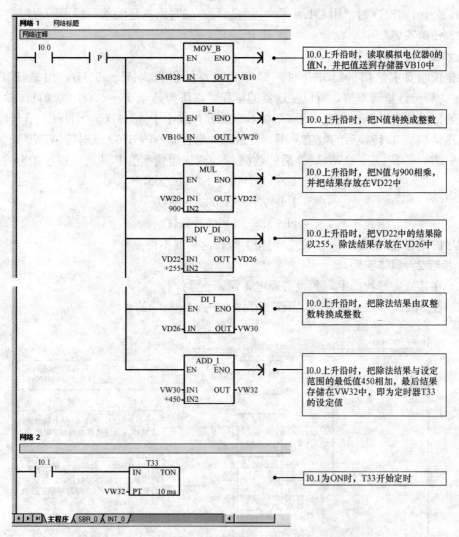

图 8 - 17 模拟电位器 0 实现定时器时间设定的控制程序

◆ 步骤 3: 任务测试

设备和程序均处于运行状态时,在状态表中分别监视 SMB28、VB10、VW20、VD22、VD26、VW30 和 VW32 存储区中数值的变化,其中 VW32 中的值就是所要得到的定时器T33 的设定值。

任务二　频率变送器的数据处理

一、控制要求

某频率变送器的量程为 45～55Hz，输出信号为 DC0～10V，模拟量输入模块输入 0～10V 电压被转换为 0～32000 的整数。在 I0.0 的上升沿，根据模拟量输入通道 AIW0 采集到的 A/D 转换后的数据 N，用整数运算指令计算出以 0.01Hz 为单位的频率值。当频率值大于 52Hz 或小于 48Hz 时，用 Q1.0 发出报警信号。编写出满足要求的梯形图程序。

二、任务实施

⊙ **步骤 1：任务分析**

根据控制要求给出的已知条件，频率变送器的量程为 45～55Hz，但是任务要求以 0.01Hz 为单位计量频率值，所以变送器的量程可以认为是 4500～5500（0.01Hz 单位），而发出报警信号的范围就变化为大于 5200（0.01Hz）或小于 4800（0.01Hz）。结合任务中给出的电压值和 A/D 转换后的数值范围，变送器的量程 4500～5500 就对应 AIW0 采集的数值范围 0～32000，所以，AIW0 转换后的数据 N 与变送器频率值 F 的关系表达式为

$$F = (5500 - 4500) \div 32000 \times N + 4500$$
$$= 1000 \times N \div 32000 + 4500$$
$$= N \div 32 + 4500(0.01Hz)$$

程序的编写过程与任务一中的过程相类似，这里就不再重复。

⊙ **步骤 2：具体实施**

（1）在接线完好状态下，各设备通电，保证正常运行。

（2）在 Micro‐WIN 编程环境下，编写如图 8‐18 所示的程序。

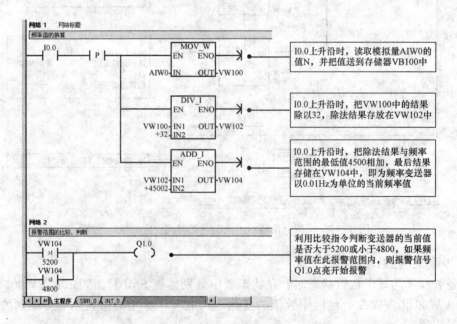

图 8‐18　频率变送器的数据处理程序

◉ **步骤 3：任务测试**

设备和程序均处于运行状态时，在状态表中分别监视 AIW0、VW100、VW102、VW104 存储区中数值的变化，其中 VW104 中的值就是所要得到的频率变送器以 0.01Hz 为单位的当前频率值。

模块九 程序结构指令应用

【模块概述】

S7-200系列PLC控制程序主要分为三大类：主程序（OB1）、子程序（SBR_n）和中断程序（INT_n），统称为程序组织单元，简称POU。STEP7-Micro/WIN在程序编辑器里为每个POU提供了一个独立的程序页，主程序总是在第1页，生成项目时，将自动生成一个子程序SBR_0和一个中断程序INT_0。运用三种程序组织单元，可以更加灵活地设计程序，使程序结构更加合理、清晰。

【学习目标】

（1）会使用子程序指令对程序进行分块。

（2）理解中断指令的含义，会使用中断指令编程实现相应功能。

（3）了解子程序和中断程序在程序设计中的相互配合，扩展程序的结构类型。

【知识学习】

一、子程序调用

子程序常用于需要多次反复执行相同任务的地方，只需要写一次子程序，可以多次调用它，而无需重写该程序。子程序的调用是有条件的，满足调用条件时，每个扫描周期都要执行一次被调用的子程序。未调用它时不会执行子程序中的指令，因此使用子程序可以减少扫描时间。

使用子程序可以将程序分成容易管理的小块，在程序中调试和维护时，可以利用这项优势。通过使用较小的程序块，对这些区域和整个程序简单地进行调试和排除故障。只在需要时才调用程序块，可以更有效地使用PLC，因为所有的程序块可能无须执行每次扫描。

与子程序使用有关的操作有子程序的建立、子程序的调用和返回。

1. 子程序的建立

建立子程序是通过编程软件来完成的。可以使用三种方法创建子程序：一是选中编程软件的"编辑"菜单，再选择"插入"选项，最后选择"子程序"，就建立或插入了一个新的子程序；二是从"指令树"中用鼠标右键点击"程序块"图标，并从弹出菜单选择插入子程序；三是直接从程序编辑器视窗，右击鼠标并从弹出菜单中选择插入子程序。只要插入了子程序，程序编辑器底部都将出现一个新标签，默认的程序名是SBR_N，编号N从0开始按递增顺序生成，也可以在图标上直接更改子程序的程序名。此时，就可以对新的子程序进行编程。

2. 子程序的调用

可以在主程序、其他子程序或中断程序中调用子程序，调用子程序时将程序执行控制转换给调用的子程序，执行全部的子程序指令，直至子程序结束，然后返回调用它的程序组织单元中该子程序调用指令的下一条指令处。

一个项目中最多可以创建64个子程序，子程序可以嵌套调用（在子程序中调用子程序），最大嵌套深度为 8。

注意：在中断服务程序中调用的子程序不能再调用别的子程序。

子程序的调用包括调用指令和返回指令。子程序调用指令在梯形图中以指令盒的形式出现，返回指令在梯形图中以线圈指令的形式出现，调用指令格式如图 9-1 所示。

指令	子程序调用指令	子程序条件返回指令
LAD	SBR_0 —EN	—(RET)

图 9-1　子程序调用指令格式

子程序建立后，STEP7-Micro/WIN 在指令树最下面的"调用子程序"文件夹下面自动生成刚创建的子程序。在梯形图中调用子程序时，首先打开程序编辑器中需要调用子程序的 POU，找到准备放置子程序的地方，用鼠标左键双击打开指令树最下面的"调用子程序"文件夹，将需要调用的子程序图标从指令树"拖"到程序编辑器中希望的位置，放开左键，子程序块便被放置在该位置。也可以将矩形光标置于程序编辑器中需要放置该子程序地方，然后双击指令树中要调用的子程序图标，子程序指令块将会自动地出现在光标所在的位置。

子程序返回指令有无条件返回指令和有条件返回指令两种。STEP7-Micro/WIN 会自动增加要求使用的从子程序无条件返回指令，且不在程序编辑器的"子程序 POU"标记显示的程序逻辑中显示。从子程序有条件返回指令（CRET）是供选用指令，它根据前一个逻辑结果是否为 1，判断是否终止执行子程序，从当前位置返回到调用它的程序组织单元中。

图 9-2 所示的程序实现用外部控制条件分别调用两个子程序。

3. 带参数的子程序调用

子程序可以不带参数，也可以带参数。带参数的子程序极大地扩大了子程序的使用范围，增加了调用的灵活性，它主要用于功能类似的子程序块的编程。子程序的调用过程如果存在数据的传递，则在调用指令中应包含相应的参数。

（1）子程序参数。

子程序最多可以传递 16 个参数。参数在子程序的局部变量表中加以定义。参数包含下列信息：变量名、变量类型和数据类型。

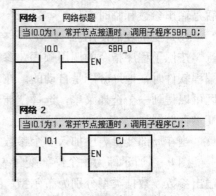

图 9-2　子程序调用举例

1）变量名。变量名最多用 8 个字符表示，第一个字符不能是数字。

2）变量类型。变量类型是按变量对应数据的传递方向来划分的，可以是传入子程序（IN）、传入和传出子程序（IN/OUT）、传出子程序（OUT）和临时变量（TEMP）四种类型。四中变量类型的参数在变量表中的位置必须按以下先后顺序。

IN 类型：传入子程序参数。参数可以是直接寻址数据（如 VB100）、简介寻址数据（如 *AC1）、立即数（如 16#2344）或数据的地址值（如 &VB106）。

IN/OUT 类型：传入和传出子程序参数。调用时将指定参数位置的值传到子程序，返回时从子程序得到的结果值被返回到同一地址。参数可以采用直接和间接寻址，但立即数

（如 16#1234）和地址值（如 &VB100）不能作为参数。

OUT 类型：传出子程序参数。它将从子程序返回的结果值送到指定的参数位置。输出参数可以采用直接和间接寻址，但不能是立即数或地址编号。

TEMP 类型：临时变量参数。在子程序内部暂时存储数据，但不能用来与调用程序传递参数数据。

3）数据类型。局部变量表中还要对数据类型进行声明。数据类型可以是能流、布尔型、字节型、字型、双字型、整数型、双整数型和实型。

能流：仅允许对位输入操作，是位逻辑运算的结果。在局部变量表中布尔能流输入处于所有类型的最前面。

布尔型：布尔型用于单独的位输入和输出。

字节、字和双字型：这三种类型分别声明一个 1 字节、2 字节和 4 字节的无符号输入或输出参数。

整数、双整数型：这两种类型分别声明一个 2 字节或 4 字节的有符号输入或输出参数。

实型：该类型声明一个 IEEE 标准的 32 位浮点参数。

（2）参数子程序调用的规则。

1）常数参数必须声明数据类型。例如，把值为 223344 的无符号双字作为参数传递时，必须用 DW#223344 来指明。如果缺少常数参数的这一描述，常数可能会被当作不同类型使用。

2）输入或输出参数没有自动数据类型转换功能。例如，局部变量表中声明一个参数为实型，而在调用时使用一个双字，则子程序中的值就是双字。

3）参数在调用时必须按照一定的顺序排列，先是输入参数，然后是输入输出参数，最后是输出参数和临时变量。

（3）变量表的使用。

按照子程序指令的调用顺序，参数值分配给局部变量存储器，起始地址是 L0.0。使用编程软件时，地址分配是自动的。在局部变量表中要加入一个参数，单击要加入的变量类型区可以得到一个选择菜单，选择"插入"，然后选择"下一行"即可。局部变量表使用局部变量存储器。

当在局部变量表中加入一个参数时，系统自动给各参数分配局部变量存储空间。

图 9-3 所示即为一个局部变量表，表中含有四个输入参数，一个输入输出参数和一个输出参数。数据类型分别为布尔型、字节型、字型和双字型。

	符号	变量类型	数据类型	注释
	EN	IN	BOOL	
L0.0	IN1	IN	BOOL	第1个输入参数，布尔型
LB1	IN2	IN	BYTE	第2个输入参数，字节型
L2.0	IN3	IN	BOOL	第3个输入参数，布尔型
LD3	IN4	IN	DWORD	第4个输入参数，双字型
		IN		
LW7	IN_OUT1	IN_OUT	WORD	第1个输入/输出参数，字型
		IN_OUT		
LD9	OUT1	OUT	DWORD	第1个输出参数，双字型
		OUT		
		TEMP		

图 9-3　局部变量表

调用这个带参数子程序的梯形图程序如图 9 - 4 所示。

二、中断程序

中断在处理复杂和特殊的控制任务时是必需的，它属于 PLC 的高级应用技术。中断是由设备或其他非预期的急需处理的事件引起的，它使系统暂时中断现在正在执行的程序，而转到中断服务程序去处理这些事件，处理完毕后再返回原程序执行。中断事件的发生具有随机性，中断在可编程序控制器的实时处理、高速处理、通信和网络中非常重要。

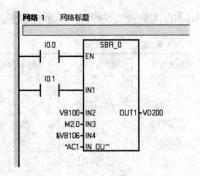

图 9 - 4　带参数子程序的调用

1. 中断源及种类

中断源即中断事件发出中断请求的来源。S7 - 200 系列 PLC 具有最多可达 34 个中断源，每个中断源都分配一个编号加以识别，成为中断事件号。这些中断源大致分为三类：通信中断、输入输出中断和时基中断。

(1) 通信中断。

可编程序控制器的通信口可由程序来控制，通信中的这种操作模式称为自由通信口模式。在这种模式下，用户可以通过编程来设置波特率、奇偶校验和通信协议等参数。

(2) 输入/输出中断。

输入/输出中断包括外部输入中断、高速计数器中断和脉冲串输出中断。外部输入中断是系统利用 I0.0～I0.3 的上升沿或下降沿产生中断，这些输入点可用作连接某些一发生就必须引起注意的外部事件；高速计数器中断可以响应当前值等于预设值、计数方向改变、计数器外部复位等事件所引起的中断；脉冲串输出中断可以用来响应给定数量的脉冲输出完成所引起的中断。

(3) 时基中断。

时基中断包括定时中断和定时器中断。定时中断可用来支持一个周期性的活动，周期时间以 1ms 为计量单位，周期时间可以是 1～255ms。对于定时中断 0，把周期时间值写入 SMB34；对于定时中断 1，把周期时间值写入 SMB35。每当达到定时时间值，相关定时器溢出，执行中断处理程序。定时中断可以用来以固定的时间间隔作为采样周期来对模拟量输入进行采样，也可以用来执行一个 PID 控制回路，另外定时中断在自由口通信编程时非常有用。

当把某个中断程序连接到一个定时中断事件上，如果该定时中断被允许，那就开始计时。当定时中断重新连接时，定时中断功能清除前一次连接时的任何累计值，并用新值重新开始计时。

定时器中断可以利用定时器来对一个指定的时间段产生中断。这类中断只能使用分辨率为 1ms 的定时器 T32 和 T96 来实现。当所用定时器的当前值等于预设值时，在 CPU 正常的定时刷新中，执行中断程序。

2. 中断优先级

在中断系统中，将全部中断源按中断性质和处理的轻重缓急进行，并给以优先权。所谓优先权，是指多个中断事件同时发出中断请求时，CPU 对中断响应的优先次序。中断优先级由高到低依次是：通信中断、输入输出中断、时基中断。每种中断中的不同中断事件又有不同的优先权。所有中断事件及优先级见表 9 - 1。

表 9 - 1   中 断 事 件 及 优 先 级

组优先级	组内类型	中断事件号	中断事件描述	组内优先级
通信中断 （最高级）	通信口 0	8	通信口 0：接收字符	0
		9	通信口 0：发送完成	0
		23	通信口 0：接收信息完成	0
	通信口 1	24	通信口 1：接收信息完成	1
		25	通信口 1：接收字符	1
		26	通信口 2：发送完成	1
输入输出中断 （次高级）	脉冲输出	19	PTO0 脉冲串输出完成中断	0
		20	PTO1 脉冲串输出完成中断	1
	外部输入	0	I0.0 上升沿中断	2
		2	I0.1 上升沿中断	3
		4	I0.2 上升沿中断	4
		6	I0.3 上升沿中断	5
		1	I0.0 下降沿中断	6
		3	I0.1 下降沿中断	7
		5	I0.2 下降沿中断	8
		7	I0.3 下降沿中断	9
	高速计数器	12	HSC0 当前值等于预设值中断	10
		27	HSC0 输入方向中断	11
		28	HSC0 外部复位中断	12
		13	HSC1 当前值等于预设值中断	13
		14	HSC1 输入方向改变中断	14
		15	HSC1 外部复位中断	15
		16	HSC2 当前值等于预设值中断	16
		17	HSC2 输入方向改变中断	17
		18	HSC2 外部复位中断	18
		32	HSC3 当前值等于预设值中断	19
		29	HSC4 当前值等于预设值中断	20
		30	HSC4 输入方向改变中断	21
		31	HSC4 外部复位中断	22
		33	HSC5 当前值等于预设值中断	23
时基中断 （最低级）	定时	10	定时中断 0	0
		11	定时中断 1	1
	定时器	21	T32 当前值等于预设值中断	2
		22	T96 当前值等于预设值中断	3

在 PLC 中，CPU 按先来先服务的原则响应中断请求，一个中断程序一旦执行，就一直执行到结束为止，不会被其他甚至更高优先级的中断程序所打断。在任何时刻，CPU 只执行一个中断程序。中断程序执行中，新出现的中断请求按优先级排队等候处理。中断队列能保存的最大中断个数有限，如果超过队列容量，则会产生溢出，某些特殊标志存储器位被置位。中断队列、溢出位及队列容量见表 9 - 2。

表 9 - 2 各 CPU 型号的中断队列最大中断数

中断队列种类	中断队列溢出标志位	CPU221	CPU222	CPU224	CPU226/CPU224XP/CPU226XM
通信中断队列	SM4.0	4个	4个	4个	8个
I/O 中断队列	SM4.1	16个	16个	16个	16个
时基中断队列	SM4.2	8个	8个	8个	8个

3. 中断指令

中断调用即调用中断程序，使系统对特殊的内部事件做出响应。系统响应中断时自动保存逻辑堆栈、累加器和某些特殊标志存储器位，即保护现场。中断处理完成时，又自动恢复这些单元原来的状态，即恢复现场。

（1）中断连接指令（Attach Interrupt）。

中断连接指令 ATCH 在梯形图中以指令盒的形式出现，将一个中断事件（EVNT）和一个中断程序（INT）建立联系，并启动中断事件。根据指定事件优先级，PLC 按照先来先服务的顺序对中断提供服务。CPU 任何时刻只能激活一个用户中断。其他中断处于等待状态，等待 CPU 以后处理。如果发生的中断数目过多，队列无法处理，则设定队列溢出状态位。如图 9 - 5 所示，中断事件号 0 表明 I0.0 上升沿会引起中断，中断服务程序在 INT0 中。

（2）中断分离指令（Detach Interrupt）。

中断分离指令 DTCH 在梯形图中以指令盒的形式出现，取消中断事件（EVNT）与全部中断程序之间的联系，并关闭此中断事件。中断分离指令由指令的允许端 EN、指令助记符 DTCH 和中断事件的事件号 EVNT 构成，用梯形图表示如图 9 - 6 所示。

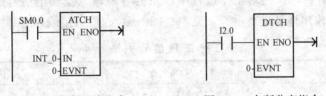

图 9 - 5 中断连接指令   图 9 - 6 中断分离指令

（3）中断允许指令。

中断允许指令（ENI）在梯形图中以线圈的形式出现，允许 CPU 开始处理中断操作，其使用方法如图 9 - 7 所示。

（4）中断禁止指令。

中断禁止指令（DISI）在梯形图中以线圈的形式出现，能全局性的关闭所有中断事件，其使用方法如图 9 - 8 所示。

中断禁止指令允许中断入队排列，但不允许启动中断程序。

（5）中断返回指令。

中断返回指令（RETI），即有条件返回指令，在梯形图中以线圈的形式出现，如图 9-9 所示。Micro/WIN 自动为各中断程序添加无条件返回指令，在编写程序时，用户不必书写无条件返回指令。但可以通过有条件返回指令（RETI）自行决定何时从中断程序返回到执行中断程序前的程序组织单元中。

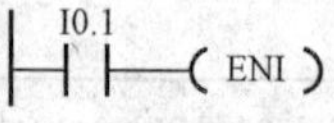

图 9-7   中断允许指令 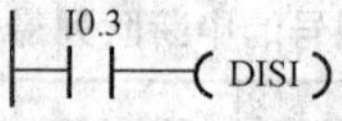   图 9-8   中断禁止指令 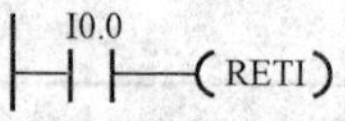   图 9-9   中断返回指令

任务一   子程序实现两台电动机启停控制

一、控制要求

利用子程序控制两台电动机的启停。两台电动机有各自的启动、停止按钮，都能实现连续运行的工作状态，并且各自安装有一个控制开关，当合上相应的控制开关时，对应的电动机才能实现启停控制。

二、任务实施

🔄 步骤 1：任务分析

两台电动机的运行控制完全一样，都是最基本启保停的运行程序，任务要求使用子程序结构实现，所以在子程序中实现电动机启保停控制。另外还有两个不同的控制开关，当开关合上时，不同的电动机运行。

针对上述要求，可以有两种实施方案可选择：把两台电动机的控制程序分别编写在两个不同的不带参数的子程序中，每一个子程序实现一部分控制功能；另一种方案是利用带参数的子程序编写启保停控制功能的子程序，在子程序中不涉及具体的电动机控制，只是实现功能，在调用时，再分配具体的启动、停止和电动机参数。

🔄 步骤 2：任务准备

根据上述任务分析，首先对工作过程中涉及的各种输入及输出信号进行统一规划，与 PLC 之间的输入及输出地址进行设置，见表 9-3。输入/输出接线如图 9-10 所示。

表 9-3   工作工程信号列表

设备/信号类型	设备名称	信号地址
输入	M1 控制开关 SA1	I0.0
	M1 启动按钮 SB1	I0.1
	M1 停止按钮 SB2	I0.2
	M2 控制开关 SA2	I0.3
	M2 启动按钮 SB3	I0.4
	M2 停止按钮 SB4	I0.5
输出	M1 继电器 KA1	Q0.1
	M2 继电器 KA2	Q0.2

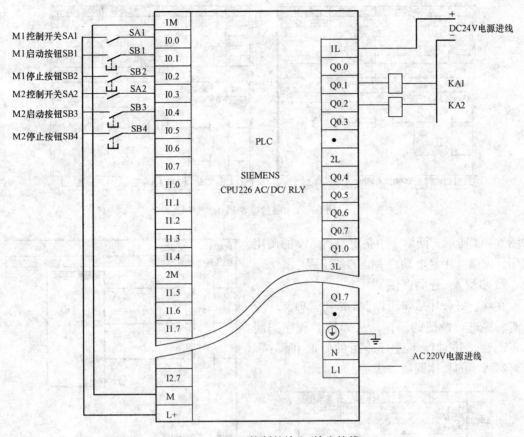

图 9-10 PLC控制的输入/输出接线

⏺ 步骤3：任务实施

（1）按上述接线原理图连接好输入/输出电路，各设备通电，保证正常运行。

（2）在 Micro-WIN 编程环境下，编写两种方案的程序。

方案一：不带参数的子程序调用。

不带参数的子程序调用程序如图9-11和图9-12所示。图9-11中是主程序，利用两个控制开关分别调用两台电动机的子程序。图9-12中是两台电动机的子程序，SBR_0是电动机 M1 的运行程序，SBR_1 中是电动机 M2 的运行程序。

方案二：带参数子程序的调用。

首先在子程序的局部变量表中建立局部变量，设置两个输入型的变量——启动信号和停止信号，再建立一个输入输出型的变量——电动机。然后编写具有起保停功能的子程序，如图9-13所示。

最后在主程序中调用子程序，每次调用这个子程序时，给子程序的参数重新赋值，这样就能多次调用，适用于不同的电动机控制。调用程序

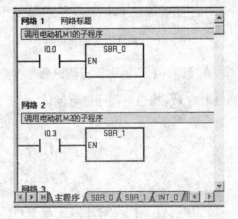

图 9-11 主程序

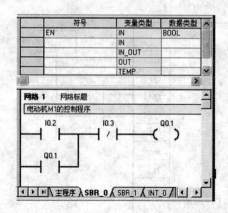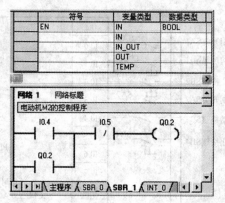

图 9 - 12　两台电动机子程序

如图 9 - 14 所示，网络 1 中是电动机 M1 的调用
程序，网络 2 中是电动机 M2 的调用程序。

　　⊙ 步骤4：任务调试

　　在编制好程序后，可以在 Micro - WIN 环境
下对程序进行便捷的调试，从而检验程序编制
的正确性，并对程序进行适当的修改和调试，
针对本程序的具体调试方法是：

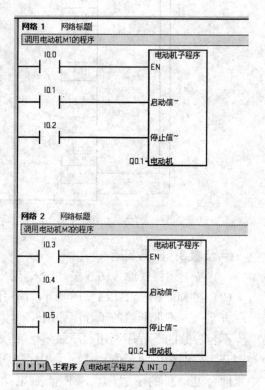

图 9 - 13　局部变量表和功能子程序

图 9 - 14　电动机控制主程序

　　在【调试】菜单中执行调试命令：点击【调试】→【开始程序状态监控】菜单或点击工
具栏上的 🔛 按钮对程序进行调试。

任务二　跑 马 灯 控 制

一、控制要求

利用定时中断、I/O 中断完成下列任务。

按下启动按钮，QB0 字节以 1s 变化一次的速度从低位向高位逐次跑过（即 Q0.0 亮，

1s 后，Q0.0 灭、Q0.1 亮；再 1s 后，Q0.1 灭、Q0.2 亮；再 1s 后，……）、QB1 字节以 500ms 变化一次的速度从高位向低位逐次跑过（即 Q1.7 亮，500ms 后，Q1.7 灭、Q1.6 亮；再 500ms 后，Q1.6 灭、Q1.5 亮；再 500ms 后，……）。

按下停止按钮，QB0 和 QB1 无论跑至哪一位亮，都立即熄灭，直至再次按下启动按钮，QB0 和 QB1 再次按上述要求开始跑动。

二、任务实施

◎ 步骤 1：任务分析

根据控制要求的描述，任务中有两路不同的跑马灯，一路是 QB0，另一路是 QB1。两路的跑动频率虽然不同，但是实现的方法相同，正好可以采用 S7-200PLC 提供的两路定时中断，利用定时中断 0 实现 QB0 跑马灯的控制，利用定时中断 1 实现 QB1 跑马灯的控制。

对于 QB0 跑马灯来说，跑动的时间间隔是 1s，而定时中断的最长间隔时间是 255ms，不能直接实现，所以需要设置一个计数存储器，用来记录定时中断的中断次数，再借助比较指令判断跑马灯跑动的时间间隔，从而进行一次移位，跑动一位，同时把设置的计数存储器清零，从头开始，依次循环，实现跑马灯不断地跑动。

QB1 跑马灯的要求与 QB0 相同，只是设置的跑动时间不同，所以只需要判断不同的定时中断次数即可，其他的操作与实现 QB0 跑马灯的方法一样，这里不再重复。

最后停止环节，任务要求利用输入输出中断来实现，所以需要设置一路 I/O 中断，这里可以利用 I0.1 上升沿中断熄灭所有的跑马灯。

◎ 步骤 2：任务准备

经过上述分析，程序的基本设计思路就清楚了，将启动按钮设置为 I0.0，当按下启动按钮时，把所有的中断设置动作完成，准备好计数存储器位，并把两路跑马灯的初始位点亮就好，剩余的判断跑动时间间隔、跑马灯移位的动作安排在各自的中断连接程序中即可。

◎ 步骤 3：具体实施

（1）在接线完好状态下，各设备通电，保证正常运行。

（2）在 Micro-WIN 编程环境下，编写程序如下各图所示。

图 9-15 中显示的是设置中断的初始化子程序，其中网络 1 设置定时中断 0 的间隔时间

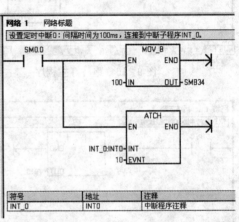
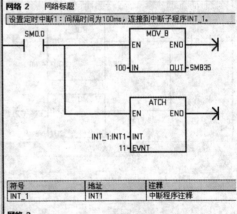
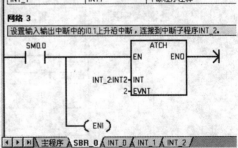

图 9-15　中断初始化子程序

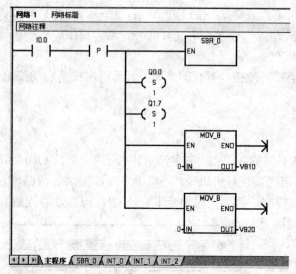

图9-16　跑马灯主程序

为100ms，连接的中断程序是INT_0；网络2设置定时中断1的间隔时间为100毫秒，连接的中断程序是INT_1；网络3中连接I0.1上升沿中断事件到中断程序INT_2，并把所有的中断打开，启用所有的中断操作。

图9-16中显示的是主程序，利用I0.0的上升沿调用中断初始化子程序SBR_0，把两路跑马灯的初始位点亮，并把计数存储器VB10和VB20清零做好计数准备。

图9-17、图9-18是两路定时中断的中断程序，网络1中为计数，网络2中为移位和计数清零。

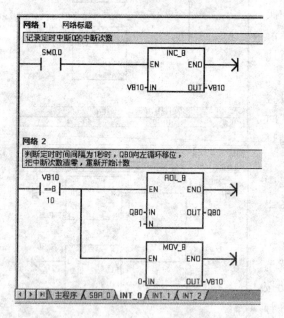

图9-17　QB0跑马灯中断程序

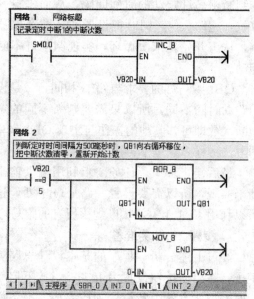

图9-18　QB1跑马灯中断程序

图9-19是输入中断程序，当I0.1上升沿产生时执行中断程序INT_2，把所有的跑马灯清零，熄灭。

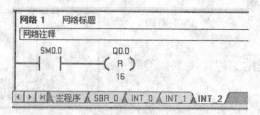

图9-19　I0.1上升沿输入中断程序

步骤 4：任务调试

　　在编制好程序后，可以在 Micro - WIN 环境下对程序进行便捷的调试，从而检验程序编制的正确性，并对程序进行适当的修改和调试，针对本程序的具体调试方法是：在【调试】菜单中执行调试命令：点击【调试】→【开始程序状态监控】菜单或点击工具栏上的 按钮对程序进行调试。

模块十　高级编程指令应用

【模块概述】

S7 - 200 系列 PLC 的编程指令涵盖了逻辑处理、数学运算以及一些程序控制等基本指令，正确使用这些指令就可以满足大部分的工业生产要求，但对于一些特殊的环节，如需要知道当前电动机运转的角度，或者是需要控制一台步进电动机转动到指定的角度等，这类控制任务往往牵涉到了一些特殊信号的处理。在这个模块里，主要介绍高速计数器和脉冲输出两个高级指令。

高速计数和脉冲输出都是针对脉冲信号的，一个是对脉冲个数进行统计，另一个则是产生高速脉冲。一般而言，S7 - 200 系列 PLC 的 CPU 模块是可以对高达 30kHz 的脉冲信号进行计数，同时也可以输出高达 20kHz 的脉冲信号。实际使用中，高频率的脉冲信号可以由旋转编码器发出用于电动机定位，也可以用来控制步进电动机、定量阀等高精度的设备。本模块中就利用 HSC 指令和 PLS 指令来实现电动机的定位和步进电动机的调速位置控制等。

【学习目标】

(1) 会使用高速计数器编程实现某些控制功能。

(2) 体会高速计数器与普通计数器在功能和使用中的区别。

(3) 理解高速脉冲输出指令的功能，并能用该指令实现相应功能。

【知识学习】

一、高速计数器

PLC 的普通计数器的计数过程与扫描工作方式有关，CPU 通过每一扫描周期读取一次被测信号的方法来捕捉被测信号的上升沿，被测信号的频率较高时，会丢失计数脉冲，因此普通计数器的工作频率很低，一般仅有几十赫兹。高速计数器可以对普通计数器无能为力的事件进行计数，S7 - 200 系列 PLC 有 6 个高速计数器 HSC0～HSC5，可以设置多达 12 种不同的操作模式。

> 💀 提示：S7 - 200 系列 PLC CPU 221、CPU 222 没有 HSC1 和 HSC2 两个计数器；CPU 224、CPU 226 和 CPU 226XM 拥有全部 6 个计数器。

一般来说，高速计数器被用来作为鼓形定时器使用，设备有一个安装了增量式编码器的轴，它以恒定的转速旋转。编码器每圈发出一定数量的计数时钟脉冲和一个复位脉冲，作为高速计数器的输入。高速计数器有一组预置值，开始运行时装入一个预置值，当前计数值小于当前预置值时，设置的输出有效。当前计数值等于预置值或有外部复位信号时，产生中断。发生当前计数值等于预置值的中断时，装载入新的预置值，并设置下一阶段的输出。有复位中断事件发生时，设置第一个预置值和第一个输出状态，循环又重新开始。

因为中断事件产生的速率远远低于高速计数器计数脉冲的速率，用高速计数器可以实现高速运动的精确控制，并且与 PLC 的扫描周期关系不大。

（一）高速计数器的工作模式

高速计数器的工作模式分为下面四大类：

（1）无外部方向输入信号的单相加/减计数器（模式 0～2）：可以用高速计数器的控制字节的第 3 位来控制加计数或减计数。该位为 1 时为加计数，为 0 时为减计数。

（2）有外部方向输入信号的单相加/减计数器（模式 3～5）：方向输入信号为 1 时为加计数，为 0 时为减计数。

（3）有加计数时钟脉冲和减计数时钟脉冲输入的双相计数器（模式 6～8）：若加计数脉冲和减计数脉冲的上升沿出现的时间间隔不到 0.3ms，高速计数器会认为这两个事件是同时发生的，当前值不变，也不会有计数方向变化的指示。反之，高速计数器能够捕捉到每一个独立事件。

（4）A/B 相正交计数器（模式 9～11）：它的两路计数脉冲的相位差 90℃（见图 10-1），正转时 A 相时钟

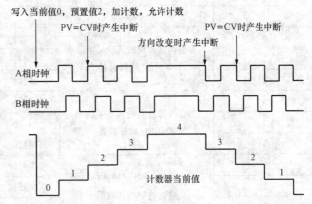

图 10-1　A/B 正交 1 倍频模式操作举例

脉冲比 B 相时钟脉冲超前 90℃；反转时 A 相时钟脉冲比 B 相时钟脉冲滞后 90℃。利用这一特点可以实现在正转时加计数，在反转时减计数。

A/B 相正交计数器可以选择 1 倍频（1×）模式（见图 10-1）和 4 倍频（4×）模式（见图 10-2）。在 1 倍频模式，时钟脉冲的每一周期计一次数，在 4 倍频模式，时钟脉冲的每一周期计 4 次数。

两相计数器的两个时钟脉冲可以同时工作在最大速率，全部计数器可以同时以最大速率运行，互不干扰。

根据有无复位输入和启动输入，上述的四类工作模式又可以各分为三种：无复位、无启动输入，有复位、无启动输入和既有复位又有启动输入。因此 HSC1 和 HSC2 有 12 种工作模式；HSC0 和 HSC4 因为没有启动输入，只有八种工作模式；HSC3 和 HSC5 只有时钟脉冲输入，所以只有一种工作模式。

（二）高速计数器的外部输入信号

高速计数器的外部输入信号见表 10-1。有些高速计数器的输入点相互间，或它们与边沿中断（I0.0～I0.3）的输入点有重叠，同一输入点不能同时用于两种不同的功能。但是高速计数器当前模式未使用的输入点可以用于其他功能，例如，HSC0 工作在模式 1 时只使用 I0.0 及 I0.2，I0.1 可供边沿中断或 HSC3 使用。

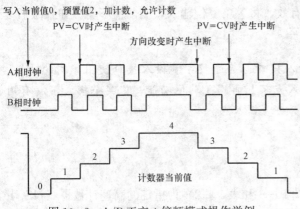

图 10-2　A/B 正交 4 倍频模式操作举例

表 10 - 1　　　　　　　　　　　高速计数器的外部输入信号

模　式	中断描述	输　入　点			
	HSC0	I0.0	I0.1	I0.2	
	HSC1	I0.6	I0.7	I1.0	I1.1
	HSC2	I1.2	I1.3	I1.4	I1.5
	HSC3	I0.1			
	HSC4	I0.3	I0.4	I0.5	
	HSC5	I0.4			
0	带内部方向输入信号的单相加/减计数器	时钟			
1		时钟		复位	
2		时钟		复位	启动
3	带外部方向输入信号的单相加/减计数器	时钟	方向		
4		时钟	方向	复位	
5		时钟	方向	复位	启动
6	带加减计数时钟脉冲输入的双相计数器	加时钟	减时钟		
7		加时钟	减时钟	复位	
8		加时钟	减时钟	复位	启动
9	A/B 相正交计数器	A 相时钟	B 相时钟		
10		A 相时钟	B 相时钟	复位	
11		A 相时钟	B 相时钟	复位	启动

提示： 还有一种模式 12，只有 HSC0 和 HSC3 支持。当它们工作在模式 12 时，可以通过 CPU 内部连线对 CPU 上的两个高速脉冲输出点计数，HSC0 对应 Q0.0，HSC3 对应 Q0.1。这个功能可以用来对已经发出的脉冲计数，并且不需要外部接线。模式 12 不占用实际的数字量输入点。

　　当复位输入信号有效时，将清除计数当前值并保持清楚状态，直至复位信号关闭。当启动输入有效时，将允许计数器计数。关闭启动输入时，计数器当前值保持恒定，时钟脉冲不起作用。如果在关闭启动时使复位输入有效，将忽略复位输入，当前值不变。如果激活复位输入后再激活启动输入，则当前值被清除。

提示： 高速计数器的硬件输入接口与普通数字量输入接口使用相同的地址。已定义用于高速计数器的输入点不应再用于其他功能，但某个模式下没有用到的输入点还可以用作普通开关量输入点。

（三）高速计数器指令及相关设置

1. 高速计数器指令

高速计数器定义指令（HDEF，见图 10 - 3 和表 10 - 2）为指定的高速计数器（HSC）设置一种工作模式（MODE），每个高速计数器只能用一条 HDEF 指令。可以用首次扫描存储器位 SM0.1，在第一个扫描周期调用包括 HDEF 指令的子程序来定义高速计数器。高速计数器指令（HSC）用于启动编号为 N 的高速计数器，HSC 与 MODE 为字节型常数，N 为字型常数。

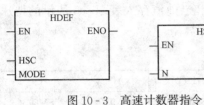

图 10 - 3　高速计数器指令

表 10 - 2　高速计数器指令与高速输出指令

梯形图	指　令	描　述
HDEF	HDEF　HSC　MODE	定义高速模式
HSC	HSC N	激活高速计数器
PLS	PLS X	脉冲输出

2. 高速计数器的状态字节

每个高速计数器都有一个状态字节，给出了当前计数方向和当前值是否大于或等于预置值（见表 10 - 3）。只有在执行高速计数器的中断程序时，状态位才有效。监视高速计数器状态的目的是响应正在进行的操作所引发的事件产生的中断。

表 10 - 3　　　　　　　　　HSC 的状态字节

HSC0	HSC1	HSC2	HSC3	HSC4	HSC5	描　述
SM36.5	SM46.5	SM56.5	SM136.5	SM146.5	SM156.5	当前计数方向：0＝减计数；1＝加计数
SM36.6	SM46.6	SM56.6	SM136.6	SM146.6	SM156.6	0＝当前值不等于预置值；1＝等于
SM36.7	SM46.7	SM56.7	SM136.7	SM146.7	SM156.7	0＝当前值小于等于预置值；1＝大于

3. 高速计数器的控制字节

只有定义了高速计数器及其计数模式，才能对高速计数器的动态参数进行编程。高速计数器的控制字节，各位的作用见表 10 - 4。执行 HSC 指令时，CPU 检查控制字节和有关的当前值和预置值。

执行 HDEF 指令之前必须将这些控制位设置成需要的状态，否则计数器将采用所选计数器模式的默认设置。默认设置为：复位输入和启动输入高电平有效，正交计数速率为输入时钟频率的 4 倍。执行 HDEF 指令后，就不能再改变计数器设置，除非 CPU 进入停止模式。

表 10 - 4　　　　　　　　　高速计数器的控制字节

HSC0	HSC1	HSC2	HSC3	HSC4	HSC5	描　述
SM37.0	SM47.0	SM57.0		SM147.0		0＝复位信号高电平有效；1＝低电平有效
	SM47.1	SM57.1				0＝启动信号高电平有效；1＝低电平有效
SM37.2	SM47.2	SM57.2		SM147.2		0＝4 倍频模式；1＝1 倍频模式
SM37.3	SM47.3	SM57.3	SM137.3	SM147.3	SM157.3	0＝减计数；1＝加计数
SM37.4	SM47.4	SM57.4	SM137.4	SM147.4	SM157.4	写入计数方向：0＝不更新；1＝更新计数方向
SM37.5	SM47.5	SM57.5	SM137.5	SM147.5	SM157.5	写入预置值：0＝不更新；1＝更新预置值
SM37.6	SM47.6	SM57.6	SM137.6	SM147.6	SM157.6	写入当前值：0＝不更新；1＝更新当前值
SM37.7	SM47.7	SM57.7	SM137.7	SM147.7	SM157.7	HSC 允许：0＝禁止 HSC；1＝允许 HSC

4. 预置值和当前值的设置

各高速计数器均有一个 32 位的预置值和一个 32 位的当前值，预置值和当前值均为有符号双字整数。为了向高速计数器写入新的预置值和当前值，必须先设置控制字节，令其第 5 位和第 6 位为 1，允许更新预设值和当前值，并将预置值和当前值存入表 10 - 5 所示的特殊存储器中，然后执行 HSC 指令，从而将新的值送给高速计数器。

表 10 - 5　　　　　　　　　　　　　**HSC 的当前值和预置值地址**

计数器号	HSC0	HSC1	HSC2	HSC3	HSC4	HSC5
初始值	SMD38	SMD48	SMD58	SMD138	SMD148	SMD158
预置值	SMD42	SMD52	SMD62	SMD142	SMD152	SMD162
当前值	HC0	HC1	HC2	HC3	HC4	HC5

高速计数器的当前值（双字）可以用 HC X（HC 为高速计数器当前值，X＝0～5）的格式读出。因此，读操作可以直接访问当前值，但是写操作只能由 HSC 指令来实现。

5. 高速计数器的中断功能

所有的计数器模式都会在当前值等于预置值时产生中断；使用外部复位端的计数模式支持外部复位中断；除模式 0、1 和 2 之外，所有计数器模式还支持计数方向改变中断。每种中断条件都可以分别使能或禁止。

（四）高速计数器指令编程步骤及实例

1. 高速计数器指令编程步骤

使用高速计数器，需要完成下列步骤：

（1）根据选定的计数器工作模式，设置相应的控制字节。

（2）使用 HDEF 指令定义计数器号。

（3）设置计数方向（可选）。

（4）设置初始值（可选）。

（5）设置预置值（可选）。

（6）指定并使能中断服务程序（可选）。

（7）执行 HSC 指令，激活高速计数器。

若在计数器运行中改变其设置，需要执行下列步骤：

（1）根据需要设置控制字节。

（2）设置计数方向（可选）。

（3）设置初始值（可选）。

（4）设置预置值（可选）。

（5）执行 HSC 指令，使 CPU 确认。

 提示：还可以使用指令向导中的 HSC 向导生成程序。

2. 高速计数器指令编程实例

实现内部方向控制无复位单向计数器编程，使 HSC0 工作在内部方向控制、无复位状态，即模式 0。所谓内部方向控制，就是通过高速计数器控制字节的方向位来控制计数的增/减方向。为此，需将 HSC0 的控制字节 SMB37 设置为图 10-4 所示的形式。

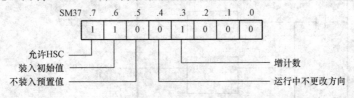

图 10-4　控制字节 SMB37 设置

上述 SMB37 的内容用二进制表示为 11001000B，为了方便换算成十六进制格式的 C8H，用 S7-200 格式表示为

$$2\#11001000＝16\#C8$$

如果在运行中改变方向，须设置控制字节，如图 10-5 所示。

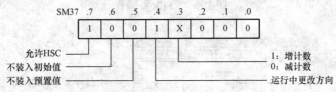

图 10-5　控制字节设置

上述 SMB37 的内容用二进制表示为

$$2\#10011000＝16\#98 \text{ 或 } 2\#10010000＝16\#90$$

编写程序需要以下几部分：

主程序：调用初始化子程序 SBR_0，并根据 I0.1 的状态调用子程序改变计数方向（见图 10-6）。

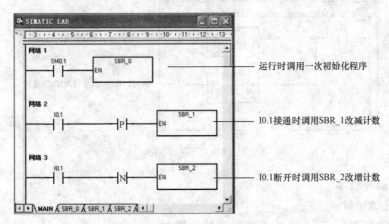

图 10-6　主程序编程

SBR_0：初始化 HSC0（见图 10-7）。

SBR_1：该计数方向为减计数（见图 10-8）。

SBR_2：该计数方向为增计数（见图 10-9）。

改变输入 I0.1 的接通/断开次数，使用状态表监视 HSC0 的当前值 HC0，进行调试。

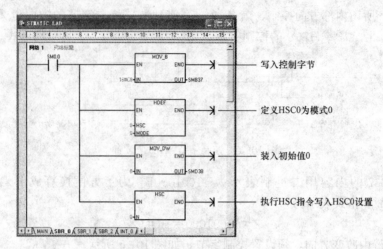

图 10 - 7　SBR_0 编程

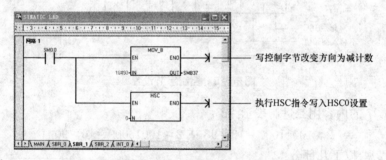

图 10 - 8　SBR_1 编程

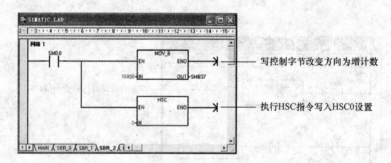

图 10 - 9　SBR_2 编程

二、高速脉冲输出

（一）高速脉冲输出

S7 - 200 系列 PLC CPU 提供两个高速脉冲输出点（Q0.0 和 Q0.1），可以分别工作在 PTO（脉冲串输出）和 PWM（脉宽调制）状态下。使用 PTO 或 PWM 可以实现速度、位置的开环运动控制。

PTO 功能可以输出一串脉冲，用户可以控制脉冲的周期（频率）和个数。PWM 功能可以连续输出一串占空比可调的脉冲，用户可以控制脉冲的周期和脉宽（占空比）。

脉冲输出指令（PLS，见图 10 - 10）检查为脉冲输出（Q0.0 和 Q0.1）设置的特殊存储

器位（SM），然后启动由特殊存储器位定义的脉冲操作。指令的
操作数 Q=0 或 1，用于指定是 Q0.0 或 Q0.1 输出。

高速脉冲输出点和普通数字量输出点共用输出映像 Q0.0 和
Q0.1。当在 Q0.0 或 Q0.1 上激活 PTO 或者 PWM 功能时，
PTO/PWM 发生器对输出拥有控制权，输出波形不受其他影响。

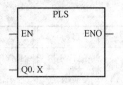

图 10-10 脉冲输出指令

 提示： 只有晶体输出类型的 CPU 能够支持高速脉冲输出功能。为保证波形良好，脉冲前、后沿陡直，PTO/PWM 在高电平输出时负载电流必须大于 140mA。

每个 PTO/PWM 生成器有一个 8 位的控制字节、一个 16 位无符号的周期值或脉冲宽度值，以及一个无符号 32 位脉冲计数值。这些值全部存储在指定的特殊存储器（SM）区，它们被设置好后，通过执行脉冲输出指令（PLS）来启动操作。PLS 指令使 S7-200 读取 SM位，并对 PTO/PWM 发生器进行编程。

通过修改 SM 区（包括控制字节），然后再执行 PLS 指令，可以改变 PTO 或 PWM 输出波形的特性。将控制字节的 PTO/PWM 允许位（SM67.7 或 SM77.7）置为 0，然后执行 PLS 指令，在任意时刻均可以禁止 PTO 或 PWM 波形输出。

（二）与 PTO/PWM 有关的特殊存储器

PTO/PWM 控制寄存器与有关的特殊储存器见表 10-6，如果要装入新的脉冲数、脉冲宽度或周期，应在执行 PLS 指令前将它们装入相应的控制寄存器。

表 10-6　　　　　　　PTO/PWM 控制寄存器与有关的特殊存储器

	Q0.0	Q0.1	描 述
状态字节	SM66.4	SM76.4	PTO 包络由于增量计算错误而终止：0=无错误，1=有错误
	SM66.5	SM76.5	PTO 包络因用户命令终止：0=不因用户命令终止，1=因用户命令终止
	SM66.6	SM76.6	PTO 管线溢出：0=无溢出，1=有溢出
	SM66.7	SM76.7	PTO 空闲位：0=PTO 正在运行，1=PTO 空闲
控制字节	SM67.0	SM77.0	PTO/PWM 更新周期值：1=写新的周期值
	SM67.1	SM77.1	PWM 更新脉冲宽度值：1=写新的脉冲宽度
	SM67.2	SM77.2	PWM 更新脉冲数：1=写新的脉冲数
	SM67.3	SM77.3	PTO/PWM 基准时间单位：0=1μs，1=1ms
	SM67.4	SM77.4	PWM 更新方式：0=异步更新，1=同步更新
	SM67.5	SM77.5	PTO 操作：0=单段操作（周期和脉冲数存在 SM 存储器中），1=多段操作（包络表存在 V 存储器中）
	SM67.6	SM77.6	PTO/PWM 模式选择：0=PTO，1=PWM
	SM67.7	SM77.7	PTO/PWM 有效位：0=无效，1=允许
其他 PTO/PWM 寄存器	SMW68	SMW78	PTOP/PWM 周期值（2~65535 倍时间基准）
	SMW70	SMW80	PWM 脉冲宽度值（2~65535 倍时间基准）
	SMD72	SMD82	PTO 脉冲计数值（1~$2^{32}-1$）
	SMB166	SMB176	运行中的段数（仅用在多段 PTO 操作中）

续表

	Q0.0	Q0.1	描　述
其他 PTO/ PWM 寄存器	SMW168	SMW178	包络表的起始位置，用从 V0 开始的字节偏移量来表示（仅用在多段 PTO 操作中）
	SMB170	SMB180	线形包络状态字节
	SMB171	SMB181	线形包络结果寄存器
	SMD172	SMD182	手动模式频率寄存器

（三）高速脉冲输出指令编程步骤及实例

1. 高速脉冲输出指令编程步骤

实现一串 PTO 脉冲输出，可在主程序中调用初始化子程序。子程序按以下步骤进行：

（1）设置 PTO/PWM 控制字节。

（2）写入周期值。

（3）写入脉冲串计数值。

（4）连接中断事件和中断服务程序，允许中断（可选）。

（5）执行 PLS 指令，使 S7 - 200 系列 PLC CPU 对 PTO 硬件编程。

若要修改 PTO 的周期、脉冲数，可以在子程序或中断程序中执行以下步骤：

（1）根据要修改的内容，写入相应的控制字节值。

（2）写入新的周期、脉冲数。

（3）执行 PLS 指令，使 S7 - 200 系列 PLC CPU 确认设置。

> 提示：还可以使用 STEP7 - Micro/WIN 提供的位置控制向导生成程序。

2. 高速脉冲输出指令编程实例

该实例主要包括以下几部分：

主程序：一次性调用初始化子程序 SBR_0，I0.0 接通时调用 SBR_1，改变脉冲周期（见图 10 - 11）。

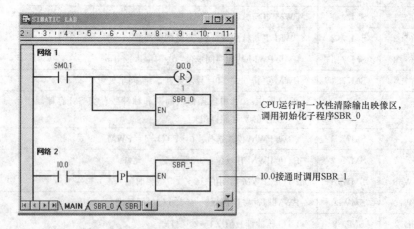

图 10 - 11　主程序

SBR_0：设定脉冲个数、周期并发出起始脉冲串（见图 10 - 12）。

SBR_1：改变脉冲串周期（见图 10 - 13）。

可用状态表观察各状态字节，在程序执行时，可以尝试在当前脉冲串没有结束再次接通 I0.0，观察脉冲串的排队。当前脉冲串结束时，第二串立刻发出。如果连续多次触发 I0.0，会造成队列溢出（监视状态位 SM66.6）。

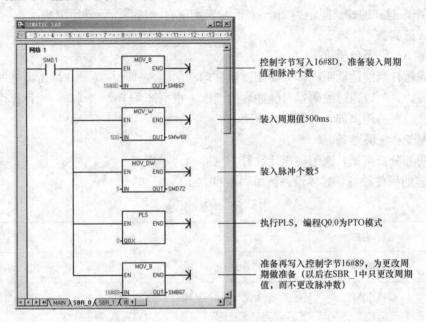

图 10 - 12　SBR_0 编程

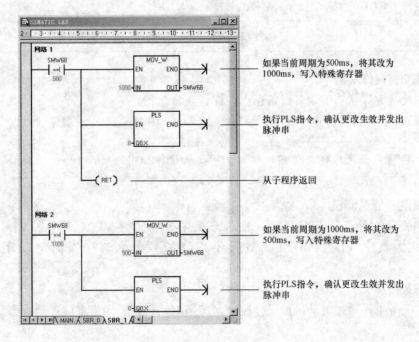

图 10 - 13　SBR_1 编程

任务一 电动机定位

一、控制要求

一台装有旋转编码器的电动机带动丝杠转动，已知旋转编码器在电动机转动一周可产生1024 个脉冲，丝杠的螺纹间距为 2mm。请编程实现对丝杠当前运动距离的计算。

二、任务实施

◉ **步骤 1：任务分析**

要计算丝杠当前运动距离，只需知道丝杠运动的周数和丝杠运动一周所前进的距离。丝杠运动的周数，可以通过编码器对脉冲数的读取，根据产生 1024 个脉冲/周计算得知；丝杠运动一周所前进的距离即丝杠的螺纹间距。

◉ **步骤 2：任务准备**

根据任务分析可知，选用高速计数器 HSC0 模式 0 即可。在实施任务前，首先应准备好PLC 及相应的硬件设备，具体设备清单列表见表 10 - 7。

表 10 - 7   设 备 清 单 列 表

序号	设备名称	型 号	数量	备 注
1	S7 - 200 PLC	CPU 226	1 台	S7 - 200 PLC 均可
2	编程计算机	带 COM 口	1 台	装 STEP7 - Micro/WIN3.2 及以上版本
3	编程电缆	PC/PPI	1 根	下载程序和组态画面
4	装有编码器的电机	伺服电机	1 台	小功率
5	丝 杠	螺纹间距 2mm	1 根	可根据现有丝杠改变题目中螺纹间距

◉ **步骤 3：具体实施**

（1）在接线完好状态下，各设备通电，保证正常运行。

（2）在 Micro/WIN 编程环境下，编写图 10 - 14、图 10 - 15 所示程序。

 考虑：如果选择 4 倍频计数器，所得数值将如何处理？

◉ **步骤四：任务测试**

设备和程序均处于运行状态时，在状态表中分别监视 VD0、VD4、VD8 存储区中数值的变化，其中 VD8 中的值就是所要得到的数值（丝杠当前运动距离，单位为mm）。

三、任务拓展

在上述任务中，增加电动机正反转控制，即当电动机正转到指定位置时，自动反转到原位，循环往返。

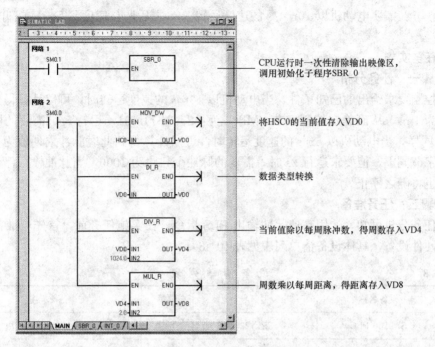

图 10-14　主程序编程

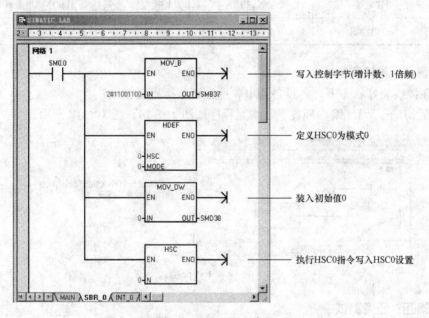

图 10-15　SBR_0 编程

任务二　步进电动机调速

一、控制要求

一台步进电动机，每周被划分为 100 步，即每收到 100 个脉冲，电动机旋转一周。现有一个控制任务：需要电动机以 10rad/s 的速度运转 5s，之后调整速度到 5rad/s，并运行 2s，停止运行。

二、任务实施

🖳 步骤一：任务分析

根据控制要求给出的已知条件，当电动机以 10r/s 的速度运转时，可以计算得到此时脉冲周期值为 1ms，从而确定控制字节 SMB67 为：2♯10001101，运行 5s，需要的脉冲个数为 5000；同样，当电动机以 5r/s 的速度运转时，可以计算得到此时脉冲周期值为 2ms，所以，控制字节同上，但要求运行 2s 时，需要的脉冲个数将为 1000，当脉冲输入停止时，步进电动机也将随之停止。

🖳 步骤二：任务准备

根据任务分析可知，选用高速脉冲输出 PLS 指令。在实施任务前，首先应准备好 PLC 及相应的硬件设备，具体设备清单列表见表 10 - 8。

表 10 - 8   设 备 清 单 列 表

序号	设备名称	型 号	数量	备 注
1	S7 - 200 PLC	CPU 226	1 台	S7 - 200 PLC 均可
2	编程计算机	带 COM 口	1 台	装 STEP7 - Micro/WIN3.2 及以上版本
3	编程电缆	PC/PPI	1 根	下载程序和组态画面
4	步进电动机	直流电动机	1 台	小功率电机

🖳 步骤三：具体实施

（1）在接线完好状态下，各设备通电，保证正常运行。

（2）在 Micro/WIN 编程环境下，编写程序如图 10 - 16、图 10 - 17 所示。

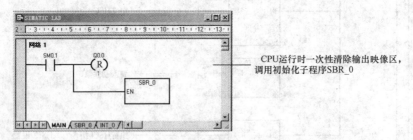

图 10 - 16   主程序编程

🖳 步骤四：任务测试

在设备和程序均处于运行状态下，监视程序各变量变化，并观察步进电动机的速度转变及各个速度下所持续的时间是否符合控制要求。本任务中如有电动机测速仪则可以更方便任务测试。

三、任务拓展

在编程完成上述任务的前提下，试用编程软件 STEP7 - Micro/WIN 提供的位置控制编程向导完成该任务，并体会两种实施方法的异同及其优缺点。

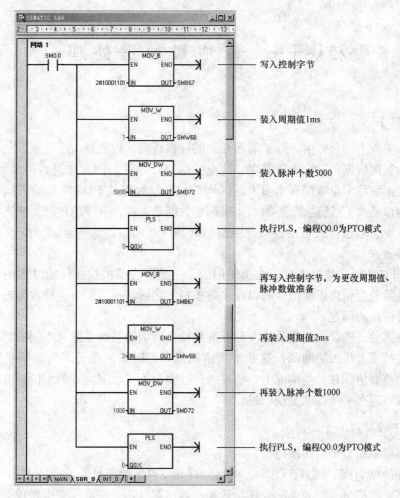

图 10 - 17 SBR_0 编程

模块十一　模拟量数据处理

【模块概述】

在实际的工业生产过程中，除了前面介绍的逻辑数据处理之外，还有很多的模拟数据处理，如大量的温度数据、电流电压数据、流量数据等，都需要 PLC 来进行采集和处理。

模拟量数据和数字量数据有本质上的区别。数字量数据是 PLC 根据输入端口的电压高低来决定该端口是"0"还是"1"的；而模拟量数据是由各种各样的传感器变送器发出来的连续变化的电流、电压，PLC 通过内部的模数转换（A/D）将这些连续量变成用二进制码来表示的离散量。

采集入 PLC 的模拟量是不可以直接使用的，这是因为模拟量在传输过程中可能存在干扰，从而导致数值会偏离正常值。所以在采集模拟量之后，还需要对这些数据进行处理，这就是本模块要讨论的问题。

模拟量数据的处理，主要就是滤波和标度变换。所谓滤波就是通过不同的算法将可能存在的干扰值去掉或者尽可能地降低这些干扰值的影响。PLC 采集进来的模拟量数据都是在一定范围内的整数值，在某些情况下，需要将这些整数值表示成实际的水位高度、温度高低等数据，所以就存在一个标度变换的过程。

【学习目标】

(1) 理解模拟量数据的转换过程。

(2) 熟练使用 I_DI、DI_I、DI_R、四则运算等模拟量处理指令。

(3) 能够对模拟量进行简单的采样、转换、输出等处理过程进行编程实现。

【知识学习】

在工业控制中，某些输入量（例如压力、温度、流量、转速等）是模拟量，某些执行机构（例如电动调节阀和变频器等）要求 PLC 输出模拟信号，而 PLC 的 CPU 只能处理数字量。接收到的模拟量信号首先需要被传感器和变送器转换为标准量程的电流或电压信号，例如 DC 4～20mA，1～5V，0～10V，PLC 用 A/D 转换器将它们转换成数字量。带正负号的电流或电压在 A/D 转换后用二进制补码表示。

D/A 转换器将 PLC 的数字输出量转换为模拟电压或电流，再去控制执行机构。模拟量I/O 模块的主要任务就是实现 A/D 转换（模拟量输入）和 D/A 转换（模拟量输出）。

如在温度闭环控制系统中，炉温用热电偶或热电阻检测，温度变送器将温度转换为标准量程的电流或电压后送给模拟量输入模块，经 A/D 转换后得到与温度成比例的数字量，CPU 将它与温度设定值比较，并按某种控制规律对差值进行计算，将运算结果（数字量）送给模拟量输出模块，经 D/A 转换后变为电流信号或电压信号，可用来控制电动调节阀的开度，通过它控制加热用的天然气的流量，实现对温度的闭环控制。

提示：A/D 转换器和 D/A 转换器的二进制的位数反映了它们的分辨率，位数越多，分辨率越高。模拟量输入/输出模块的另一个重要指标是转换时间。

S7-200 系列 PLC 有 3 种模拟量扩展模块（输入/输出），见表 1-3，其模拟量扩展模块中 A/D、D/A 转换器的位数为 12 位。

一、模拟量输入模块

模拟量输入模块的量程有 DC0～10V、0～5V、0～1V、0～500mV、0～50mV、±10V、±5V、±2.5V、±1V、±500mV、±250mV、±100mV、±50mV、±25mV 和 0～20mA，量程用模块上的 DIP 开关来设置。模拟量输入模块单极性全量程输入范围对应的数字量输出为 0～32000（见图 11-1，图中的 MSB 和 LSB 分别是最高有效位和最低有效位），双极性全量程输入范围对应的数字量输出为 -32000～+32000，电压输入时输入阻抗不小于 $10M\Omega$，电流输入时（0～2mA）输入电阻为 250Ω。A/D 转换的时间小于 $250\mu s$，模拟量输入的阶跃响应时间为 1.5ms（达到稳态值的 95% 时）。

MSB	单极性		LSB			MSB	双极性		LSB			
AIWXX 0	12位数据值		0	0	0	AIWXX	12位数据值		0	0	0	0

图 11-1 模拟量输入数据字的格式

模拟量转换为数字量的 12 位读数是左对齐的，最高有效位是符号位，0 表示正值。在单极性格式中，最低位是 3 个连续的 0，相当于 A/D 转换值被乘以 8。在双极性格式中，最低位是 4 个连续的 0，相当于转换值被乘以 16。

二、模拟量输出模块

模拟量输出模块的量程有 ±10V 和 0～20mA 两种，对应的数字量分别为 -32000～+32000 和 0～32000（见图 11-2）。满量程时电压输出和电流输出的分辨率分别为 12 位和 11 位，25℃时的精度典型值为 ±0.5%，电压输出和电流输出的稳定时间分别为 $100\mu s$ 和 2ms。最大驱动能力为：电压输出时负载电阻最小为 $5k\Omega$；电流输出时负载电阻最大为 500Ω。

MSB	电流输出		LSB				MSB	双极性		LSB			
AQWXX 0	11位数据值		0	0	0	0	AQWXX	12位数据值		0	0	0	0

图 11-2 模拟量输出数据字的格式

模拟量输出数据字是左对齐的，最高有效位是符号位，0 表示正值。最低位是 4 个连续的 0，在将数据字装载到 DAC 寄存器（数/模转换寄存器）之前，低位的 4 个 0 被截断，不会影响输出信号值。

三、温度信号输入模块

任何两种金属，其连接处都会形成热电偶。热电偶产生的电压与连接点温度成正比。这个电压很低，$1\mu V$ 可能代表若干度。测量来自热电偶的电压，进行冷端补偿，然后线性化结果，这是使用热电偶进行温度测量的基本步骤。同时由于使用的金属不同，热电偶还存在不同的类型，每一种类型都有自己的分度表，即电压和温度的对应关系表。

S7-200 系列 PLC 中提供有专门的热电偶输入模块 EM 231TC，在使用该模块之前需要使用 DIP 拨码开关来配置当前连接的热电偶的类别、温度单位、断线检测使能以及冷端补偿使能等功能，其 DIP 设置如图 11-3 所示。

与标准的模拟量输入模块的读数方法不一样，热电偶模块每个通道的数值是以 0.1℃ 为单位的整数，例如从热电偶某一通道上读到 1123 的数据，则表示为 112.3℃（或者 K）。对于 +/−80mV 的信号，则是 +/−27648 对应 +/−80mV，这也和常规的 0～32000 对应量程范围有区别。

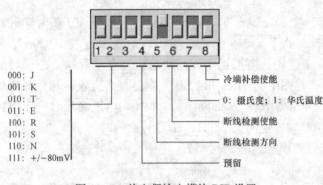

除了用热电偶测温度之外，还使用热电阻 RTD 来测量温度，S7-200 系列 PLC 中也提供有对应的输入模块 EM 231RTD。该模块也是根据热电阻的类型等参数来配置 DIP 拨码开关的。且其读数方式也与热电偶相仿，对于 Pt100 的热电阻，也是以 0.1℃ 为单位，而对于不同阻值的电阻，如 0～150Ω 的热电阻，则是量程

图 11-3　热电偶输入模块 DIP 设置

上限（如 150Ω）对应 27648。

任务一　电位计实现电动机调速

一、控制要求

现有一套小型的变频调速装置，由一台变频器驱动一台小型电动机。由于工厂技术革新，需要将这套调速装置接入 S7-200 PLC 控制系统中，即由 PLC 输出频率给定值给变频器，变频器根据这个设定值来控制电动机的转速。

现有的 S7-200 PLC 控制系统中已经有一个 224 CN 的 CPU 模块、一个 EM221 的数字量输入模块和一个 EM235 的模拟量模块。

S7-200 PLC 输出给变频器的频率设定值应该由一个外接电位计来输入，同时需要在 PLC 上指定一个单元来实时显示当前电位计的输入值是多少，以此来检查 PLC 输出到变频器的数据的准确性。

二、任务实施

◉ 步骤一：任务分析

根据图 11-3 所示可知，首先要知道 EM235 上各个模拟量通道的地址，这样才可以在编程中引用。

在 S7-200 PLC 系列中，EM235 之前是没有任何模拟量的通道的，根据 I/O 地址分配原则，EM235 的第一个模拟量输入通道的地址应该是 AIW0，其后依次是 AIW2/4/6。同样的，第一个模拟量输出通道的地址是 AQW0。这里比较特殊的是，尽管 EM235 只有一个模拟量输出通道，但其实 AQW2 也已经分配给了该模块，所以如果后续还有 EM235 或者 EM232，其模拟量输出通道的地址应该从 AQW4 开始算起。

在程序调试过程中，可以使用 PLC 自带的电位计来检验。同时，规定 VD100 里存放从

电位计输入的频率设定值，用于和输出到变频器的数值进行比较。

根据上述分析，本次任务大致按照图 11-4 所示的工作流程进行。

 提示：PLC 的 CPU 模块上都有两个内部模拟电位计，每个电位计对应于一个特殊存储器字节单元，分别是 SMB28 和 SMB29。

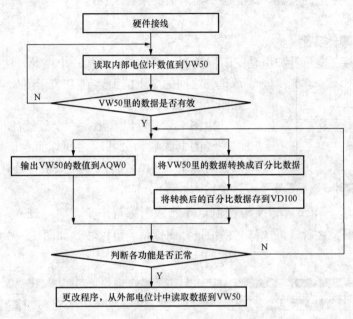

图 11-4 工作流程

步骤二：任务准备

（1）作为一个改造项目，在实施任务之前，最重要的就是要在原有的 I/O 点表上添加新的控制点，并确保新加入的点不会与原有点之间存在地址冲突、符号冲突等现象，见表 11-1。

表 11-1　　　　　　　　　新增 I/O 控制点

设备/信号类型	设备名称	信号地址
输　入	电位计	AIW0
输　出	变频器	AQW0

除了这两个 I/O 点之外，对于控制任务中指定的 VD100 等单元也需要在原有控制程序中独立配置符号表，并确保相关单元不会和别的程序块有地址重叠的现象。

整理新增设备见表 11-2。

表 11-2　　　　　　　　　新增设备表

序　号	设备名称	数　量	备　注
1	电位计	1个	用于给出频率设定值
2	10V电源	1台	用于给电位计供电
3	变频器	1台	通过 AI 端口接收来自 200 的频率给定信号

提示： 对于模拟量输入端，如果输入信号是电压，则直接连接在＋／－两端即可，如果是电流信号，则需要将 RA 和 A＋（以 A 通道为例）短接。

（2）查阅变频器的说明文档，重点确定变频器上的 I/O 接线排上各个端子的作用。此外，根据变频器手册上的步骤，改变频率给定值的来源。在这个任务中，频率给定值应该是来自 I/O 接线端。

◉ 步骤三：具体实施

（1）硬件连接。电位计和滑动变阻器类似，都是需要外接一个电源，然后将滑动头和电

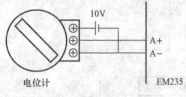

图 11-5 电位计接线示意图

源负端之间的电压值引入到 PLC 当中，其具体的接线示意图如图 11-5 所示。

由图 11-5 可以看出，一个外接的 10V 电源加载在电位计的电源端和公共端之间，而在信号端和公共端之间会有一个 0～10V 的信号，该信号连接到 EM235 的第一个输入通道上。

（2）在 STEP7-Micro/WIN 编程窗口左侧的浏览树中单击 ，进入系统块配置窗口，选择"输入滤波器"之后，再选择"模拟量"属性页，可以看到如图 11-6 所示的模拟量输入滤波器设置。

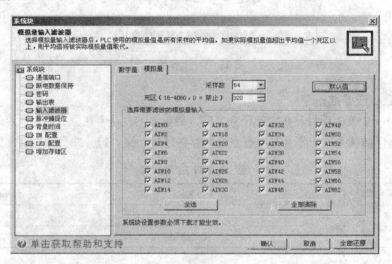

图 11-6 模拟量输入滤波器设置

外部的模拟量信号通过电缆连接进 EM235，这个信号电缆可能经过一些干扰源，例如动力电源、正在进行焊接的地点等，尤其对于电压信号，很容易受到这些干扰的影响而导致电压偏离正常值波动。所以在 STEP7-Micro/WIN 中提供了输入信号滤波器，通过滤波器可以实现平均值滤波。其中的"采样数"参数就是指对经过 A/D 转换的模拟量进行平均值处理的数据个数，默认情况下每转换 64 个数据就做一次平均值处理。为了让滤波器有快速响应的能力，该模块还提供了一个"死区"参数。当新的数据与上一次的平均值的偏移量超过这个死区参数之后，滤波器就直接把这个新数据作为新的有效值来看待，并提供给程序

使用。

当然，有的情况下是不可以使用滤波器的，例如如果是对某个信号进行报警监控，那么滤波器很可能会把应该报警的危险值屏蔽掉，从而带来安全上的隐患。另外，诸如CPU224XP等在CPU模块上就集成的模拟量输入通道也是不需要滤波的。所以在图11-6中，只需要根据实际使用的模拟量输入通道地址来选择即可。

◉ **步骤四：任务测试**

完成相关的配置和编程之后，根据图11-4所示的工作流程，指定本次任务的几个关键测试点。

1. 测试CPU模拟电位计的工作是否正常

在编程软件STEP7-Micro/WIN中，单击工具栏中的▣图标，在弹出的新窗口下的地址框中键入"SMB28"，格式选择为"无符号"，观察此时对应的当前值列中的数值。接下来用小螺丝刀调节电位计0，使其旋转，同时观察此时当前值列里的数值。正常情况下这个数值会随着电位计的顺时针旋转变大，逆时针旋转变小，且变化范围在0~255之中。

按照同样的方法测试电位计1，观察SMB29中的数据变化。

如果出现电位计不正常的现象，则可以初步断定是CPU上的模拟电位计硬件存在故障。

2. 测试数值转换

为了便于观测，从SMB28（或者SMB29）中得到的电位计的数据会直接送到VW50里，之后还会转换成百分比存放在VD100中。按照同上面类似的方法，一边用螺丝刀调节电位计，一边观察VD100里的数据是否在0.0~1.0之间变化。注意在使用监控表的时候，需要将VD100的格式选择为"浮点数"。

3. 测试外接电位计

更改数据来源，接入一个外部电位计，同时适当修改程序，将VW50的输出从一个模拟量输入通道读取，重新进行上述两步的测试。

4. 测试变频器能否正常工作

在监控列表中加入对AQW0（接变频器的通道地址）的监控，旋转电位计，观察其数值变化。如果AQW0变化正常，之后就可以启动变频器，设置好变频器参数，通过变频器上的面板观察其数值是否随着电位计的旋转而变化。

变频器上的数值显示当前给定频率。在变频器的参数设定过程中通常会指定其最高频率f_{max}，检查变频器显示的频率值是否正确可以使用下列公式

$$f_{cur} = f_{max} \times \text{VD100} \tag{11-1}$$

式中：f_{cur}表示当前显示的频率值；VD100表示VD100里存放的百分比数值。

如果式（11-1）成立，或者近似成立，则可以说明当前系统工作正常。

三、任务拓展

为了方便调试，可以在程序中对VD100做进一步的处理，按照式（11-1），计算出实际的频率值。

在使用CPU内部电位计的时候，每个电位计对应的都是一个字节单元，即SMB28/29，可是输出到变频器的都是一个字单元，如AQW0。可以尝试使用这两个电位计来直接控制变频器，使变频器可以在0~f_{max}直接工作。这里重点是要考虑一个字单元里的两个字节的高低位问题。

任务二　测量值的标度变换

一、控制要求

在任务一的基础之上，添加对变频器的实际运转频率的测量，并存放在指定单元中。

二、任务实施

⊙ 步骤 1：任务分析

变频器提供了一个 0～10V 的运转频率输出端口，将实际频率值以电压信号的形式传输出去。PLC 的模拟量输入/模块接收到这个信号，会统一用 0～32000 的整数来表示，想要计算出实际的运转频率，需要了解下面两个方面的信息：

（1）变频器内部的 0～10V 的信号究竟对应的是一个什么样的频率范围，它们之间是不是线性关系？

（2）PLC 内部如何从 0～32000 的整数范围转换到需要的物理量即频率值？

一般来说，对于传感器，例如温度变送器、压力变送器等，其被测物理量和输出的标准信号之间的线性关系并不是很好，越靠近量程中央，线性度越好；越靠近上下限，线性度越差。但对于变频器这类数字式设备，主要是通过数模转换来得到电压信号，所以其线性关系是可以得到保证的。

总结上面的分析，可以得到如图 11‑7 所示的频率信号转换关系图。

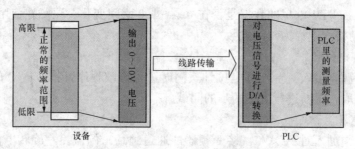

图 11‑7　频率信号转换关系图

从这个关系图中可以看出，PLC 侧进行的编程实现的标度变换其实是设备内部变换的一个"逆过程"。只不过在设备里是转换到 0～10V 的电压，而 PLC 里是从 0～32000 转换回来的，所以，从这个角度来看，0～10V 的电压范围是和 0～32000 的范围是一样的，只是表示的方法不同而已。

 提示：PLC 内部对模拟量输入信号，并不都是转换到 0～32000 的。前面介绍的热电偶、热电阻是转换成 0.1℃ 为单位的整数，而 +/−80mV 信号以及电阻信号都是转换到 0～27648，或者是 −27648～27648。即便是同样的信号在 200PLC 和 300PLC 下的转换也是不一样的。

⊙ 步骤 2：任务准备

（1）硬件接线。将变频器的电压信号输出端依次对应接入 EM235 的输入端中，注意由于接入的是电压信号，所以 Rx 端和 x+ 端是不需要短接的。

提示：本例中考虑变频器是以 0～10V 的信号输出实际频率的，对于不同的变频器，输出信号的方式、值范围等也可能不一样。

（2）根据图 11-7 的描述，需要查阅变频器的说明文档，确定 0～10V 所对应的实际频率范围，一般来说，这个范围的下限是 0Hz，而上限则是用户设定的变频器最高频率。记下这些参数，为后续编程做准备。

步骤 3：具体实施

这次任务的具体实施其实就是将 0～32000 的采样数值转换成相应的频率值，而且这个转换是纯线性转换，所以可以有如图 11-8 所示的采样数值的转换。

图 11-8 可以看到采样数值和被测量之间存在一种线性关系，即 $y=ax+b$，其中 x 为采样数值，y 是被测量，只要两个系数 a 和 b 需要确定。

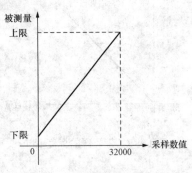

由图 11-8 可以直接得知，b 其实就是被测量的下限值。对于变频器来说，则是 0Hz。而参数 a 可以这样计算出来

$$a = \frac{\text{被测量上限} - \text{被测量下限}}{32000 - 0} \quad (11-2)$$

确定了这其中的关系和各个参数的值，那么很容易就可以编写程序来实现这个标度变换功能。

图 11-8 采样数值的转换

步骤 4：任务测试

标度变换功能的测试，主要是针对程序的测试。但测试的前提条件则是外部变频器输出 0～10V 电压信号是正常的。所以整个任务测试可以分为如下两方面来完成。

1. 测试对应的模拟量模块输入通道

在编程软件 Micro/WIN 中，单击工具栏中的▣图标，在弹出的新窗口下的地址框中键入 "AIW0"（即变频器信号接入的通道地址），格式选择为 "无符号"。接下来，利用变频器上的操作面板手动设定变频器的给定频率，同时观察监控列表中 AIW0 的数值。如果这个数值有变化，则说明变频器输出信号正常、输入模块接受信号正常。如果此时 AIW0 始终为 0，则需要检查故障。检查的方法也很简单，利用万用表分别测量 PLC 侧的模拟量输入端口和变频器的信号电压输出端口上有没有电压值，如果变频器端口上没有电压，则说明变频器存在故障，如果变频器侧有而输出模块侧没有，则肯定是中间的线缆中有断点，如果两者都有电压，而监控列表中没有数值，则说明输入模块有硬件故障。

2. 标度变换功能测试

测试这个功能最为直接的方法就是将 PLC 转换完成的数值和实际的频率值进行对比。如果两个数据不一致，则需要进行故障排查，通常来讲，会存在下面几种错误：

（1）随着变频器的运转速度不断变化，PLC 转换后的值也在变换，但和变频器显示的实际频率值不一致。这种现象通常是变频器上下限和程序中的不一致造成的，需要在程序当中来修改。

（2）PLC 侧和变频器侧的频率值大部分时候都是一致的，但偶尔会出现很短时间里的不一致。这时首先要排查变频器本身的显示故障，如果变频器侧没有问题，就要考虑电磁干

扰。由于变频器通常使用 AC 380V 的动力电源，而且内部的变频机制会对周围的设备产生很强的电磁干扰，其中就包括这个 0～10V 的电压信号。要解决这个问题，最直接的就是要做好变频器的接地，如果有条件，还可以把变频器和周围设备隔离开来。

三、任务拓展

标度变换在工业自动化编程中使用非常广泛，通过其变换的并不总是简单的采样数值和被测量，通过变换往往还需要实现某些特殊的功能。

现有一个生产过程的压力信号需要进行标度变换，其压力范围是 1.5～2.5MPa，但为了调节的需要，PLC 只需要了解那些超过特定死区范围的压力值，如图 11-9 所示。

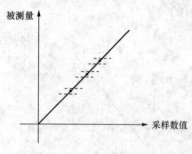

图 11-9 带死区的标度变换

图 11-9 中，每个点都有一个死区范围，只要新的采样数值没有超过这个范围，则保持原数值不变；反之如果超过了，则以新的值为中心点重新建立一个死区带。举例说明，当前采样值是 20000，设定的死区范围是 +/-100，如果新的数据是 19900～20100 范围里的数值，则标度变换还是采用 20000 来计算，倘若新的采样值达到了 20176，超过了原来的死区范围，那么以 21176 为中心点建立一个新的死区带 20076～20276，并且用新的 20176 来进行标度变换，依此类推。

模块十二 网络通信技术应用

【模块概述】

PLC的通信包括PLC之间、PLC与上位计算机之间以及PLC与其他智能设备之间的通信。PLC与上位计算机可以直接或通过通信处理单元、通信转接器相连构成网络,以实现信息的交换。并可以构成"集中管理、分散控制"的分布式控制系统,满足工厂自动化系统发展的需要,各PLC或远程I/O模块按功能各自放置在生产现场进行分散控制,然后用网络连接起来,构成集中管理的分布式网络系统。

西门子公司提出的全集成自动化(TIA)系统的核心内容包括组态和编程的集成、数据管理的集成以及通信的集成。通信网络是这个系统非常重要、关键的部件,提供了各部件和网络间完善的通信功能。SIMATIC NET是西门子公司的网络产品的总称,包含工业以太网、现场总线PROFIBUS和现场总线AS-I与EIB三个层次。本模块重点介绍现场使用较多的工业以太网网络通信。

【学习目标】

(1)了解当前常用的通信协议。

(2)熟悉S7-200 PLC中的通信模块及相关组件。

(3)能够使用通信功能块实现基本的数据通信。

【知识学习】

一、S7-200 PLC的通信能力

强大而灵活的通信能力,是S7-200 PLC系统的一个重要优点。通过各种通信方式,S7-200 PLC和西门子SIMATIC家族的其他成员如S7-300、S7-400等PLC和各种西门子HMI(人机操作界面)产品以及其他如LOGO、智能控制模块、MicroMaster和Master-Drive、SINAMICS驱动装置等紧密地联系起来。

S7-200 PLC通过很多标准协议,其标准接口与其他厂家的许多自动化产品兼容。S7-200 PLC的通信能力可以概括地用图12-1表示。

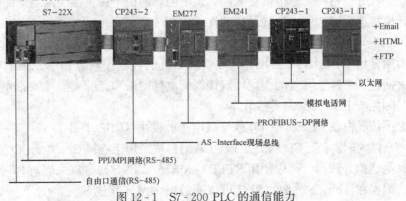

图12-1 S7-200 PLC的通信能力

　　除了 S7 - 200 PLC 的通信口所能支持的各种通信协议外，通过扩展通信模块可以有选择地增加更多的通信能力。

二、S7 - 200 PLC 的通信方式

S7 - 200 PLC 系统支持的主要通信方式有以下所述的几种：

（1）PPI：西门子专为 S7 - 200 PLC 系统开发的通信协议。

（2）MPI：S7 - 200 PLC 可以作为从站与 MPI 主战通信。

（3）PROFIBUS - DP：通过扩展 EM277 通信模块，S7 - 200 PLC CPU 可以作为 PROFIBUS - DP 从站与主站通信。最常见的主站有 S7 - 300/400 PLC 等，这是与它们通信的最可靠的方法之一。

（4）以太网通信：通过扩展 CP243 - 1 或 CP243 - 1 IT 模块可以通过以太网传输数据，而且支持西门子的 S7 协议。

（5）AS - Interface：扩展 CP243 - 2 模块，S7 - 200 PLC 可以作为传感器—执行器接口网络的主站，读写从站的数据。

（6）自由口：S7 - 200 PLC CPU 的通信口还提供了建立在字符串行通信基础上的"自由"通信能力，数据传输协议完全由用户程序决定。通过自由口方式，S7 - 200 PLC 可以与串行打印机、条码阅读器等通信。而 S7 - 200 PLC 的编程软件也提供一些通信协议库，如 USS 协议库和 MODBUS RTU 从站协议库，它们实际上也使用了自由口通信功能。

三、通信协议和通信网络

　　只有当通信端口符合一定的标准时，直接连接的通信对象才有可能互相通信。一个完整的通信标准包括通信端口的物理、电气特性等硬件规格定义以及数据传输格式的约定，或者也可以称为通信协议。

　　在实际使用中，一种硬件设备可以传输多种不同的数据通信协议；一种通信协议也可以在不同的硬件设备上传输。后者需要通信硬件转换接口，有很多设备可以提供这类转换，如 RS - 485 电气通信端口到光纤端口的转换模块。

　　简单的通信协议或者硬件条件支持一对一的通信，而有些硬件配合比较复杂的通信协议，可以实现网络通信，即在连接到同一个网络上的多个通信对象之间的传输数据信息。网络通信需要硬件设备和网络通信协议的配合。

　　在 S7 - 200 PLC 系统中最常见的网络通信是基于"令牌环"的工作机制。通信主站之间传递令牌，分时控制整个网络上的通信活动，读/写从站的数据。主站和从站都通过不同的地址（站号）来区分。不同的通信设备的能力也不同，西门子提供全线网络产品以支持不同的通信设备，可根据需要选用以达到最高的性价比。

1. 工业以太网

　　工业以太网是用于 SIMATIC NET 开放通信系统的过程控制级和单元级的网络。物理上，工业以太网是一个基于屏蔽的、同轴双绞线的电气网络和光纤光学导线的光网络。工业以太网是由国际标准 IEEE 802.3 定义的。

　　通过以太网扩展模块（CP243 - 1）或互联网扩展模块（CP243 - 1 IT），S7 - 200 PLC 将能支持 TCP/IP 以太网通信。CP 243 - 1 IT 互联网模块是用于连接 S7 - 200 PLC 系统到工业以太网（IE）的通信处理器。可以使用 STEP7 - Micro/WIN，通过以太网对 S7 - 200 PLC 进行远程组态、编程和诊断。S7 - 200 PLC 可以通过以太网和其他 S7 - 200、S7 - 300 PLC 和

S7-400 PLC控制器进行通信。它还可以和OPC服务器进行通信。

要通过以太网与S7-200 PLC通信，S7-200 PLC必须使用CP243-1（或CP243-1 IT）以太网模块，CP243-1 IT以太网模块外观如图12-2所示。

通过在CPU上扩展CP243-1/CP243-1IT模块，以太网具有以下特点：

（1）支持10/100Mbit/s工业以太网、支持半双工/全双工通信、TCP/IP。

（2）最多与8个服务器/客户端连接。

（3）与运行STEP7-Micro/WIN的计算机通信，支持通过工业以太网的远程编程服务。

（4）连接其他SIMATIC S7系列远程组件，例如，S7-300上的CP243-1，或其他CP243-1。

（5）通过OPC Server软件（PC Access、SIMATIC NET IE SOFTNET-S7）连接基于OPC的PC应用程序，如组态软件等。

图12-2 CP243-1 IT以太网模块外观

（6）支持集成的Web网页服务、E-mail、FTP服务等（仅CP243-1 IT）。

2. PPI网络

PPI（点对点接口）是西门子专门为S7-200 PLC系统开发的通信协议。PPI是一种主—从协议：主站设备发送数据读/写请求到从站设备，从站设备响应。从站不主动发信息，只是等待主站的要求，并且根据地址信息对要求做出响应。

PPI网络可以有多个主站。PPI并不限制与任意一个从站通信的主站数量，但是在一个网段中，通信站的个数不能超过32。

S7-200 PLC上集成的通信口支持PPI通信。不隔离的CPU通信口支持的标准PPI通信距离为50m，如果使用一对RS-485中继器，最远通信距离可以达到1100m。PPI支持的通信速率为6~9.6kbit/s、19.2kbit/s和187.5kbit/s。带中继器的网络结构如图12-3所示。

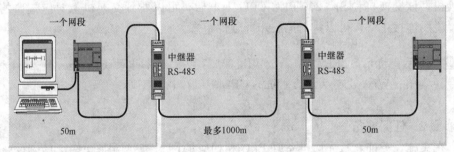

图12-3 带中继器的网络结构

 提示：运行编程软件STEP7-Micro/WIN的计算机也是一个PPI主站。要获得187.5kbit/s的PPI通信速率，必须有RS-232/PPI多主站电缆或USB/PPI多主站电缆作为编程接口，或者使用西门子的编程卡（CP卡）。

其他设备，如 TD200 文本显示器和 TP177Micro 触摸屏等人机操作界面设备（HMI），也可以通过 PPI 协议和 S7 - 200 PLC CPU 连接。

此外，PPI 通信还是最容易实现的 S7 - 200 PLC CPU 之间的网络数据通信。只需要编程设置主站通信端口的工作模式，然后就可以用网络读写指令（NETR/NETW）读写从站的数据。

任务一　PLC 的以太网通信

一、控制要求

两台 S7 - 200 PLC 之间实现基于 TCP/IP 协议的通信即数据交换。具体通信数据要求如下：将 A 站的 VB100 开始的 212 个字节写入到 B 站的同一内存区段。

二、任务实施

⊙ 步骤 1：任务分析

根据控制要求对任务进行分析，要进行数据交换，需要从硬件和软件两个方面考虑。首先，进行硬件的连接，即两 A、B 两台 PLC 通过以太网交换机和两根 RJ45 接口电缆（普通网线），组成以太网网络通信（见图 12 - 4）。

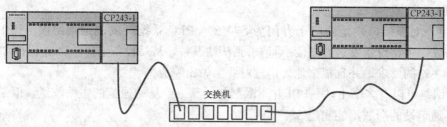

图 12 - 4　CP243 - 1 IT 以太网模块

如图 12 - 4 所示，两台 S7 - 200 PLC CPU 之后分别连了一个 CP243 - 1 的以太网模块。两个模块分别通过两根 RJ45 接口电缆接入交换机。交换机可以是 SCALANCE，也可以是普通交换机。该交换机和 S7 - 200 PLC CPU 上电后，可以看到交换机上对应端口的指示灯被点亮，说明连接正常，可以进行第二步即软件组态。

 提示：使用 STEP7 - Micro/WIN V3.2 以上版本中的 Ethernet Wizard 和 Internet Wizard 可以方便地组态 CP243 - 1/243 - 1 IT。

⊙ 步骤 2：任务准备

（1）在实施任务前，首先应准备好 PLC 和相应的网络搭建所需硬件，具体设备清单见表 12 - 1。

表 12 - 1　　　　　　　　　　　设备清单列表

序　　号	设备名称	型　　号	数　　量	备　　注
1	S7 - 200 PLC	CPU 226	2 台	S7 - 200 PLC 均可
2	编程计算机	配以太网卡	1 台	装 STEP7 - Micro/WIN3.2 以上版本

续表

序　号	设备名称	型　号	数　量	备　注
3	扩展模块	CP243 - 1	2个	CP243 - 1 IT 亦可
4	以太网交换机	4端口	1台	一般交换机即可
5	编程电缆	PC/PPI	1根	下载程序和组态画面
6	接口电缆	RJ45	3根	普通网线

　　首先用编程电缆将编程计算机与 A 站 PLC 连接，通过软件编程并下载程序到 CPU 中，之后，将编程计算机与 B 站 PLC 连接，通过软件编程并下载程序到 CPU 中。这样当两台 PLC 完成以太网配置之后，就可以接入以太网网络实现通过以太网的编程和诊断以及两台 PLC 基于以太网的数据交换。

 提示： 通信电缆可以使用 PROFIBUS - DP 线缆配合 DP 连接头使用，或者使用专门的串口通信线。有条件的话，可以使用带编程口的 DP 连接头，这样就可以使用 PC/PPI 电缆把编程用的 PC 连接到这个 PPI 通信网络中。

　　（2）软件平台搭建。使用一台装有 STEP7 - Micro/WIN 3.2 以上版本的和有以太网卡的计算机作为编程器，在该编程器上进行网络配置和编程。

　　◉ **步骤3：具体实施**

　　（1）按照图 12 - 4 所示搭建硬件网络。

　　（2）在 Micro/WIN 编程环境下，利用指令树里、向导中的"以太网"对 A 站进行通信配置。以太网配置向导如图 12 - 5 所示。

图 12 - 5　以太网配置向导

　　在图 12 - 5 中可以看到，除了"以太网"之外还有一个"因特网"的向导，它们两者的区别就是对应的模块不同，"以太网"对应的是 CP243 - 1 模块，而"因特网"对应的是 CP243 - 1 IT 模块，两者的组态步骤一致。单击"下一步"得到如图 12 - 6 所示的指定模块位置配置窗口。

　　在向导中需要确定模块的位置，这个位置是以 CPU 之后的第一个模块为 0 的规则来定义的，对于 S7 - 200 PLC 模块位置最多可以配置 6 个。当然也可以单击"读取模块"，在线

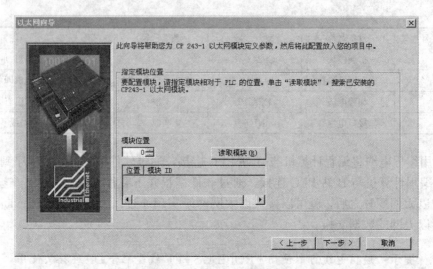

图 12-6　指定模块位置

读取模块的对应位置。单击"下一步"得到图 12-7 所示的指定模块地址配置窗口。

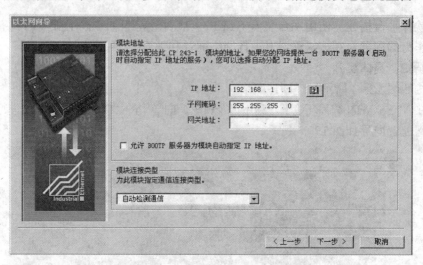

图 12-7　指定模块地址

在图 12-7 中设定 CP243-1 模块的 IP 地址，自定义适用的 IP 地址，本任务中定义为"192.168.1.1"，填写适用的子网掩码，本任务中定义为"255.255.255.0"。这是在以太网网络中找到模块的唯一标志，所以不能和其他的站点地址相冲突。选择模块的通信连接类型，使用系统默认的设置。同时，为了通信的正常进行，通信双方最好都在同一个网段上。单击"下一步"得到图 12-8 所示的指定命令字节和连接数目配置窗口。

图 12-8 的参数页中，模块命令字节和模块的实际位置是一一对应的，一般采用默认即可。配置模块的连接数目，是指该模块能够建立的连接数量，本任务选择"1"。单击"下一步"得到图 12-9 所示的配置窗口。

在这个属性窗口中，将连接 0 定义为客户机连接，即在此把 A 站 CPU 用作为客户机。本地 TSAP 地址自动生成无法修改，远程 TSAP 地址使用系统默认的设置即"10"。同时在

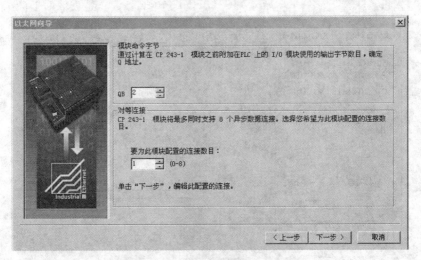

图 12 - 8 指定命令字节和连接数目

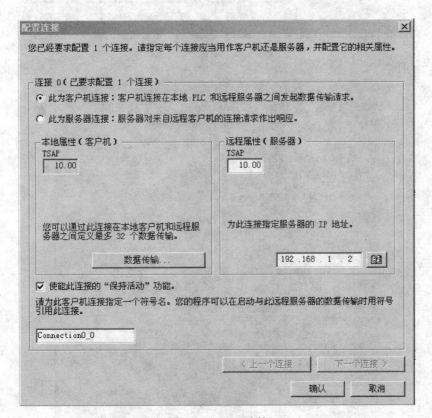

图 12 - 9 配置连接

本地属性中定义了唯一的服务器（B 站）IP 地址为"192.168.1.2"。为客户机连接指定一个符号名，本任务中选择默认配置。单击"数据传输"并在'配置 CPU 至 CPU 数据传输'窗口上单击"新传输"得到图 12 - 10 所示的添加数据传输配置窗口。

该窗口确认需要添加一个新数据传输，单击"是"得到图 12 - 11 所示的数据传输配置窗口。

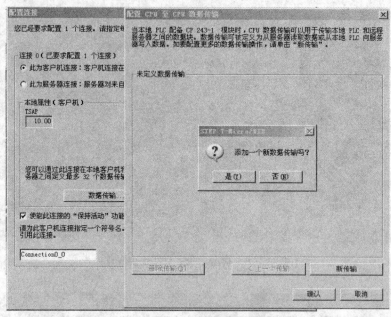

图 12-10 添加数据传输

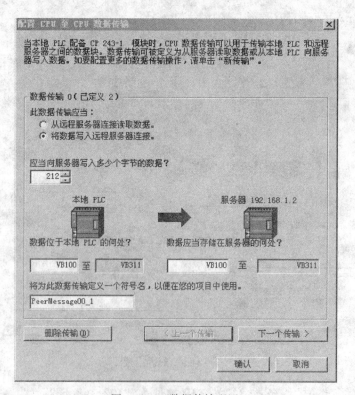

图 12-11 数据传输配置

图 12-11 定义的就是该连接下的不同传输，图中指示的就是将数据写入远程服务器，每个连接下最多可以定义 32 个数据传输，每个数据传输不论是读数据还是写数据，最大都只能是 212 个字节。单击"确认"得到图 12-12 所示的配置 CRC 保护和保持活动间隔窗口。

图 12 - 12　配置 CRC 保护和保持活动间隔

选择 CRC 保护，帮助保护模块配置不会被无意的存储区访问覆盖。但是，此保护也会阻止用户程序在运行时修改配置。设置"保持活动"的时间间隔，使用系统默认的设置值"30 秒"。单击"下一步"得到图 12 - 13 所示的为配置分配存储区窗口。

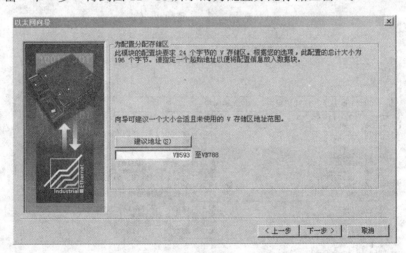

图 12 - 13　为配置分配存储区

选择一个未使用的 V 存储区来存放模块的配置信息，可以单击"建议地址"按钮，让系统来选定一个合适的存储区。单击"下一步"得到图 12 - 14 所示的生成项目组件配置窗口。

编辑此配置的名称，本任务中使用系统默认的名称"ETH 配置 0"。单击"完成"得到图 12 - 15 所示的完成配置窗口。

（3）在完成 A 站（客户机）以太网通信组态的各项配置后，编写程序。

在程序编写前，打开组态时自动生成的数据块和子程序"ETH0_CTRL"与"ETH0_XFR"的接口变量表，参数表如图 12 - 16 所示。

这里以参数表的形式记录了 A 站配置的信息。所以，对于向导配置的信息完全可以看成一个完整的表格，如图 12 - 17、图 12 - 18 所示。

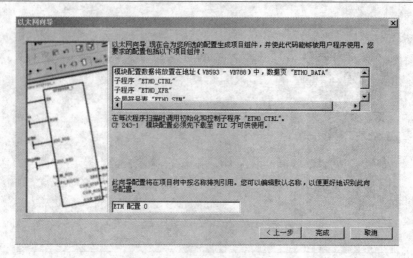

图 12-14　生成项目组件配置

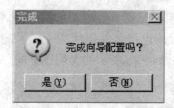

图 12-15　完成配置

```
//────────────────────────────────────────────────
// CP243-1 以太网模块配置块。由以太网向导生成。
//────────────────────────────────────────────────
VB593    'CP243'                    // 位于位置 0 的 CP243-1 以太网模块的模块 ID
VW598    16#006C                    // CDB 长度
VW600    16#0014                    // NPB 长度
VB602    16#01                      // 配置数据版本
VB603    16#00                      // 项目配置版本
VW604    16#0000                    //
VW606    16#0004                    // 自动检测通信，用户配置 IP 地址，CRC 保护位
VD608    16#C0A80101                // 模块（192.168.1.1）的 IP 地址
VD612    16#FFFFFF00                // 模块（255.255.255.0）的子网掩码地址。
VD616    16#00000000                // 网关地址（0.0.0.0）。
VW620    30                         // 以秒为单位的保持活动时间间隔
//──────────────────────────────── 连接 0
VB622    16#83                      // 客户机连接，保持活动已使能。
VD623    16#C0A80102                // 此连接的服务器的地址（192.168.1.2）。
VW627    16#1000                    // 此连接的本地 TSAP（10.00）。
VW629    16#1000                    // 此连接的远程 TSAP（10.00）。
//──────────────────────────────── 连接 1
VB631    16#00                      // 连接未定义。
VD632    16#00000000                //
VW636    16#0000                    //
VW638    16#0000                    //
//──────────────────────────────── 连接 2
VB640    16#00                      // 连接未定义。
VD641    16#00000000                //
VW645    16#0000                    //
VW647    16#0000                    //
//──────────────────────────────── 连接 3
VB649    16#00                      // 连接未定义。
VD650    16#00000000                //
VW654    16#0000                    //
VW656    16#0000                    //
//──────────────────────────────── 连接 4
VB658    16#00                      // 连接未定义。
VD659    16#00000000                //
VW663    16#0000                    //
VW665    16#0000                    //
//──────────────────────────────── 连接 5
VB667    16#00                      // 连接未定义。
VD668    16#00000000                //
VW672    16#0000                    //
VW674    16#0000                    //
```

图 12-16　参数表

	符号	变量类型	数据类型	注释
	EN	IN	BOOL	
		IN		
		IN_OUT		
L0.0	CP_Ready	OUT	BOOL	CP243-1 模块准备就绪
LW1	Ch_Ready	OUT	WORD	通道准备就绪位
LW3	Error	OUT	WORD	错误字
		OUT		
		TEMP		

图 12-17　子程序"ETH0_CTRL"接口变量表

	符号	变量类型	数据类型	注释
	EN	IN	BOOL	
L0.0	START	IN	BOOL	如果 CP243-1 不忙,向其发送命令
LB1	Chan_ID	IN	BYTE	客户机通道 ID 号码(0-7)
LB2	Data	IN	BYTE	需要发送的信息 ID 号码(0-31)
L3.0	Abort	IN	BOOL	1 = 取消
		IN		
		IN_OUT		
L3.1	Done	OUT	BOOL	当 CP243-1 完成命令时为'1'
LB4	Error	OUT	BYTE	来自 CP243-1 模块的错误状态
		OUT		
		TEMP		

图 12-18　子程序"ETH0_XFR"接口变量表

　　仔细阅读这些参数表,了解各个参数的具体含义。在主程序中添加子程序"ETH0_CTRL"和"ETH0_XFR"。如图 12-19 所示,并通过 PC/PPI 电缆将该项目下载到 A 站(客户机)PLC 中。

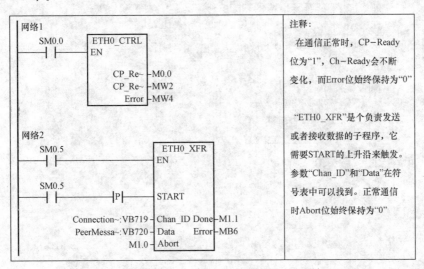

图 12-19　主程序

　　至此,客户机(A 站)侧的组态和编程就完成了。

　　(4)对服务器进行组态和编程。

　　服务器的组态和客户机的组态大体上是一致的,但在以下几方面有差别:

　　1)地址分配不同。指定模块地址如图 12-20 所示。和客户机的 IP 地址不同,这里指定服务器的 IP 地址是:"192.168.1.2"。

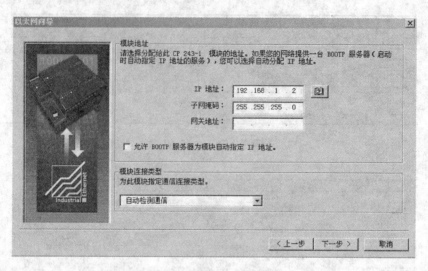

图 12 - 20 指定模块地址

2）配置连接不同。配置连接如图 12 - 21 所示。此连接选择为"服务器连接"，服务器对来自远程客户机的连接请求作出相应。并指定通信伙伴方的 IP 地址。

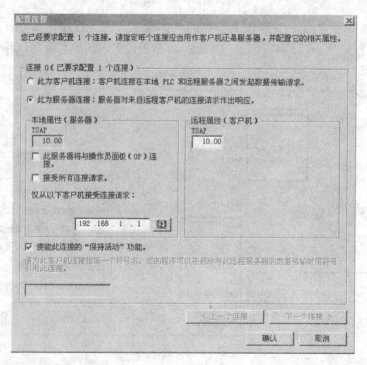

图 12 - 21 配置连接

3）生成子程序不同。生成项目组件如图 12 - 22 所示。服务器配置自动生成子程序"ETH0_CTRL"，同样在编写服务器程序时，需要调用此子程序，在调用子程序之前，注意了解配置后数据块中的信息及子程序中的符号变量表，以便顺利完成服务器程序的编写，并下载至服务器（B 站）CPU 中。服务器主程序如图 12 - 23 所示。

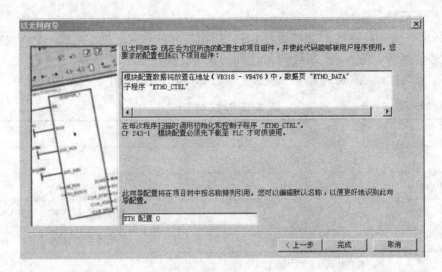

图 12-22　生成项目组件

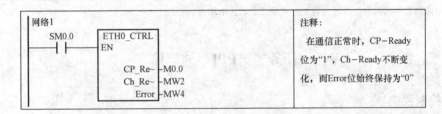

图 12-23　服务器主程序

服务器和客户机的程序块、数据块都分别下载到 CPU 之后，启动 PLC，硬件连接和运行正常后，进入下一步。

（5）分别将 A、B 站 PLC 切换到运行状态，进行测试。

⚙️ **步骤 4：任务测试**

测试的主要目的是检测网络搭建是否成功、数据传输是否符合要求，从而对网络参数和程序进行不断优化和调整，测试的步骤如下：

（1）PLC 运行正常。

（2）在 A 站 PLC 项目程序的状态表中，强制给出 VB100～VB311 任意字节数值，监控 B 站 PLC 的状态表，观察与 A 站所对应的存储区是否和 A 站所给出的数值一致。

⚙️ **步骤 5：总结分析**

学习了 S7-200 PLC 之间的以太网网络搭建，在任务的设计和实施过程中，需要注意以下问题：

（1）服务器和客户机之间组态上的差别。

（2）各站在所搭建网络中的 IP 地址不能冲突，最好在同一个网段中。

（3）组态生成数据块中信息的理解和分析。

（4）在 S7-200 PLC CPU 中，TSAP 的定义规则是：①T-SAP 的第一个字节是 10＋连接数目；②T-SAP 的第二个字节是模块位置。

三、任务拓展

在两台 S7 - 200 系列 PLC 之间通过 RS - 485 电缆和一台交换机，组成一个以太网通信网络，通过通信网络实现 A、B 两台 PLC 之间的数据交换。

网络组态具体训练任务控制要求见表 12 - 2，分别编写程序并下载到客户机与服务器中。

表 12 - 2   训 练 任 务 控 制 要 求

配置项目	A 站		B 站	
IP 地址	192.168.100		192.168.101	
连接数	至少 2 个		至少 2 个	
连接 1	服务器		客户机	数据传输 1：VW32 写入 VW132
				数据传输 2：读取 VW132 存入 VW32
连接 2	客户机	数据传输 1：VD100 写入 VD200	服务器	
		数据传输 2：读取 VD200 存入 VD300		

注 表中未提及到的配置要求，自行配置或取系统默认值即可。

任务二 PPI 通 信

一、控制要求

两台 S7 - 200 系列 PLC 之间通过 RS - 485 电缆，组成一个使用 PPI 协议的通信网络。
通过通信网络实现 A、B 两台 PLC 之间的数据交换。具体要求：将 A 站的 I0.0~I0.7 的状态映射到 B 站的 Q0.0~Q0.7，将 B 站的 I0.0~I0.7 的状态映射到 A 站的 Q0.0~Q0.7。

二、任务实施

◉ 步骤 1：任务分析

根据控制要求对任务进行分析，要进行数据交换，需要从硬件和软件两个方面进行考虑。首先，进行硬件的连接，即将 A、B 两台 PLC 的网络通信连接，A 台 PLC 的 Port0 口接 B 台 PLC 的 Port0 口，PPI 网络连接示意图如图 12 - 24 所示。

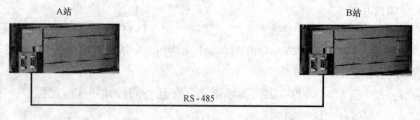

图 12 - 24 PPI 网络连接示意图

 提示：两台 PLC 进行 PPI 通信连接时，Port0 口和 Port1 口可以随意连接。但必须与系统块配置中的端口 0 和端口 1 一致。

　　然后，在 STEP7 - Micro/WIN 编程环境中，单击浏览条下的系统块，在系统块窗口中，对两台 PLC 进行系统配置。A 站系统配置如图 12 - 25 所示，B 站系统配置如图 12 - 26 所示。

　　通过系统块将 A 站端口 0 地址配置为 2。

　　通过系统块将 B 站端口 0 地址配置为 3。

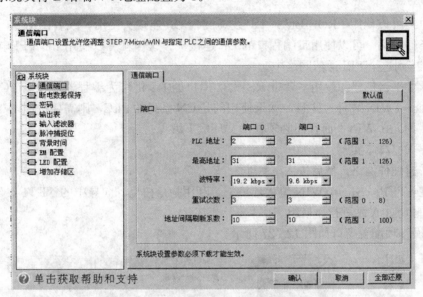

图 12 - 25　A 站系统配置

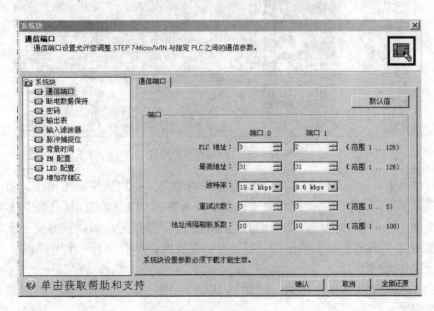

图 12 - 26　B 站系统配置

步骤 2：任务准备

　　（1）在实施任务前，首先应准备好 PLC 和相应的网络搭建所需硬件，具体设备清单见表 12 - 3。

表 12 - 3   设 备 清 单 列 表

序　　号	设备名称	型　　号	数　　量	备　　注
1	S7 - 200 PLC	CPU 226	2 台	S7 - 200 PLC 均可
2	通信电缆	RS - 485	1 条	用于网络搭建
3	编程电缆	PC/PPI	1 条	下载程序和组态画面

通信电缆可以使用 PROFIBUS - DP 线缆配合 DP 连接头使用，或者使用专门的串口通信线。有条件的话，可以使用带编程口的 DP 连接头，这样就可以使用 PC/PPI 电缆把编程用的 PC 连接到这个 PPI 通信网络中。

（2）软件平台搭建。使用一台带 RS - 232 串口的 PC 机作为编程器，在该 PC 机上安装 STEP7 - Micro/WIN 软件，注意，如果使用的是 CN 系列的 PLC，则需要按照 4.0 版本以上的 STEP7 - Micro/WIN，而且还必须在中文环境下编程。

◉ 步骤 3：具体实施

（1）搭建硬件网络，然后进入下一步。

（2）在 STEP7 - Micro/WIN 编程环境下，利用指令树里、向导中的 NETR/NETW（网络读/网络写）对 A 站进行通信组态。

读/写操作项配置窗口如图 12 - 27 所示。

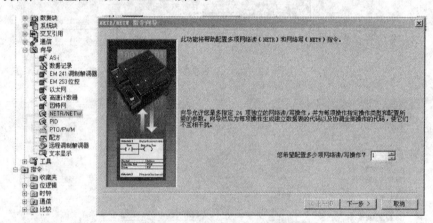

图 12 - 27   读/写操作项配置

这个窗口用来确定这个通信过程中读/写操作的数量。一项网络读写操作，指的是一段连续地址或者单个地址单元的读或写操作。例如分别发送 VB1 和 VB3 从 A 站到 B 站，这就是两次写操作，但如果发送从 VB1 开始的连续的三个字节单元，那就只需要一次写操作即可。不同项的读/写操作在后面的组态过程是分开完成的，单击"下一步"得到图 12 - 28 所示 PLC 通信端口配置窗口。

这个 PLC 端口配置应该与图 12 - 25 中 A 站端口一致。单击"下一步"得到图 12 - 29 所示数据相关配置窗口。

该窗口对操作类型、数据大小、远程 PLC 地址和数据地址进行定义和配置。由于要求将 A 站的 I0.0～I0.7 的状态映射到 B 站的 Q0.0～Q0.7，对 A 站来说，应该是执行写操作（NETW）；数据为 1 个字节；远程 PLC 即 B 站 PLC，地址为 3；数据存取位置分别为 IB0 和 QB0。单击"下一步"得到图 12 - 30 所示的 V 存储区地址范围配置窗口。

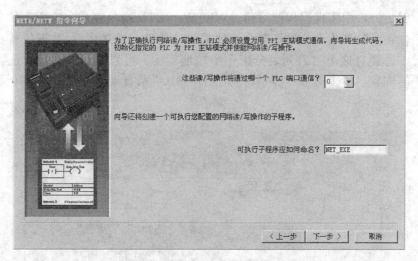

图 12 - 28　PLC 通信端口配置

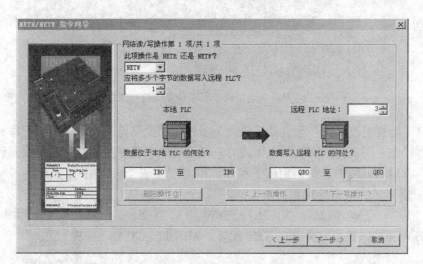

图 12 - 29　数据相关配置

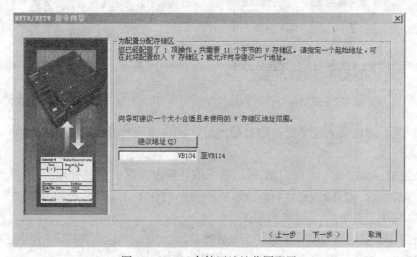

图 12 - 30　V 存储区地址范围配置

在 S7 - 200 PLC中实现远程读写通过 NETW/NETR 指令完成，这两个指令都需要一个参数列表，在参数列表中会详细包含本地的 PPI 地址、发送读/写数据数量及地址单元等，在向导中需要对这个参数列表分配一个地址范围。可以通过"建议地址"按钮改变存储区范围的配置。单击"下一步"得到图 12 - 31 所示自动生成子程序和全局符号表配置窗口。

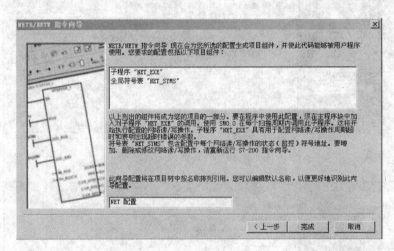

图 12 - 31　自动生成子程序和全局符号表配置

该窗口不需要更改，向导会自动生成一个子程序和全局符号表，这个子程序和全局符号表属于加密状态，用户无法阅读到具体内容，但是可以在程序块和符号表中找到该子程序和符号表，在以后的编程中需要调用该子程序。单击"完成"得到图 12 - 32 所示完成向导配置确定窗口。

单击"是"，完成 A 站的 NETR/NETW 通信组态。NETR/NETW 下一级菜单中会出现 NET 配置，如图 12 - 33 所示。

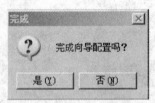

图 12 - 32　完成向导配置确定

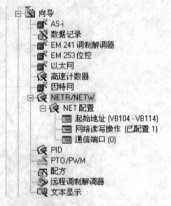

图 12 - 33　完成向导配置

NET 配置下的几个关键配置，如起始地址、网络读写操作和通信端口都可以双击重新进行配置。

（3）在完成 A 站 NETR/NETW 通信组态的各项配置后，编写程序。

在程序编写前，打开组态时自动生成的子程序"NET_EXE"，可以看到如图 12 - 34 所示的子程序"NET_EXE"变量声明表。

仔细阅读这个变量声明表，了解各个参数的具体含义。在主程序中添加程序，如图 12 - 35 所示，并通过 PC/PPI 电缆将该项目下载到 A 站 PLC 中。

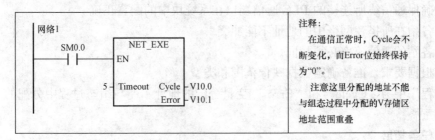

	符号	变量类型	数据类型	注释
	EN	IN	BOOL	
LW0	Timeout	IN	INT	0 = 不计时；1-32 767 = 计时值（秒）
		IN		
		IN_OUT		
L2.0	Cycle	OUT	BOOL	所有网络读/写操作每完成一次时切换状态
L2.1	Error	OUT	BOOL	0 = 无错误；1 = 出错（检查 NETR/NETW 指令缓冲区状态字节以获取错误代码）
		OUT		
		TEMP		

图 12 - 34　子程序"NET_EXE"变量声明表

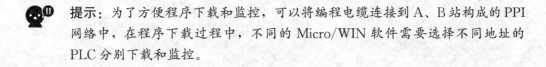

图 12 - 35　主程序

（4）以同样的方法对 B 站 PLC 进行网络通信配置和编程，并下载项目到 B 站 PLC 中（注意其中的通信伙伴地址即 A 站 PLC 地址）。

（5）分别将 A、B 站 PLC 切换到运行状态，准备进行测试。

> **提示**：为了方便程序下载和监控，可以将编程电缆连接到 A、B 站构成的 PPI 网络中，在程序下载过程中，不同的 Micro/WIN 软件需要选择不同地址的 PLC 分别下载和监控。

◉➜ 步骤4：任务测试

测试的主要目的是检测网络搭建是否成功、数据传输是否符合要求，从而对网络参数和程序进行不断优化和调整，测试的步骤如下：

（1）PLC 运行正常，程序在线监控。

（2）在 A 站 PLC 上给 I0.0、I0.1 和 I0.2 分别接入 DC24V 电源，其输入数据状态如图 12 - 36 所示。

（3）观察 B 站 PLC 上对应的 Q0.0、Q0.1 和 Q0.2 的输出状态指示灯状态。如果网络搭建和程序输入正确，B 站 PLC 输出数据状态应如图 12 - 37 所示。

图 12 - 36　A 站 PLC 输入数据状态　　　　图 12 - 37　B 站 PLC 输出数据状态

（4）与此同时，测试 B 站向 A 站传送数据，在 B 站 PLC 上给 I0.4、I0.5 和 I0.6 分别接入 DC24V 电源，其输入数据状态如图 12 - 38 所示。

（5）观察 A 站 PLC 上对应的 Q0.4、Q0.5 和 Q0.6 的输出状态指示灯状态。如果网络搭建和程序输入正确，A 站 PLC 输出数据状态应如图 12 - 39 所示。

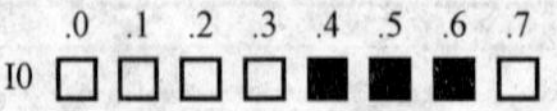

    图 12-38 B 站 PLC 输入数据状态 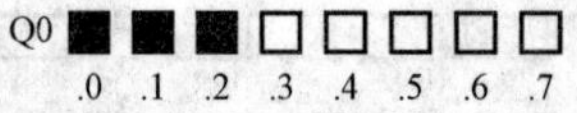   图 12-39 A 站 PLC 输出数据状态

◉ 步骤 5：任务总结

学习了 S7-200 之间的点对点网络搭建之一，在任务的设计和实施过程中，需要注意以下问题：

（1）确保通信线所连接的 PLC 通信端口在系统块中的配置正确。

（2）各站在所搭建网络中的地址不能冲突。

（3）各站的通信速率必须相同。

（4）根据要求，准备确定数据映像范围和类型。

（5）程序中为"Cycle"和"Error"变量分配的地址不能与组态过程中分配的 V 存储区地址范围重叠。

三、任务拓展

在两台 S7-200 系列 PLC 之间通过 RS-485 电缆，组成一个使用 PPI 协议的通信网络。通过通信网络实现 A、B 两台 PLC 之间的数据交换。

具体要求：将 A 站的 VW200 写到 B 站的 VW100、A 站的 VW202 写到 B 站的 VW102，在 B 站完成"VW100＋VW102＝VW104"，并将 B 站的 VW104 读到 A 站的 VW204。

模块十三　自动化生产线综合控制

【模块概述】

　　生产线（Product Line）就是产品生产过程所经过的路线，即从原料进入生产现场开始，经过加工、运送、装配、检验等一系列生产活动所构成的路线。按照自动化程度的高低，可以简单区分为自动化生产线和非自动化生产线。自动化生产线就是由自动执行装置（包括各种执行器件、机构，如电机、电磁铁、电磁阀、气动、液压器件等），经过各种检测装置（包括各种检测器件、传感器、仪表等），检测各装置的工作进程，工作状态，经逻辑、数理运算、判断，按生产工艺要求的程序，自动进行生产作业的流水线。简单地说就是通过一个控制器，例如 PLC，收集各种现场的信息，然后以此为依据判断出生产线当前的状态，并发出相应的控制输出给各种自动执行机构来完成特定的生产任务。

　　实现对自动化生产线的综合控制，就是要充分利用各种数据采集、处理的方法，结合通信功能，实现多站之间的协同工作，更好地实现对生产流程的管理。在前面的模块中，针对各种编程指令、传感器信号处理、网络通信等内容已经进行了探讨；在本模块中，就某一特定的生产线完成硬件组装、任务分析、程序编写、项目调试等多项工作。

【学习目标】

　　作为一个综合性的应用模块，除了要有一些理论上的知识收获外，更重要的是要通过学习和动手实践来培养各种基本能力，本模块的学习目标主要有以下几方面：

　　（1）了解自动化生产线的特点。

　　自动化生产线和常规的单体设备控制有很大的区别，这种区别的存在直接决定了自动化生产线的控制系统的体系架构都有别于简单的小设备控制。

　　（2）学会从工艺要求中分析出控制要求。

　　自动化生产线首先是一个生产环节，其次才是一个自动化系统，所以其本质就是它需要完成的工艺功能。工艺功能是从生产的角度提出的要求，如何将其转换为控制要求，也是一个很有用的基本技能。

　　（3）初步掌握简单自动化生产线控制系统的设计和调试。

　　控制系统的设计包含控制任务的提出、各种资料数据的准备、程序的编制以及实施流程的规划等等。掌握这些技能可以养成良好的工程实施习惯，也是一个控制系统能够成功完成的前提保障。

任务一　货物分拣仓储系统控制

一、控制要求

　　工厂中的某一生产线要求将生产的货物，按照颜色和材质的不同分拣到不同的仓储系统中，这些产品主要有黄色和蓝色两种，每种颜色又分为塑料和金属两种材质。

根据需求，生产线首先要建立传送过来的新货物的"档案"，即了解新货物的颜色和质地，将这些数据送到监控中心，同时还需把这些数据报告给其他相关的系统站。获得了完整的信息之后，还需要把货物送到指定的位置上为后续的搬运做准备。其流程如图 13 - 1 所示。

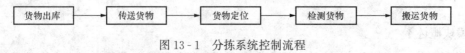

图 13 - 1　分拣系统控制流程

得到了新货物的详细属性信息之后，就需要按照颜色和材质来区分不同的货物，即将不同的货物送到不同的仓库中。每个仓库只能存放一种货物，当仓库满仓时，能够自动寻找下一个空缺的仓位，并在系统中给该仓位分类。如果系统发现没有空缺的仓位，发出报警提示系统仓位已经满了，要求清仓；当所有仓位都满时，系统停止运行，待清仓后再运行。

设计一个满足上述控制要求的自动控制系统，要求包括变速控制、定位控制和网络通信等内容。

二、任务实施

➲ 步骤 1：任务分析

从上述控制要求中不难发现，针对货物的处理大致可以分为分拣和仓储两大部分，所以在设计系统结构时，需要选择两套 PLC 控制系统，分别承担货物分拣和货物分类存储两大功能。这两个子系统是有联系的：其一，两套系统都是需要和上位监控设备通信的，接收来自上位监控设备的指令，并实时把本子系统内的工作状态汇报上去；其二，分拣系统里通过多个传感器得到的货物信息直接决定了该货物的存储位置，这些信息是需要交换的；其三，两个子系统通过一个搬运环节联系在一起的，如何避免搬运环节出错，例如甲货物还没有完成存储，而乙货物就已经进入到了搬运环节等，这中间的协调是必不可少的。从这几点来看，在两个子系统之间建立网络通信是必需的。

货物从生产环节过来进入货物分拣系统，需要使用传送带来负责运送的，而传送带的本质就是依靠电动机的旋转来提供动力的。货物在传送过程中并不都是匀速的，从生产环节进入检测区，需要以低速运动的，以保证检测信号的准确性。而离开检测区，进入待搬运区，则是可以快速运送的。

与在分拣系统中的传送带类似，仓储系统中的货物入仓也是靠传送带来完成的，不同的是，这里的传送带是需要实现定位功能的，因为从参考起始位置开始，不同类别货物对应的存储仓的入口位置是不一样的，需要传送带根据分拣系统送来的数据准确地将货物送至对应的存储仓里。这既需要添加旋转编码器来实现电机的定位控制。

货物分拣功能则是需要通过选择合适的传感器来完成的，例如选用色标传感器就可以检测到特定颜色的货物。

仓储系统要求将不同的货物送到不同的仓库中，其他的一些基本设备，例如仓库和运行导轨等硬件设备也是必须具备的。货物入仓、生产设备入分拣系统等需要相应的气缸等机构来完成，相应的，诸如电磁阀、空气压缩机等也是应该配备的。

综合以上的分析，本自动控制系统可以从以下三方面进行设计，即控制单元、材料分拣子系统和平面仓储子系统。鉴于测试方便，可以考虑将所有接口都引到专用的接口板上，这样整个自动控制系统将由四部分组成，如图 13-2 所示。每个子系统的具体硬件设备介绍如下。

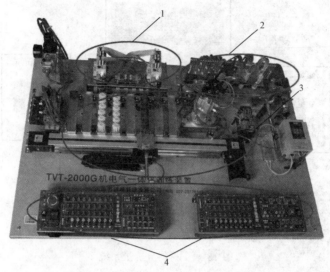

图 13-2　系统结构图
1—控制单元；2—材料分拣子系统；3—平面仓储子系统；4—接口单元

1. 控制单元

控制单元如图 13-3 所示，它由两台 PLC 组成，这是本系统的核心。要求所有的主机必须具备网络功能、高数计数功能、脉冲输出功能、PWM 输出功能等。

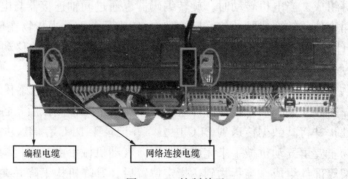

编程电缆　　网络连接电缆

图 13-3　控制单元

2. 材料分拣子系统

材料分拣子系统由传送带单元、机械手单元、传感器单元、井式出料单元、变频器单元等部件构成，其部件的结构示意图如图 13-4 所示。

它所完成的各项控制任务是：货物出库、传送货物、货物定位、检测货物和搬运货物。

（1）货物出库主要由井式出料单元来完成其过程。井式出料单元主要由井式储料塔、推料气缸、传感器检测单元等组成。井式储料塔用于存放待检测货物，推料气缸用于将货物从储料塔送入到传送带上面去。传感器单元主要是用于检测货物存储情况以及对系统运行过程进行监控。

当物料进入到储料塔中时，推料气缸就会在系统的控制下将货物送入到传送带上去。

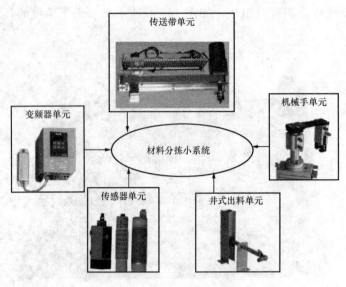

图 13-4   材料分拣子系统

（2）传送货物主要由传送带单元来完成其过程。传送带单元由交流电机、带式传动机构、传感器定位单元、旋转编码器单元等组成。交流电机采用变频器进行控制，利用 PLC 本身自带的 PWM 功能进行调速控制。当系统需要处理的货物数目较多时，传送带速度提高，否则速度减小。

（3）货物定位主要由旋转编码定位单元来完成其功能。旋转编码定位单元由旋转编码器、同轴连接器等组成。当电机转动时，旋转编码器也通过同轴连接器与电机保护同步，同时将电机旋转的角度位移转换成脉冲信号反馈到 PLC 单元中去。当货物在传送带上运行时，通过 PLC 的高速计数功能就能够准确计算输入的脉冲数来识别货物的移动距离，从而实现定位控制。

（4）检测货物主要由传感器单元来完成其过程。传感器单元由电感传感器、电容传感器、颜色传感器、安装支架、网孔板等部件组成。当货物进入检测区后，各检测元件分别检测货物的材质属性，并将其数据传送到 PLC 中去，并记录于 PLC 存储区中。

（5）搬运货物主要由气动机械手来完成其过程。气动机械手由升降机构、旋转机构、夹紧机构、安装支架等部件组成。当货物到达指定位置后，升降机构下降并夹紧货物，运动到位后旋转到下一工位完成搬运过程。

3. 平面仓储子系统

平面仓储子系统由平面仓库系统、直线导轨送料单元、步进电机单元、气动单元、传感器单元等组成，其结构示意图如图 13-5 所示。

在直线导轨上总共有十个运动工位，分别为原点、接货区、仓位 1 区、仓位 2 区、仓位 3 区、仓位 4 区、仓位 5 区、仓位 6 区、仓位 7 区和仓位 8 区，其示意图如图 13-6 所示。

4. 接口单元

接口单元由货物分拣系统接口板和平面仓储系统接口板组成。该单元将所有元器件的接口都引到面板上。进行测试或实验时，只需要将相应的端子用安全接插线进行连接，省去了元器件接线的麻烦，接口单元结构如图 13-7 所示。

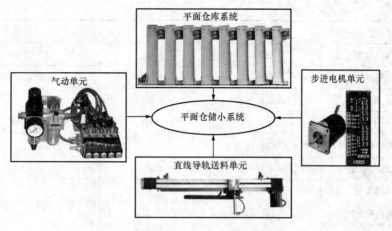

图 13-5 平面仓储子系统

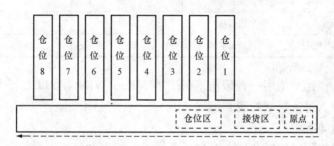

图 13-6 直线导轨仓位分布

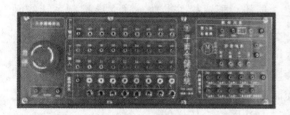 

图 13-7 接口单元

为了接线方便,所有接线端子的底座都用颜色进行标记。

步骤 2: 任务准备

(1) 在实施任务前,首先应准备好 PLC、各设备和相应的网络搭建所需硬件,具体设备见表 13-1。

表 13-1
设 备 清 单 列 表

序号	设备名称	型号	数量	备注
1	S7-200 PLC	CPU 226	2 台	S7-200 PLC 均可
2	编程计算机	配以太网卡	1 台	装 STEP7-Micro/Win3.2 以上版本
3	编程电缆	PC/PPI	1 根	下载程序和组态画面

续表

序号	设备名称	型号	数量	备注
4	接口电缆	RJ45	3 根	PROFIBUS 电缆
5	变频器单元	MM420	1 台	西门子/三菱均可
6	传送带单元	符合位置要求	1 条	
7	机械手单元	三维运动	一套	
8	井式出料单元	气动推杆	一套	
9	传感器单元	光电/电容/电感	一套	
10	气动单元	五组电磁阀组件	一套	
11	平面仓库系统	八仓位	一套	
12	步进电机单元	交流	一套	
13	直线导轨送料单元	符合位置要求	一套	
14	接口单元	满足所有接口	一套	
15	安全接插导线	两端可插	若干	

（2）软件平台搭建。使用一台装有 STEP7 - Micro/WIN 4.0 以上版本的计算机作为编程器，在该编程器上进行网络配置和编程。

⊜ **步骤 3：具体实施**

根据设备清单进行硬件搭建后，对各子系统进行编程和网络设置。

1. 控制单元

参考模块九中 PPI 网络通信相关知识和建立步骤，配置相关参数、建立该控制系统的网络连接和程序调用，在此不再赘述。

分拣系统通过多个传感器获得货物的档案信息，这些信息决定了仓储系统中的一些关键动作，例如仓储系统中的传送带根据货物的类别决定下一次的定位位置。当然，由货物类别标示来选择定位位置的程序可以在分拣系统控制单元中完成，也可以在仓储系统的控制单元中来做，但不论哪种方式，这些数据是需要通过 PPI 网络来传送的。

为保证整条生产线的连续性，仓储系统是时刻在等待分拣系统的完成指令的，同时仓储系统是也需要实时将自己的工作状态报告给分拣系统。标准流程下，分拣系统完成了货物检测并将货物移送至待搬运点之后，会发出信号使机械手动作，将货物移放至仓储传送带上，在机械手顺利完成之后，分拣系统会给出一个完成指令给仓储系统，这个完成指令和仓储传送带上的物件检测传感器都可以出发一次仓储动作。类似地，仓储系统在完成工作之后会有一个传送带复位的动作，当这个动作完成了，仓储系统也会告知分拣系统，使其可以触发机械手的动作了。

控制单元还需要实现对仓储系统里的传送电动机的定位控制，其中需要使用高速计数器来获得传送带的传送位置，具体使用可以参考前文相关章节。

2. 材料分拣系统

根据控制要求，材料分拣系统的动作过程如图 13-8 所示。

根据此动作过程，可编写符合控制要求的子系统程序，详见附录一。

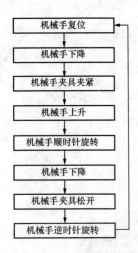

图 13-8　材料分拣子
系统动作过程

相应的分拣子系统符号见表 13-2。

表 13-2　　　　　　　　　分 拣 子 系 统 符 号 表

			符号	地址	注释
1			seg3	M20.7	电感
2			seg2	M20.6	电容
3			seg1	M20.5	颜色
4			one_ok	VB1010	1#站就绪
5			send_str	Q0.0	传送带启动
6			arm_dn	M20.1	手搬运完成
7			arm_str	M20.0	手搬运启动
8			busy1	M20.2	传送带上有货
9			ckqg	Q0.2	出库气缸
10			dn_up	Q0.4	手升降
11			cl_pa	Q0.3	手夹紧
12			circu	Q0.5	手旋转
13			net_erro	Q0.6	网络报警
14			yh	I0.0	有货信号
15			hdw	I0.1	货到位信号
16			colour	I0.3	颜色传感器
17			capture	I0.4	电容式传感器
18			inductance	I0.5	电感式传感器

3. 平面仓储系统

平面仓储子系统通过网络读取上一单元的工作信号及存储数据值，根据系统设定将不同标示的货物送入到不同的仓库中去，其控制流程如图 13-9 所示。

当材料分拣子系统进入工作状态后，平面仓储子系统自动完成复位操作，送料机构回到系统的原点。当机械手单元将货物移动到下一个单元时，系统将货物的属性标识、当前状态等数据传送到平面仓储子系统，平面仓储子系统就会根据参数进行控制，具体程序详见附录二。

相应的仓储子系统符号见表 13-3 所示。

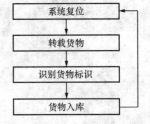

图 13-9　平面仓储控制流程

表 13-3　　　　　　　　　仓 储 子 系 统 符 号 表

			符号	地址	注释
1			one_ok	VB1010	1#站就绪
2			qy	Q0.3	汽缸
3			depot1	I0.0	1#库满检测
4			depot2	I0.1	2#库满检测
5			depot3	I0.2	3#库满检测
6			depot4	I0.3	4#库满检测
7			depot5	I0.4	5#库满检测
8			depot6	I0.5	6#库满检测
9			depot7	I0.6	7#库满检测
10			depot8	I0.7	8#库满检测
11			x_home	I1.0	原点
12			x_limit	I1.1	限位
13			cy	Q0.2	方向
14			net_err	Q0.6	无法联网报警
15			error	Q0.7	限位报警
16			full	Q0.5	库满报警
17			h	SM0.0	运行监视
18			PTO1_Stop	SM66.7	高速输出寄存器

说明：该控制系统建立的符号表是针对附录程序的，仅供参考。根据不同的 I/O 配置和具体程序要求完全可以自行建立不同的符号表，从而可以编制不同的控制程序。

任务二　YL - 335B 自动化生产线分拣单元控制

一、YL - 335B 自动化生产线介绍

YL - 335B 型自动化生产线实训考核装备由安装在铝合金导轨式实训台上的送料单元、加工单元、装配单元、输送单元和分拣单元五个单元组成。其外观如图 13 - 10 所示。

图 13 - 10　YL - 335B 外观

其中，每一工作单元都可自成一个独立的系统，同时也都是一个机电一体化的系统。各个单元的执行机构基本上以气动执行机构为主，但输送单元的机械手装置整体运动则采取步进电机驱动、精密定位的位置控制，该驱动系统具有长行程、多定位点的特点，是一个典型的一维位置控制系统。分拣单元的传送带驱动则采用了通用变频器驱动三相异步电动机的交流传动装置。位置控制和变频器技术是现代工业企业应用最为广泛的电气控制技术。

在 YL - 335B 设备上应用了多种类型的传感器，分别用于判断物体的运动位置、物体通过的状态、物体的颜色及材质等。传感器技术是机电一体化技术中的关键技术之一，是现代工业实现高度自动化的前提之一。

在控制方面，YL - 335B 采用了基于 RS - 485 串行通信的 PLC 网络控制方案，即每一工作单元由一台 PLC 承担其控制任务，各 PLC 之间通过 RS - 485 串行通信实现互连的分布式控制方式。用户可根据需要选择不同厂家的 PLC 及其所支持的 RS - 485 通信模式，组建成一个小型的 PLC 网络。小型 PLC 网络以其结构简单，价格低廉的特点在小型自动生产线仍然有着广泛的应用，在现代工业网络通信中仍占据相当的份额。另外，掌握基于 RS - 485 串行通信的 PLC 网络技术，将为进一步学习现场总线技术、工业以太网技术等打下良好的基础。

YL - 335B 各工作单元在实训台上的分布如图 13 - 11 的俯视图所示。

各个单元的基本功能如下：

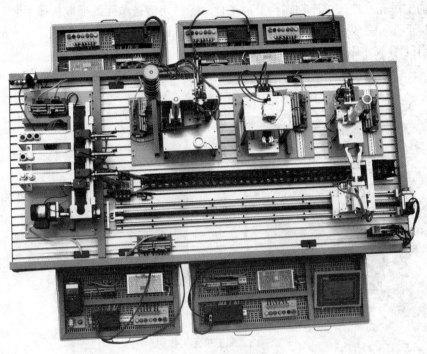

图 13-11 YL-335B俯视图

（1）供料单元：供料单元是 YL-335B 中的起始单元，在整个系统中，起着向系统中的其他单元提供原料的作用。具体的功能是：按照需要将放置在料仓中待加工工件（原料）自动地推出到物料台上，以便输送单元的机械手将其抓取，输送到其他单元上。图 13-12 所示为供料单元实物的全貌。

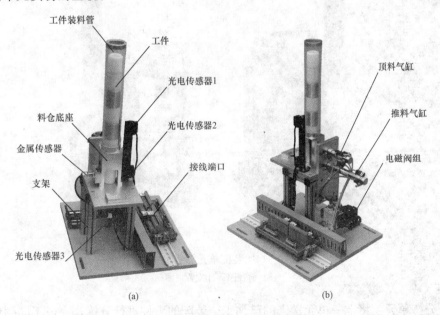

图 13-12 供料单元实物的全貌

(a) 正视图；(b) 侧视图

（2）加工单元：把该单元物料台上的工件（工件由输送单元的抓取机械手装置送来）送到冲压机构下面，完成一次冲压加工动作，然后再送回到物料台上，待输送单元的抓取机械手装置取出。图 13-13 所示为加工单元实物的全貌。

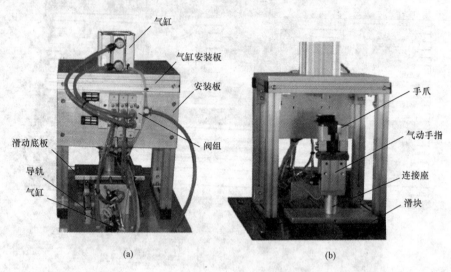

图 13-13　加工单元实物的全貌

(a) 背视图；(b) 前视图

（3）装配单元：将该单元料仓内的黑色或白色小圆柱工件嵌入到已加工的工件中的装配过程。装配单元总装实物图如图 13-14 所示。

图 13-14　装配单元总装实物图

(a) 前视图；(b) 背视图

（4）分拣单元：将上一单元送来的已加工、装配的工件进行分拣，完成不同颜色的工件从不同的料槽分流的功能。图 13-15 所示分拣单元实物的全貌。

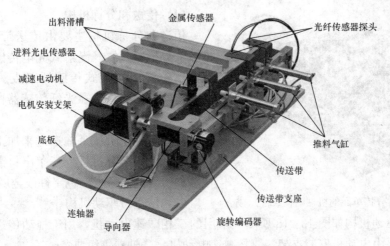

图 13-15 分拣单元实物的全貌

（5）输送单元：该单元通过直线运动传动机构驱动抓取机械手装置到指定单元的物料台上精确定位，并在该物料台上抓取工件，把抓取到的工件输送到指定地点然后放下，实现传送工件的功能。输送单元的外观如图 13-16 所示。

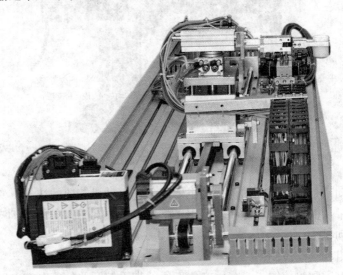

图 13-16 输送单元外观图

二、分拣单元介绍及控制要求

1. 分拣单元介绍

分拣单元是 YL-335B 中的最后单元，完成对上一单元送来的已加工、装配的工件进行分拣，使不同颜色的工件从不同的料槽分流。当输送站送来工件放到传送带上并为入料口光电传感器检测到时，即启动变频器，工件开始送入分拣区进行分拣。

分拣单元主要结构组成为传送和分拣机构、传送带驱动机构、变频器模块、电磁阀组、接线端口、PLC 模块、按钮/指示灯模块及底板等。其中，机械部分的装配总成如图 13-17 所示。

图 13-17　分拣单元的机械结构装配总成

（1）传送和分拣机构。

传送和分拣机构主要由传送带、出料滑槽、推料（分拣）气缸、漫射式光电传感器、光纤传感器、磁感应接近式传感器组成。传送已经加工、装配好的工件，在光纤传感器检测到并进行分拣。

传送带是把机械手输送过来加工好的工件进行传输，输送至分拣区。三条出料滑槽分别用于存放加工好的黑色、白色工件或金属工件。

（2）传送带驱动机构。

传送带驱动机构如图 13-18 所示。采用的三相减速电动机，用于拖动传送带从而输送物料。它主要由电动机安装支架、三相减速电动机、联轴器等组成。

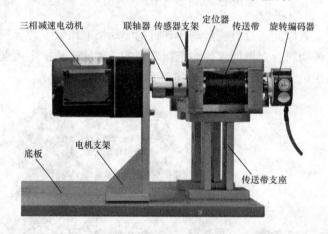

图 13-18　传送带驱动机构

三相减速电动机是传送带驱动机构的主要部分，电动机转速的快慢由变频器来控制，其作用是带动传送带从而输送物料。联轴器用于把电动机的轴和输送带主动轮的轴联接起来，从而组成一个传动机构。

（3）电磁阀组和气动控制回路。

分拣单元的电磁阀组使用了三个由二位五通的带手控开关的单电控电磁阀，它们安装在汇流板上。这三个阀分别对金属、白料和黑料推动气缸的气路进行控制，以改变各自的动作状态。

分拣单元气动控制回路工作原理如图 13-19 所示。图中，1A、2A 和 3A 分别为分拣一气缸、分拣二气缸和分拣三气缸。1B1、2B1 和 3B1 分别为安装在各分拣气缸的前极限工作位置的磁感应接近开关。1Y1、2Y1 和 3Y1 分别为控制 3 个分拣气缸电磁阀的电磁控制端。

2. 分拣单元控制要求

（1）设备的工作目标是完成对白色芯金属工件、白色芯塑料工件和黑色芯的金属或塑料工件进行分拣。为了在分拣时准确推出工件，要求使用旋转编码器作定位检测，并且工件材料和芯体颜色属性应在推料气缸前的适应位置被检测出来。

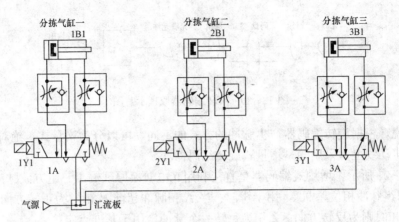

图 13 - 19　分拣单元气动控制回路工作原理图

（2）设备上电和气源接通后，若工作单元的三个气缸均处于缩回位置，则"正常工作"指示灯 HL1 常亮，表示设备准备好。否则，该指示灯以 1Hz 频率闪烁。

（3）若设备准备好，按下启动按钮，系统启动，"设备运行"指示灯 HL2 常亮。当传送带入料口人工放下已装配的工件时，变频器即启动，驱动传送带的三相减速电动机以频率固定为 30Hz 的速度，将工件带往分拣区。

（4）如果工件为白色芯金属件，则该工件对到达 1 号滑槽中间，传送带停止，工件对被推到 1 号槽中；如果工件为白色芯塑料，则该工件对到达 2 号滑槽中间，传送带停止，工件对被推到 2 号槽中；如果工件为黑色芯，则该工件对到达 3 号滑槽中间，传送带停止，工件对被推到 3 号槽中。工件被推出滑槽后，该工作单元的一个工作周期结束。仅当工件被推出滑槽后，才能再次向传送带下料。

（5）如果在运行期间按下停止按钮，该工作单元在本工作周期结束后停止运行。

三、任务实施

🔵 步骤 1：任务分析

从上述分拣单元控制要求中分析出，主要的技术难点如下：

（1）利用变频器对传送带的速度进行调整；

（2）利用旋转编码器检测传送带移动的距离；

（3）利用传感器组合识别工件的材质；

（4）利用触摸屏完成对分拣过程的监控。

下面简单介绍以上技术难点中的相关知识点。

（一）旋转编码器概述

旋转编码器是通过光电转换，将输出至轴上的机械、几何位移量转换成脉冲或数字信号的传感器，主要用于速度或位置（角度）的检测。典型的旋转编码器是由光栅盘和光电检测装置组成。光栅盘是在一定直径的圆板上等分地开通若干个长方形狭缝。由于光电码盘与电动机同轴，电动机旋转时，光栅盘与电动机同速旋转，经发光二极管等电子元件组成的检测装置检测输出若干脉冲信号，其原理示意图如图 13 - 20 所示；通过计算每秒旋转编码器输出脉冲的个数就能反映当前电动机的转速。

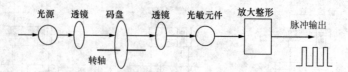

图 13-20　旋转编码器原理示意图

一般来说，根据旋转编码器产生脉冲的方式的不同，可以分为增量式、绝对式以及复合式三大类。自动线上常采用的是增量式旋转编码器。

如图 13-21 所示，增量式编码器是直接利用光电转换原理输出三组方波脉冲 A、B 和 Z相；A、B 两组脉冲相位差 90°，用于辨向：当 A 相脉冲超前 B 相时为正转方向，而当 B 相脉冲超前 A 相时则为反转方向。Z 相为每转一个脉冲，用于基准点定位。

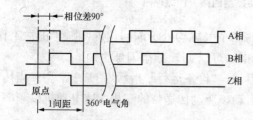

图 13-21　增量式编码器输出的三组方波脉冲

YL-335B 的分拣单元使用了这种具有 A、B 两相 90°相位差的通用型旋转编码器，用于计算工件在传送带上的位置。编码器直接连接到传送带主动轴上。该旋转编码器的三相脉冲采用 NPN 型集电极开路输出，分辨率 500 线，工作电源 DC 12～24V。本工作单元没有使用 Z 相脉冲，A、B 两相输出端直接连接到 PLC（S7-224XP AC/DC/RLY 主单元）的高速计数器输入端。

计算工件在传送带上的位置时，需确定每两个脉冲之间的距离即脉冲当量。分拣单元主动轴的直径为 $d=43\text{mm}$，则减速电机每旋转一周，皮带上工件移动距离 $L=\pi d=3.14\times43=136.35\text{mm}$，故脉冲当量 μ 为 $\mu=L/500\approx0.273\text{mm}$。

按如图 13-22 所示的安装尺寸，当工件从下料口中心线移动时：

移至传感器中心时，旋转编码器约发出 450 个脉冲；

移至第一个推杆中心点时，约发出 625 个脉冲；

移至第二个推杆中心点时，约发出 1000 个脉冲；

移至第二个推杆中心点时，约发出 1350 个脉冲。

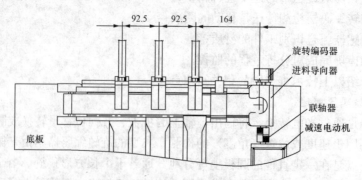

图 13-22　传送带位置计算用图

应该指出的是，上述脉冲当量的计算只是理论上的，实际上各种误差因素不可避免。例如传送带主动轴直径（包括皮带厚度）的测量误差、传送带的安装偏差、张紧度、分拣单元整体在工作台面上定位偏差等，都将影响理论计算值，因此理论计算值只能作为估算值。脉冲当量的误差所引起的累积误差会随着工件在传送带上运动距离的增大而迅速增加，甚至达到不可容忍的地步。因而在分拣单元安装调试时，除了要仔细调整尽量减少安装偏差外，尚需现场测试脉冲当量值。

现场测试脉冲当量的方法，如何对输入到 PLC 的脉冲进行高速计数，以计算工件在传送带上的位置，将结合本项目的工作任务，在 PLC 编程思路中介绍。

（二）西门子 MM420 变频器简介

1. MM420 变频器的安装和接线

西门子 MM420（MICROMASTER420）变频器是用于控制三相交流电动机速度的变频器系列。该系列有多种型号。YL-335B 选用的 MM420 订货号为 6SE6420-2UD17-5AA1，外形如图 13-23 所示。该变频器额定参数如下：①电源电压：380V～480V，三相交流；②额定输出功率：0.75kW；③额定输入电流：2.4A；④额定输出电流：2.1A；⑤外形尺寸：A型；⑥操作面板：基本操作板（BOP）。

（1）MM420 变频器的安装和拆卸。在工程使用中，MM420 变频器通常安装在配电箱内的 DIN 导轨上，安装和拆卸的步骤如图 13-24 所示。

1）安装的步骤如下：

用导轨的上闩销把变频器固定到导轨的安装位置上；

向导轨上按压变频器，直到导轨的下闩销嵌入到位。

图 13-23　变频器外形图

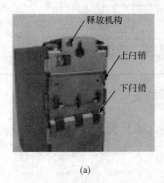

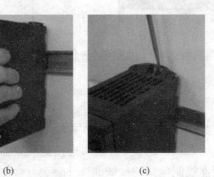

(a)　　　　　　　　(b)　　　　　　　　(c)

图 13-24　MM420 变频器安装和拆卸的步骤

（a）变频器背面的固定机构；（b）在 DIN 导轨上安装变频器；（c）从导轨上拆卸变频器

2）从导轨上拆卸变频器的步骤如下：

为了松开变频器的释放机构，将螺丝刀插入释放机构中；

向下施加压力，导轨的下闩销就会松开；

将变频器从导轨上取下。

（2）MM420 变频器的接线。打开变频器的盖子后，就可以连接电源和电动机的接线端子。接线端子在变频器机壳下盖板内，机壳盖板的拆卸步骤如图 13-25 所示。

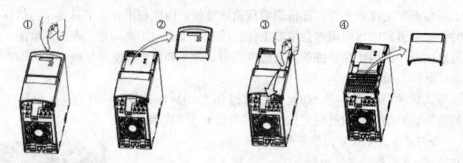

图 13 - 25　机壳盖板的拆卸步骤

拆卸盖板后可以看到变频器的接线端子如图 13 - 26 所示。

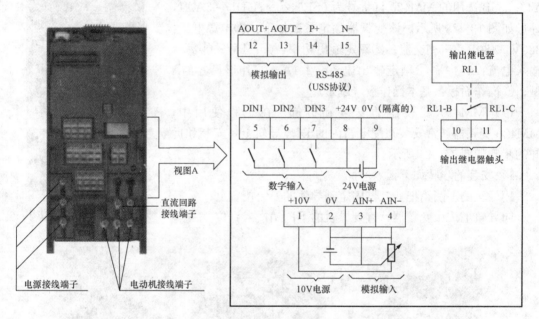

图 13 - 26　MM420 变频器的接线端

　　YL - 335B 分拣单元变频器主电路电源由配电箱通过自动开关 QF 单独提供一路三相电源供给，注意，接地线 PE 必须连接到变频器接地端子，并连接到交流电动机的外壳。

　　变频器控制电路的接线如图 13 - 27 所示。

　　2. MM420 变频器的 BOP 操作面板

　　如图 13 - 28 所示的基本操作面板（BOP）的外形，利用 BOP 可以改变变频器的各个参数。

　　BOP 具有 7 段显示的五位数字，可以显示参数的序号和数值、报警和故障信息以及设定值和实际值。参数的信息不能用 BOP 存储。

　　基本操作面板（BOP）备有 Fn、P、Jog…共 8 个按钮，表 13 - 4 列出了这些按钮的功能。

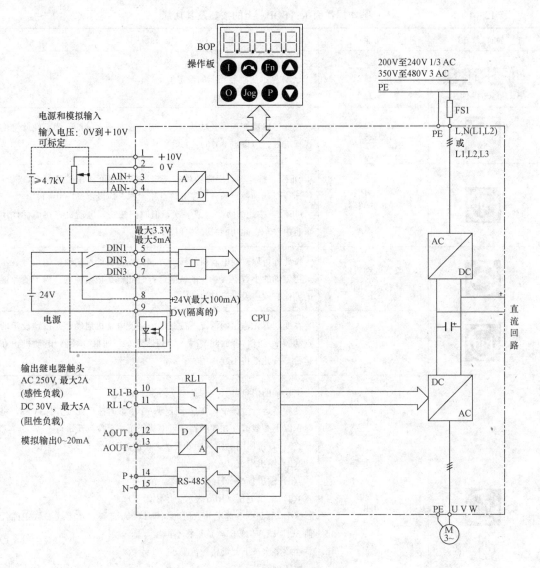

图 13-27 MM420 变频器框图

图 13-28 BOP 操作面板

表 13 - 4　　　　　　　　　　基本操作面板（BOP）上的按钮及其功能

显示/按钮	功能	功能的说明
r0000	状态显示	LCD 显示变频器当前的设定值
I	启动变频器	按此键启动变频器。默认值运行时此键是被封锁的。为了使此键的操作有效，应设定 P0700＝1
O	停止变频器	OFF1：按此键，变频器将按选定的斜坡下降速率减速停车，默认值运行时此键被封锁；为了允许此键操作，应设定 P0700＝1； OFF2：按此键两次（或一次，但时间较长）电动机将在惯性作用下自由停车。此功能总是"使能"的
（旋转方向键）	改变电动机的转动方向	按此键可以改变电动机的转动方向，电动机的反向时，用负号表示或用闪烁的小数点表示；默认值运行时此键是被封锁的，为了使此键的操作有效应设定 P0700＝1
jog	电动机点动	在变频器无输出的情况下按此键，将使电动机启动，并按预设定的点动频率运行，释放此键时，变频器停车。如果变频器/电动机正在运行，按此键将不起作用
Fn	功能	浏览辅助信息： 变频器运行过程中，在显示任何一个参数时按下此键并保持 2s，将显示以下参数值（在变频器运行中从任何一个参数开始）： （1）直流回路电压（用 d 表示，单位为 V）； （2）输出电流（A）； （3）输出频率（Hz）； （4）输出电压（用 o 表示，单位为 V）； （5）由 P0005 选定的数值［如果 P0005 选择显示上述参数中的任何一个（3，4 或 5），这里将不再显示］。 连续多次按下此键将轮流显示以上参数。 跳转功能： 在显示任何一个参数（rXXXX 或 PXXXX）时短时间按下此键，将立即跳转到 r0000，如果需要的话，可以接着修改其他的参数。跳转到 r0000 后，按此键将返回原来的显示点
P	访问参数	按此键即可访问参数
▲	增加数值	按此键即可增加面板上显示的参数数值
▼	减少数值	按此键即可减少面板上显示的参数数值

3. MM420 变频器的参数

（1）参数号和参数名称。参数号是指该参数的编号。参数号用 0000 到 9999 的四位数字表示。在参数号的前面冠以一个小写字母"r"时，表示该参数是"只读"的参数。其他所有参数号的前面都冠以一个大写字母"P"。这些参数的设定值可以直接在标题栏的"最小值"和"最大值"范围内进行修改。

［下标］表示该参数是一个带下标的参数，并且指定了下标的有效序号。通过下标，可以对同一参数的用途进行扩展，或对不同的控制对象，自动改变所显示的或所设定的参数。

（2）参数设置方法。用 BOP 可以修改和设定系统参数，使变频器具有期望的特性，如斜坡时间、最小和最大频率等。选择的参数号和设定的参数值在五位数字的 LCD 上显示。

更改参数的数值的步骤可大致归纳为：①查找所选定的参数号；②进入参数值访问级，修改参数值；③确认并存储修改好的参数值。

参数 P0004（参数过滤器）的作用是根据所选定的一组功能，对参数进行过滤（或筛选），并集中对过滤出的一组参数进行访问，从而可以更方便地进行调试。P0004 可能的设定值见表 13-5，默认的设定值=0。

表 13-5　　　　　　　　　　　　参数 P0004 的设定值

设定值	所指定参数组意义	设定值	所指定参数组意义
0	全部参数	12	驱动装置的特征
2	变频器参数	13	电动机的控制
3	电动机参数	20	通信
7	命令，二进制 I/O	21	报警/警告/监控
8	模—数转换和数—模转换	22	工艺变量控制器（例如 PID）
10	设定值通道/RFG（斜坡函数发生器）		

假设参数 P0004 设定值=0，需要把设定值改为 3。改变设定值步骤见表 13-6。

表 13-6　　　　　　　　　　　改变参数 P0004 设定数值的步骤

序号	操　作　内　容	显示的结果
1	按 (P) 访问参数	r0000
2	按 (▲) 直到显示出 P0004	P0004
3	按 (P) 进入参数数值访问级	0
4	按 (▲) 或 (▼) 达到所需要的数值	3
5	按 (P) 确认并存储参数的数值	P0004
6	使用者只能看到命令参数	

4. MM420 变频器的参数访问

MM420 变频器有数千个参数，为了能快速访问指定的参数，MM420 采用把参数分类、屏蔽（过滤）不需要访问的类别的方法实现。实现这种过滤功能的参数有：

（1）参数 P0004。上面所述的参数 P0004 就是实现这种参数过滤功能的重要参数。当完成了 P0004 的设定以后再进行参数查找时，在 LCD 上只能看到 P0004 设定值所指定类别的参数。

（2）参数 P0010。参数 P0010 是调试参数过滤器，对与调试相关的参数进行过滤，只筛选出那些与特定功能组有关的参数。P0010 的可能设定值为：0（准备），1（快速调试），2（变频器），29（下载），30（工厂的默认设定值）；默认设定值为 0。

（3）参数 P0003。参数 P0003 用于定义用户访问参数组的等级，设置范围为 1～4，其中：

"1" 标准级：可以访问最经常使用的参数。

"2" 扩展级：允许扩展访问参数的范围，例如变频器的 I/O 功能。

"3" 专家级：只供专家使用。

"4" 维修级：只供授权的维修人员使用—具有密码保护。

该参数默认设置为等级 1（标准级），对于大多数简单的应用对象，采用标准级就可以满足要求。用户可以修改设置值，但建议不要设置为等级 4（维修级），用 BOP 或 AOP 操作板看不到第 4 访问级的参数。

[**实例 13-1**] 用 BOP 进行变频器的"快速调试"。

快速调试包括电动机参数和斜坡函数的参数设定。并且，电动机参数的修改，仅当快速调试时有效。在进行"快速调试"以前，必须完成变频器的机械和电气安装。当选择 P0010＝1 时，进行快速调试。

表 13-7 是对应 YL-335B 上选用的电动机的参数设置表。

表 13-7　　　　设置电动机参数表

参数号	出厂值	设置值	说　明
P0003	1	1	设用户访问级为标准级
P0010	0	1	快速调试
P0100	0	0	设置使用地区，0＝欧洲，功率以 kW 表示，频率为 50Hz
P0304	400	380	电动机额定电压（V）
P0305	1.90	0.18	电动机额定电流（A）
P0307	0.75	0.03	电动机额定功率（kW）
P0310	50	50	电动机额定频率（Hz）
P0311	1395	1300	电动机额定转速（r/min）

快速调试的进行与参数 P3900 的设定有关。当其被设定为 1 时，快速调试结束后，要完成必要的电动机计算，并使其他所有的参数（P0010＝1 不包括在内）复位为工厂的默认设

置。当 P3900＝1 并完成快速调试后，变频器已作好了运行准备。

　　[实例 13 - 2]　将变频器复位为工厂的默认设定值。

　　如果用户在参数调试过程中遇到问题，并且希望重新开始调试，通常采用首先把变频器的全部参数复位为工厂的默认设定值，再重新调试的方法。为此，应按照下面的数值设定参数：①设定 P0010＝30，②设定 P0970＝1。按下 P 键，便开始参数的复位。变频器将自动将其所有参数都复位为它们各自的默认设置值。复位为工厂默认设置值的时间大约要 60s。

　　5. 常用参数设置举例

　　（1）下面介绍命令信号源的选择（P0700）和频率设定值的选择（P1000）。

　　P0700：这一参数用于指定命令信号源，可能的设定值见表 13 - 8，默认值为 2。

表 13 - 8　　　　　　　　　　　　　　　　P0700 的设定值

设定值	所指定参数值意义	设定值	所指定参数值意义
0	工厂的默认设置	4	通过 BOP 链路的 USS 设置
1	BOP（键盘）设置	5	通过 COM 链路的 USS 设置
2	由端子排输入	6	通过 COM 链路的通信板（CB）设置

　　注意，当改变这一参数时，同时也使所选项目的全部设置值复位为工厂的默认设置值。例如：把它的设定值由 1 改为 2 时，所有的数字输入都将复位为默认的设置值。

　　P1000：这一参数用于选择频率设定值的信号源。其设定值范围为 0～66。默认的设置值为 2。实际上，当设定值≥10 时，频率设定值将来源于 2 个信号源的叠加。其中，主设定值由最低一位数字（个位数）来选择（即 0 到 6），而附加设定值由最高一位数字（十位数）来选择（即 x0 到 x6，其中，x＝1—6）。下面只说明常用主设定值信号源的意义：

　　0：无主设定值。

　　1：MOP（电动电位差计）设定值。取此值时，选择基本操作板（BOP）的按键指定输出频率。

　　2：模拟设定值，输出频率由 3～4 端子两端的模拟电压（0～10V）设定。

　　3：固定频率，输出频率由数字输入端子 DIN1～DIN3 的状态指定，用于多段速控制。

　　5：通过 COM 链路的 USS 设定，即通过按 USS 协议的串行通信线路设定输出频率。

　　（2）电动机速度的连续调整。变频器的参数在出厂默认值时，命令源参数 P0700＝2，指定命令源为"外部 I/O"；频率设定值信号源 P1000＝2，指定频率设定信号源为"模拟量输入"。这时，只需在 AIN＋（端子③）与 AIN－（端子④）加上模拟电压（DC0～10V 可调），并使数字输入 DIN1 信号为 ON，即可启动电动机实现电机速度连续调整。

　　[实例 13 - 3]　模拟电压信号从变频器内部 DC 10V 电源获得。

　　按图 13 - 27（MM420 变频器框图）的接线，用一个 4.7kΩ 电位器连接内部电源＋10V端（端子①）和 0V 端（端子②），中间抽头与 AIN＋（端子③）相连。连接主电路后接通电源，使 DIN1 端子的开关短接，即可启动/停止变频器，旋动电位器即可改变频率实现电动机速度连续调整。

　　电动机速度调整范围：上述电动机速度的调整操作中，电动机的最低速度取决于参数 P1080（最低频率），最高速度取决于参数 P2000（基准频率）。

参数 P1080 属于"设定值通道"参数组（P0004＝10），默认值为 0.00Hz。

参数 P2000 是串行链路，模拟 I/O 和 PID 控制器采用的满刻度频率设定值，属于"通信"参数组（P0004＝20），默认值为 50.00Hz。

如果默认值不满足电动机速度调整的要求范围，就需要调整这两个参数。另外需要指出的是，如果要求最高速度高于 50.00Hz，则设定与最高速度相关的参数时，除了设定参数 P2000 外，尚需设置参数 P1082（最高频率）。

参数 P1082 也属于"设定值通道"参数组（P0004＝10），默认值为 50.00Hz。即参数 P1082 限制了电动机运行的最高频率（Hz）。因此最高速度要求高于 50.00Hz 的情况下，需要修改 P1082 参数。

电动机运行的加、减速度的快慢，可用斜坡上升和下降时间表征，分别由参数 P1120、P1121 设定。这两个参数均属于"设定值通道"参数组，并且可在快速调试时设定。

P1120 是斜坡上升时间，即电动机从静止状态加速到最高频率（P1082）所用的时间。设定范围为 0～650s，默认值为 10s。

P1121 是斜坡下降时间，即电动机从最高频率（P1082）减速到静止停车所用的时间所用的时间。设定范围为 0～650s，默认值为 10s。

注意：如果设定的斜坡上升时间太短，有可能导致变频器过电流跳闸；同样，如果设定的斜坡下降时间太短，有可能导致变频器过电流或过电压跳闸。

[实例 13 - 4]　模拟电压信号由外部给定，电动机可正反转。

由题意，参数 P0700（命令源选择）、P1000（频率设定值选择）应为默认设置，即 P0700＝2（由端子排输入），P1000＝2（模拟输入）。从模拟输入端③（AIN＋）和④（AIN－）输入来自外部的 0～10V 直流电压（例如从 PLC 的 D/A 模块获得），即可连续调节输出频率的大小。

用数字输入端口 DIN1 和 DIN2 控制电动机的正反转方向时，可通过设定参数 P0701、P0702 实现。例如，使 P0701＝1（DIN1 ON 接通正转，OFF 停止），P0702＝2（DIN2 ON 接通反转，OFF 停止）。

[实例 13 - 5]　多段速控制。

当变频器的命令源参数 P0700＝2（外部 I/O），选择频率设定的信号源参数 P1000＝3（固定频率），并设定数字输入端子 DIN1、DIN2、DIN3 等相应的功能后，就可以通过外接的开关器件的组合通断改变输入端子的状态实现电动机速度的有级调整。这种控制频率的方式称为多段速控制功能。

选择数字输入 1（DIN1）功能的参数为 P0701，默认值为 1；

选择数字输入 2（DIN2）功能的参数为 P0702，默认值为 12；

选择数字输入 3（DIN3）功能的参数为 P0703，默认值为 9。

为了实现多段速控制功能，应该修改这 3 个参数，给 DIN1、DIN2、DIN3 端子赋予相应的功能。

参数 P0701、P0702、P0703 均属于"命令，二进制 I/O"参数组（P0004＝7），可能的设定值见表 13 - 9。

表 13 - 9　　　　　　　　　　　　**参数 P0701、P0702、P0703 可能的设定值**

设定值	所指定参数值意义	设定值	所指定参数值意义
0	禁止数字输入	13	MOP（电动电位计）升速（增加频率）
1	接通正转/停车命令 1	14	MOP 降速（减少频率）
2	接通反转/停车命令 1	15	固定频率设定值（直接选择）
3	按惯性自由停车	16	固定频率设定值（直接选择＋ON 命令）
4	按斜坡函数曲线快速降速停车	17	固定频率设定值［二进制编码的十进制数（BCD 码）选择＋ON 命令］
9	故障确认	21	机旁/远程控制
10	正向点动	25	直流注入制动
11	反向点动	29	由外部信号触发跳闸
12	反转	33	禁止附加频率设定值
		99	使能 BICO 参数化

由表 13 - 9 可见，参数 P0701、P0702、P0703 设定值取值为 15、16、17 时，选择固定频率的方式确定输出频率（FF 方式）。这三种选择说明如下：

1）直接选择（P0701—P0703＝15）。

在这种操作方式下，一个数字输入选择一个固定频率。如果有几个固定频率输入同时被激活，选定的频率是它们的总和。例如：FF1＋FF2＋FF3。在这种方式下，还需要一个 ON 命令才能使变频器投入运行。

2）直接选择＋ON 命令（P0701—P0703＝16）。

选择固定频率时，既有选定的固定频率，又带有 ON 命令，把它们组合在一起。在这种操作方式下，一个数字输入选择一个固定频率。如果有几个固定频率输入同时被激活，选定的频率是它们的总和。例如，FF1＋FF2＋FF3。

3）二进制编码的十进制数（BCD 码）选择＋ON 命令（P0701—P0703＝17）。

使用这种方法最多可以选择 7 个固定频率，各个固定频率的数值见表 13 - 10。

表 13 - 10　　　　　　　　　　　　**固定频率的数值选择**

参数	频率	DIN3	DIN2	DIN1
	OFF	不激活	不激活	不激活
P1001	FF1	不激活	不激活	激活
P1002	FF2	不激活	激活	不激活
P1003	FF3	不激活	激活	激活
P1004	FF4	激活	不激活	不激活
P1005	FF5	激活	不激活	激活
P1006	FF6	激活	激活	不激活
P1007	FF7	激活	激活	激活

综上所述，为实现多段速控制的参数设置步骤如下：

1）设置 P0004＝7，选择"外部 I/O"参数组，然后设定 P0700＝2；指定命令源为"由端子排输入"。

2）设定 P0701、P0702、P0703＝15～17，确定数字输入 DIN1、DIN2、DIN3 的功能。

3）设置 P0004＝10，选择"设定值通道"参数组，然后设定 P1000＝3，指定频率设定值信号源为固定频率。

4）设定相应的固定频率值，即设定参数 P1001～P1007 有关对应项。

例如，要求电动机能实现正反转和高、中、低三种转速的调整，高速时运行频率为40Hz，中速时运行频率为 25Hz，低速时运行频率为 15Hz，则变频器参数调整的步骤见表13 - 11。

表 13 - 11　　　　　　　　　　　　3 段固定频率控制参数表

步骤号	参数号	出厂值	设置值	说　　明
1	P0003	1	1	设用户访问级为标准级
2	P0004	0	7	命令组为命令和数字 I/O
3	P0700	2	2	命令源选择"由端子排输入"
4	P0003	1	2	设用户访问级为扩展级
5	P0701	1	16	DIN1 功能设定为固定频率设定值（直接选择＋ON）
6	P0702	12	16	DIN2 功能设定为固定频率设定值（直接选择＋ON）
7	P0703	9	12	DIN3 功能设定为接通时反转
8	P0004	0	10	命令组为设定值通道和斜坡函数发生器
9	P1000	2	3	频率给定输入方式设定为固定频率设定值
10	P1001	0	25	固定频率 1
11	P1002	5	15	固定频率 2

设置上述参数后，将 DIN1 置为高电平，DIN2 置为低电平，变频器输出 25Hz（中速）；将 DIN1 置为低电平，DIN2 置为高电平，变频器输出 15Hz（低速）；将 DIN1 置为高电平，DIN2 置为高电平，变频器输出 40Hz（高速）；将 DIN3 置为高电平，电动机反转。

◉ 步骤2：任务准备

（1）在实施任务前，首先应准备好 PLC、各设备和相应的机械部件，具体设备见表13 - 12。

表 13 - 12　　　　　　　　　　　　设 备 清 单 列 表

序号	设备名称	型号	数量	备　　注
1	S7 - 200 PLC	CPU 224XP	1 台	
2	编程计算机	配以太网卡	1 台	装 STEP7 - Micro/WIN4.0 以上版本
3	编程电缆	PC/PPI	1 根	下载程序和组态画面
4	变频器	MM420	1 台	

序号	设备名称	型号	数量	备注
5	MCGS触摸屏	TPC7062K	1块	
6	传送和分拣机构机械部件		1套	
7	传送带驱动机构机械部件		1套	
8	电磁阀组及气缸		1套	
9	接口单元	满足所有接口	一套	
10	导线		若干	

（2）软件平台搭建。使用一台装有 STEP7 - Micro/WIN 4.0 以上版本和 MCGS 组态软件 6.8 版本以上的计算机作为编程器。

🔵 **步骤3：具体实施**

（一）分拣单元安装步骤和方法

分拣单元机械装配可按如下四个阶段进行：

（1）完成传送机构的组装，装配传送带装置及其支座，然后将其安装到底板上，如图 13 - 29 所示。

（2）完成驱动电动机组件装配，进一步装配联轴器，将驱动电动机组件与传送机构相连接并固定在底板上，如图 13 - 30 所示。

（3）继续完成推料气缸支架、推料气缸、传感器支架、出料滑槽及支撑板等装配，如图 13 - 31 所示。

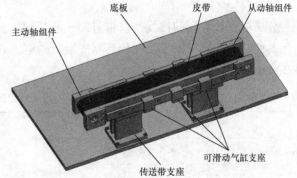

图 13 - 29　传送机构组件安装

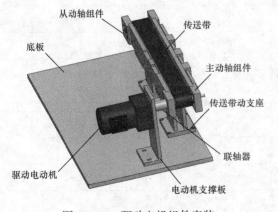

图 13 - 30　驱动电机组件安装

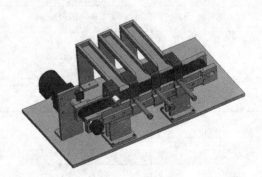

图 13 - 31　机械部件安装完成时的效果图

（4）最后完成各传感器、电磁阀组件、装置侧接线端口等装配。

安装注意事项：①皮带托板与传送带两侧板的固定位置应调整好，以免皮带安装后凹入侧板表面，造成推料被卡住的现象；②主动轴和从动轴的安装位置不能错，主动轴和从动轴的安装板的位置不能相互调换；③皮带的张紧度应调整适中；④要保证主动轴和从动轴的平行。

（二）PLC 的 I/O 接线

根据工作任务要求，设备机械装配和传感器安装如图 13-32 所示。

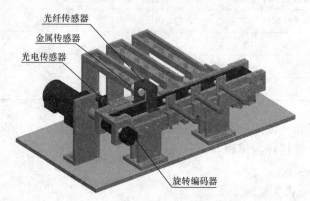

图 13-32 　分拣单元机械安装效果图

分拣单元装置侧的接线端口信号端子的分配见表 13-13。由于用于判别工件材料和芯体颜色属性的传感器只需安装在传感器支架上的电感式传感器和一个光纤传感器，故光纤传感器 2 可不使用。

表 13-13 　　　　　　　　　分拣单元装置侧的接线端口信号端子的分配

输入端口中间层			输出端口中间层		
端子号	设备符号	信号线	端子号	设备符号	信号线
2	DECODE	旋转编码器 A 相	2	1Y	推杆 1 电磁阀
3	DECODE	旋转编码器 B 相	3	2Y	推杆 2 电磁阀
4	SC1	光纤传感器 1	4	3Y	推杆 3 电磁阀
5	SC2	光纤传感器 2			
6	SC3	进料口工件检测			
7	SC4	电感式传感器			
8					
9	1B	推杆 1 推出到位			
10	2B	推杆 2 推出到位			
11	3B	推杆 3 推出到位			
12 号～17 号端子没有连接			5 号～14 号端子没有连接		

分拣单元 PLC 选用 S7-224 XP AC/DC/RLY 主单元，共 14 点输入和 10 点继电器输出。选用 S7-224 XP 主单元的原因是，当变频器的频率设定值由 HMI 指定时，该频率设定

值是一个随机数，需要由 PLC 通过 D/A 变换方式向变频器输入模拟量的频率指令，以实现电动机速度连续调整。S7-224 XP 主单元集成有 2 路模拟量输入，1 路模拟量输出，有两个通信口，可满足 D/A 变换的编程要求。

本项目工作任务仅要求以 30Hz 的固定频率驱动电动机运转，只用固定频率方式控制变频器即可。本项目中，选用 MM420 的端子"5"（DIN1）作电动机启动和频率控制，PLC 的信号表见表 13-14，I/O 接线原理图如图 13-33 所示。

表 13-14 　　　　　　　　　　　　分拣单元 PLC 的 I/O 信号表

序号	PLC 输入点	信号名称	信号来源	序号	PLC 输入点	信号名称	信号来源
		输入信号				输出信号	
1	I0.0	旋转编码器 B 相		1	Q0.0	电动机启动	变频器
2	I0.1	旋转编码器 A 相		2	Q0.1		
3	I0.2	光纤传感器 1		3	Q0.2		
4	I0.3	光纤传感器 2		4			
5	I0.4	进料口工件检测		5	Q0.3		
6	I0.5	电感式传感器	装置侧	6	Q0.4		
7	I0.6			7	Q0.5		
8	I0.7	推杆 1 推出到位		8	Q0.6		
9	I1.0	推杆 2 推出到位		9	Q0.7	HL1	按钮/指示灯模块
10	I1.1	推杆 3 推出到位		10	Q1.0	HL2	
11	I1.2	启动按钮					
12	I1.3	停止按钮	按钮/指示灯模块				
13	I1.4						
14	I1.5	单站/全线					

为了实现固定频率输出，变频器的参数应如下设置：

命令源 P0700=2（外部 I/O），选择频率设定的信号源参数 P1000=3（固定频率）；

DIN1 功能参数 P0701=16（直接选择+ON 命令），P1001=30Hz；

斜坡上升时间参数 P1120 设定为 1s，斜坡下降时间参数 P1121 设定为 0.2s。（注：由于驱动电动机功率很小，此参数设定不会引起变频器过电压跳闸）

（三）高速计数器的编程

高速计数器的编程方法有两种：一是采用梯形图或语句表进行正常编程；二是通过 STEP7-Micro/WIN 编程软件进行引导式编程。不论哪一种方法，都先要根据计数输入信号的形式与要求确定计数模式；然后选择计数器编号，确定输入地址。

分拣单元所配置的 PLC 是 S7-224XP AC/DC/RLY 主单元，集成有 6 点的高速计数器，编号为 HSC0～HSC5，每一编号的计数器均分配有固定地址的输入端。同时，高速计数器可以被配置为 12 种模式中的任意一种，见表 13-15。

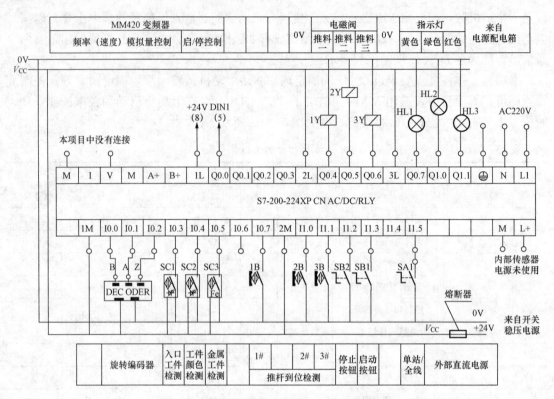

图 13-33　分拣单元 PLC 的 I/O 接线原理图

表 13-15　　　　　　　S7-200 PLC 的 HSC0~HSC5 输入地址和计数模式

模式	中断描述	输入点			
	HSC0	I0.0	I0.1	I0.2	
	HSC1	I0.6	I0.7	I1.0	I1.1
	HSC2	I1.2	I1.3	I1.4	I1.5
	HSC3	I0.1			
	HSC4	I0.3	I0.4	I0.5	
	HSC5	I0.4			
0		时钟			
1	带有内部方向控制的单相计数器	时钟		复位	
2		时钟		复位	启动
3		时钟	方向		
4	带有外部方向控制的单相计数器	时钟	方向	复位	
5		时钟	方向	复位	启动
6		增时钟	减时钟		
7	带有增减计数时钟的双相计数器	增时钟	减时钟	复位	
8		增时钟	减时钟	复位	启动

续表

模式	中断描述	输入点			
9	A/B相正交计数器	时钟A	时钟B		
10		时钟A	时钟B	复位	
11		时钟A	时钟B	复位	启动

根据分拣单元旋转编码器输出的脉冲信号形式（A/B相正交脉冲，Z相脉冲不使用，无外部复位和启动信号），由表5-11容易确定，所采用的计数模式为模式9，选用的计数器为HSC0，A相脉冲从I0.0输入，B相脉冲从I0.1输入，计数倍频设定为4倍频。分拣单元高速计数器编程要求较简单，不考虑中断子程序，预置值等。

使用引导式编程，很容易自动生成了符号地址为"HSC_INIT"的子程序，其程序清单如图13-34所示。（引导式编程的步骤从略，请参考S7-200 PLC系统手册）

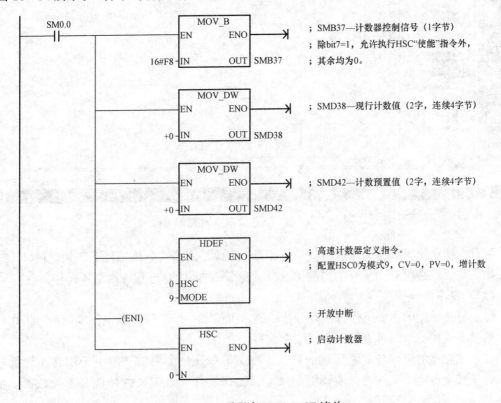

图13-34 子程序HSC_INIT清单

在主程序块中使用SM0.1（上电首次扫描ON）调用此子程序，即完成高速计数器定义并启动计数器。

在本项工作任务中，编程高速计数器的目的，是根据HSC0当前值确定工件位置，与存储到指定的变量存储器的特定位置数据进行比较，以确定程序的流向。特定位置数据是：

进料口到传感器位置的脉冲数为1800，存储在VD10单元中（双整数）；

进料口到推杆1位置的脉冲数为2500，存储在VD14单元中；

进料口到推杆 2 位置的脉冲数为 4000，存储在 VD18 单元中；

进料口到推杆 3 位置的脉冲数为 5400，存储在 VD22 单元中。

可以使用数据块来对上述 V 存储器赋值，在 STEP7 - Micro/WIN 界面项目指令树中，选择数据块→用户定义 1；在所出现的数据页界面上逐行键入 V 存储器起始地址、数据值及其注释（可选），允许用逗号、制表符或空格作地址和数据的分隔符号，如图 13 - 35 所示。

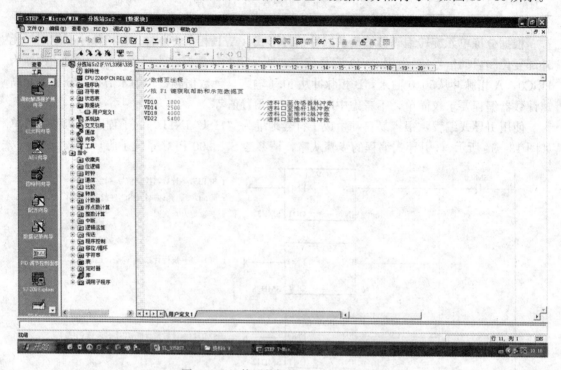

图 13 - 35　使用数据块对 V 存储器赋值

注意：特定位置数据均从进料口开始计算，因此，每当待分拣工件下料到进料口，电动机开始启动时，必须对 HSC0 的当前值（存储在 SMD38 中）进行一次清零操作。

（四）程序结构

（1）分拣单元的主要工作过程是分拣控制，可编写一个子程序供主程序调用，工作状态显示的要求比较简单，可直接在主程序中编写。

（2）主程序的流程与前面所述的供料、加工等单元是类似的。但由于用高速计数器编程，必须在上电第 1 个扫描周期调用 HSC_INIT 子程序，以定义并使能高速计数器。主程序的编制，请读者自行完成。

（3）分拣控制子程序也是一个步进顺控程序，编程思路如下：

1）当检测到待分拣工件下料到进料口后，清零 HSC0 当前值，以固定频率启动变频器驱动电动机运转，梯形图如图 13 - 36 所示。

2）当工件经过安装传感器支架上的光纤探头和电感式传感器时，根据两个传感器动作与否，判别工件的属性，决定程序的流向。HSC0 当前值与传感器位置值的比较可采用触点比较指令实现。完成上述功能的梯形图如图 13 - 37 所示。

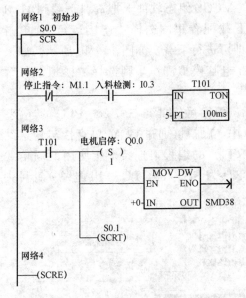

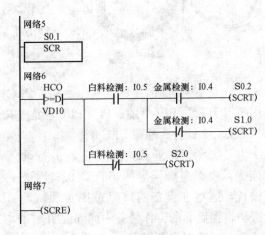

图 13-36　分拣控制子程序初始步梯形图　　　图 13-37　在传感器位置判别工件属性的梯形图

3）根据工件属性和分拣任务要求，在相应的推料气缸位置将工件推出。推料气缸返回后，步进顺控子程序返回初始步。这部分程序的编制，请读者自行完成。

（五）用人机界面控制分拣单元的运行

YL-335B 采用了昆仑通态研发的人机界面 TPC7062KS，这是一款在实时多任务嵌入式操作系统 WindowsCE 环境中运行，MCGS 嵌入式组态软件组态。

该产品设计采用了 7 英寸高亮度 TFT 液晶显示屏（分辨率 800×480），四线电阻式触摸屏（分辨率 4096×4096），色彩达 64K 彩色。

CPU 主板：ARM 结构嵌入式低功耗 CPU 为核心，主频 400MHz，64M 存储空间。

（1）TPC7062KS 人机界面的硬件连接。

TPC7062KS 人机界面的电源进线、各种通信接口均在其背面进行，如图 13-38 所示。

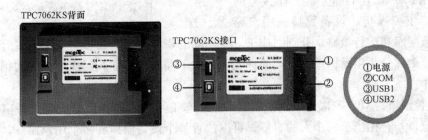

图 13-38　TPC7062KS 的接口

其中 USB1 口用来连接鼠标和 U 盘等，USB2 口用作工程项目下载，COM（RS232）用来连接 PLC，下载线和通信线如图 13-39 所示。

1）TPC7062KS 触摸屏与个人计算机的连接。在 YL-335B 上，TPC7062KS 触摸屏是通过 USB2 口与个人计算机连接的，连接以前，个人计算机应先安装 MCGS 组态软件。

屏下载线　　屏和S7-200通信线

图 13-39　下载通信线

当需要在 MCGS 组态软件上把资料下载到 HMI 时，只要在下载配置里，选择"连接运行"，单击"工程下载"即可进行下载，如图 13-40 所示。如果工程项目要在电脑模拟测试，则选择"模拟运行"，然后下载工程。

2）TPC7062KS 触摸屏与 S7-200 PLC 的连接。在 YL-335B 中，触摸屏通过 COM 口直接与输送站的 PLC（PORT1）的编程口连接。所使用的通信线采用西门子 PC-PPI 电缆，PC-PPI 电缆把 RS-232 转为 RS-485。PC-PPI 电缆 9 针母头插在屏侧，9 针公头插在 PLC 侧。

为了实现正常通信，除了正确进行硬件连接，尚需对触摸屏的串行口 0 属性进行设置，这将在设备窗口组态中实现，设置方法将在后面的工作任务中详细说明。

（2）触摸屏设备组态。

为了通过触摸屏设备操作机器或系统，必须给触摸屏设备设置组态用户界面，该过程称为"组态阶段"。系统组态就是通过 PLC 以"变量"方式进行操作单元与机械设备或过程之间的通信。变量值写入 PLC 上的存储区域（地址），由操作单元从该区域读取。

运行 MCGS 嵌入版组态环境软件，在出现的界面上，点击菜单中"文件"→"新建工程"，弹出图 13-41 所示界面。MCGS 嵌入版用"工作台"窗口来管理构成用户应用系统的五个部分，工作台上的五个标签：主控窗口、设备窗口、用户窗

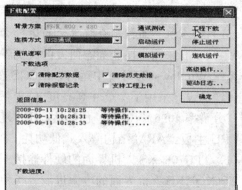

图 13-40　工程下载方法

口、实时数据库和运行策略，分别对应于五个不同的窗口页面，每一个页面负责管理用户应用系统的一个部分，用鼠标单击不同的标签可选取不同窗口页面，对应用系统的相应部分进行组态操作。

1）主控窗口。MCGS 嵌入版的主控窗口是组态工程的主窗口，是所有设备窗口和用户窗口的父窗口，它相当于一个大的容器，可以放置一个设备窗口和多个用户窗口，负责这些窗口的管理和调度，并调度用户策略的运行。同时，主控窗口又是组态工程结构的主框架，可在主控窗口内设置系统运行流程及特征参数，方便用户的操作。

2）设置窗口。设备窗口是 MCGS 嵌入版系统与作为测控对象的外部设备建立联系的后台作业环境，负责驱动外部设备，控制外部设备的工作状态。系统通过设备与数据之间的通道，将外部设备的运行数据采集进来，送入实时数据库，供系统其他部分调用，同时将实时数据库中的数据输出到外部设备，实现对外部设备的操作与控制。

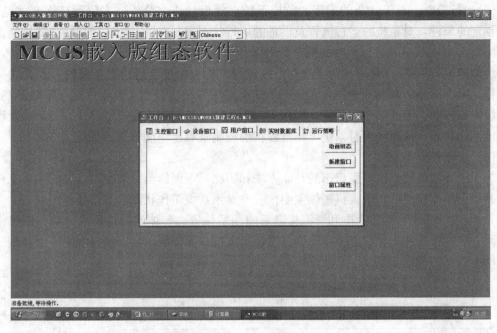

图 13 - 41　工作台

3）用户窗口。用户窗口本身是一个"容器"，用来放置各种图形对象（图元、图符和动画构件），不同的图形对象对应不同的功能。通过对用户窗口内多个图形对象的组态，生成漂亮的图形界面，为实现动画显示效果做准备。

4）实时数据库。在 MCGS 嵌入版中，用数据对象来描述系统中的实时数据，用对象变量代替传统意义上的值变量，把数据库技术管理的所有数据对象的集合称为实时数据库。

实时数据库是 MCGS 嵌入版系统的核心，是应用系统的数据处理中心。系统各个部分均以实时数据库为公用区交换数据，实现各个部分协调动作。

设备窗口通过设备构件驱动外部设备，将采集的数据送入实时数据库；由用户窗口组成的图形对象，与实时数据库中的数据对象建立连接关系，以动画形式实现数据的可视化；运行策略通过策略构件，对数据进行操作和处理，如图 13 - 42 所示。

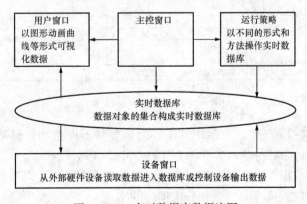

图 13 - 42　实时数据库数据流图

5）运行策略。对于复杂的工程，监控系统必须设计成多分支、多层循环嵌套式结构，按照预定的条件，对系统的运行流程及设备的运行状态进行有针对性选择和精确的控制。为此，MCGS 嵌入版引入运行策略的概念，用以解决上述问题。

所谓"运行策略"，是用户为实现对系统运行流程自由控制所组态生成的一系列功能块的总称。MCGS 嵌入版为用户提供了进行策略组态的专用窗口和工具箱。运行策略的建立，使系统能够按照设定的顺序和条件，操作实时数据库，控制用户窗口的打开、关闭以及设备构件的工作状态，从而实现对系统工作过程精确控制及有序调度管理的目的。

（3）工作任务。

为了进一步说明人机界面组态的具体方法和步骤，下面给出一个在项目五的实训工作任务的基础上稍作修改的，由人机提供主令信号并显示系统工作状态的工作任务。

1）设备的工作目标、上电和气源接通后的初始位置，具体的分拣要求，均与原工作任务相同，启停操作和工作状态指示不通过按钮指示灯盒操作指示，而是在触摸屏上实现。分拣站的 I/O 接线原理如图 13 - 43 所示。

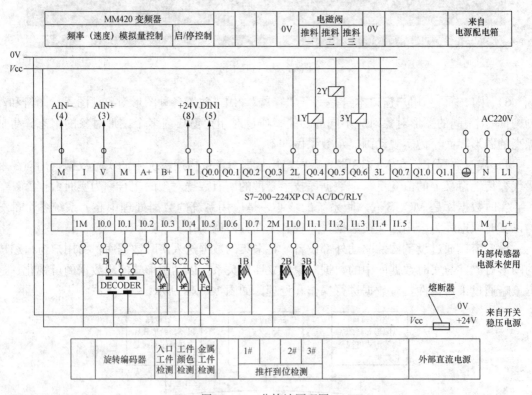

图 13 - 43　分拣站原理图

2）当传送带入料口人工放下已装配的工件时，变频器即启动，驱动传动电动机以触摸屏给定的速度，把工件带往分拣区。频率在 40～50 Hz 可调节。

各料槽工件累计数据在触摸屏上给以显示，且数据在触摸屏上可以清零。

根据以上要求完成人机界面组态和分拣程序的编写。

（4）人机界面组态。

下面给出分拣站画面效果图，如图 13 - 44 所示。

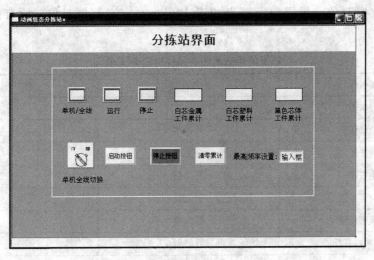

图 13 - 44 分拣站界面

画面中包含了如下内容:

状态指示:单机/全线、运行、停止;

切换旋钮:单机全线切换;

按钮:启动、停止、清零累计按钮;

数据输入:变频器输入频率设置;

数据输出显示:白芯金属工件累计、白芯塑料工件累计、黑色芯体工件累计矩形框。

触摸屏组态画面各元件对应 PLC 地址见表 13 - 16。

表 13 - 16 触摸屏组态画面各元件对应 PLC 地址

元件类别	名称	输入地址	输出地址	备注
位状态切换开关	单机/全线切换	M0.1	M0.1	
位状态开关	启动按钮		M0.2	
	停止按钮		M0.3	
	清零累计按钮		M0.4	
位状态指示灯	单机/全线指示灯	M0.1	M0.1	
	运行指示灯		M0.0	
	停止指示灯		M0.0	
数值输入元件	变频器频率给定	VW1002	VW1002	最小值 40,最大值 50
数值输出元件	白芯金属工件累计	VW70		
	白芯塑料工件累计	VW72		
	黑色芯体工件累计	VW74		

接下来给出人机界面的组态步骤和方法。

1)创建工程。TPC 类型中如果找不到"TPC7062KS",则请选择"TPC7062K",工程名称为"335B - 分拣站"。

2）定义数据对象。根据前面给出的表 13 - 16，定义数据对象，所有的数据对象见表 13 - 17。

表 13 - 17　　　　　　　　**触摸屏组态画面各元件对应 PLC 地址**

数据名称	数据类型	注　释
运行状态	开关型	
单机全线切换	开关型	
启动按钮	开关型	
停止按钮	开关型	
数据清零按钮	开关型	
最高频率设置	数值型	
白色金属料累计	数值型	
白色非金属料累计	数值型	
黑色非金属料累计	数值型	

下面以数据对象"运行状态"为例，介绍定义数据对象的步骤：

a）单击工作台中的"实时数据库"窗口标签，进入实时数据库窗口页。

b）单击"新增对象"按钮，在窗口的数据对象列表中，增加新的数据对象，系统默认定义的名称为"Data1"、"Data2"、"Data3"等（多次点击该按钮，则可增加多个数据对象）。

c）选中对象，按"对象属性"按钮，或双击选中对象，则打开"数据对象属性设置"窗口。

d）将对象名称改为：运行状态；对象类型选择：开关型；单击"确认"。

按照此步骤，根据上面列表，设置其他个数据对象。

3）设备连接。为了能够使触摸屏和 PLC 通信连接上，需把定义好的数据对象和 PLC 内部变量进行连接，具体操作步骤如下：

a）在"设备窗口"中双击"设备窗口"图标进入。

b）点击工具条中的"工具箱" 🔧 图标，打开"设备工具箱"。

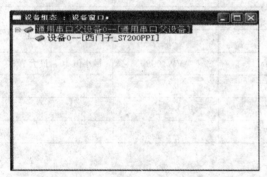

图 13 - 45　通用串口父设备窗口

c）在可选设备列表中，双击"通用串口父设备"，然后双击"西门子_S7200PPI"，出现"通用串口父设备"，"西门子_S7200PPI"，如图 13 - 45 所示。

d）双击"通用串口父设备"，进入通用串口父设备的基本属性设置，见图 13 - 46，作如下设置：

串口端口号（1～255）设置为：0～COM1；

通信波特率设置为：8～19200；

数据校验方式设置为：2 - 偶校验；

其他设置为默认。

e）双击"西门子_S7200PPI"，进入设备编辑窗口，如图 13 - 47 所示。默认右窗口自动生产通道名称 I000.0—I000.7，可以单击"删除全部通道"按钮给以删除。

f）进行变量的连接，这里以"运行状态"变量进行连接为例说明。

单击"增加设备通道"按钮，出现如图 13 - 48 所示窗口。

参数设置如下：

通道类型：M 寄存器；

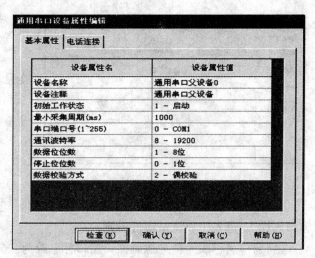

图 13 - 46 通用串口设置

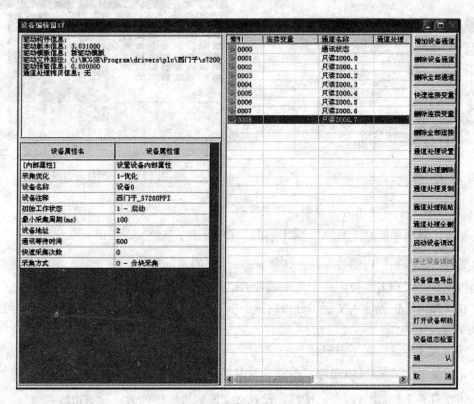

图 13 - 47 设备编辑窗口

数据类型：通道的第 00 位；

通道地址：0；

通道个数：1；

读写方式：只读。

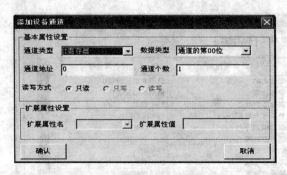

图 13-48　添加设备通道窗口

单击"确认"按钮，完成基本属性设置。

双击"只读 M000.0"通道对应的连接变量，从数据中心选择变量："运行状态"。

用同样的方法，增加其他通道，连接变量，如图 13-49 所示，完成单击"确认"按钮。

4）画面和元件的制作。

a）新建画面以及属性设置如下：

①在"用户窗口"中单击"新建窗口"按钮，建立"窗口 0"。选中"窗口 0"，单击"窗口属性"，进入用户窗口属性设置。

②将窗口名称改为：分拣画面；窗口标题改为：分拣画面。

③单击"窗口背景"，在"其他颜色"中选择所需的颜色，颜色如图 13-50 所示。

索引	连接变量	通道名称	通道处理
0000		通讯状态	
0001	运行状态	只读M000.0	
0002	单机全线切换	读写M000.1	
0003	启动按钮	只写M000.2	
0004	停止按钮	只写M000.3	
0005	数据清零按钮	只写M000.4	
0006	最高频率设置	只写VWUB072	
0007	白色金属料累计	只写VWUB074	
0008	白色非金属…	只写VWUB076	
0009	黑色非金属…	读写VWUB1002	

图 13-49　连接变量窗口

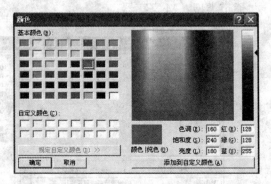

图 13-50　颜色设置窗口

b）以标题文字的制作为例说明制作文字框图。

①单击工具条中的"工具箱"[工具箱图标]按钮，打开绘图工具箱。

②选择"工具箱"内的"标签"按钮**A**，鼠标的光标呈"十字"形，在窗口顶端中心位置拖拽鼠标，根据需要拉出一个大小适合的矩形。

③在光标闪烁位置输入文字"分拣站界面"，按回车键或在窗口任意位置用鼠标点击一下，文字输入完毕。

④选中文字框，作如下设置：

点击工具条上的[填充色图标]（填充色）按钮，设定文字框的背景颜色为：白色；

点击工具条上的[线色图标]（线色）按钮，设置文字框的边线颜色为：没有边线；

点击工具条上的[字符字体图标]（字符字体）按钮，设置文字字体为：华文细黑；字型为：粗体；字号为：二号；

点击工具条上的[字符颜色图标]（字符颜色）按钮，将文字颜色设为：藏青色。

⑤其他文字框的属性设置如下：

背景颜色：同画面背景颜色；

边线颜色：没有边线；

文字字体为：华文细黑；字型为：常规；字号为：二号。

c）制作状态指示灯，以"单机/全线"指示灯为例，给以说明：

①单击绘图工具箱中的 ⿴ （插入元件）图标，弹出对象元件管理对话框，选择指示灯6，按"确认"按钮。双击指示灯，跳出的对话框如图 13-51 所示。

②数据对象中，单击右角的"?"按钮，从数据中心选择"单机全线切换"变量。

③动画连接中，单击"填充颜色"，右边出现，" > "按钮，如图 13-52 所示。

图 13-51 单元属性设置（填充颜色）窗口

图 13-52 单元属性设置（标签）窗口

④单击" > "按钮，出现如图 13-53 所示的对话框。

⑤"属性设置"页中，填充颜色：白色；"填充颜色"页中，分段点 0 对应颜色：白色；分段点 1 对应颜色：浅绿色，如图 13-54 所示，单击"确认"按钮完成。

图 13-53 标签动画组态属性设置（扩展属性）
窗口

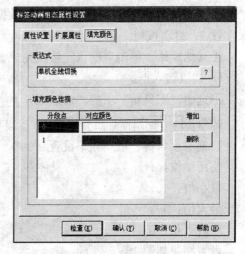

图 13-54 标签动画组态属性（填充颜色）
窗口

d）制作切换旋钮。

单击绘图工具箱中的 <u>凸</u>（插入元件）图标，弹出对象元件管理对话框，选择开关 6，按"确认"按钮。双击旋钮，跳出的对话框如图 13-55 所示，在数据对象页的按钮输入和可见度连接数据对象"单机全线切换"。

e）制作按钮，以启动按钮为例，给以说明：

①单击绘图工具箱中"🖵"图标，在窗口中拖出一个大小合适的按钮，双击按钮，出现如下图窗口，属性设置如图 13-56 所示。

图 13-55　单元属性设置（数据对象）窗口

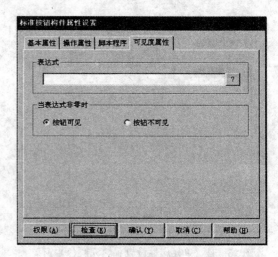

图 13-56　标准按钮构件属性（可见度属性）窗口

②"基本属性"页中，无论是抬起还是按下状态，文本都设置为启动按钮；抬起功能：字体设置宋体，字体大小设置为五号，背景颜色设置为浅绿色按下功能：字体大小设置为小五号，其他同抬起功能。

③"操作属性"页中，抬起功能：数据对象操作清 0，启动按钮；按下功能：数据对象操作置 1，启动按钮。

④其他默认。单击"确认"按钮完成。

f）数值输入框。

①选中"工具箱"中的"输入框" **ab** 图标，拖动鼠标，绘制一个输入框。

②双击 <u>输入框</u> 图标，进行属性设置。只需要设置操作属性：

数据对象名称：最高频率设置；

使用单位：Hz；

最小值：40；

最大值：50；

小数点位：0。

设置结果如图 13-57 所示。

g）数据显示，以白色金属料累计数据显示为例：

①选中"工具箱"中的 **A** 图标，拖动鼠标，绘制一个显示框。

②双击显示框，出现对话框，在输入输出连接域中，选中"显示输出"选项，在组态属

性设置窗口中则会出现"显示输出"标签，如图 13-58 所示。

图 13-57 输入框构件属性（操作属性）窗口　　图 13-58 标签动画组态属性设置（属性设置）窗口

③单击"显示输出"标签，设置显示输出属性。参数设置如下：

表达式：白色金属料累计；

单位：个；

输出值类型：数值量输出；

输出格式：十进制；

整数位数：0；

小数位数：0。

④单击"确认"，制作完毕。

h）制作矩形框。

单击工具箱中的 ▢ 图标，在窗口的左上方拖出一个大小适合的矩形，双击矩形，出现如图 13-59 窗口，属性设置如下：

①点击工具条上的 🎨（填充色）按钮，设置矩形框的背景颜色为：没有填充；

②点击工具条上的 🖌（线色）按钮，设置矩形框的边线颜色为：白色；

③其他默认。单击"确认"按钮完成。

（六）变频器输出的模拟量控制

根据任务可知，变频器的速度由 PLC 模拟量输出来调节（0～10V），启停由外部端子来控制。要调整的参数设置见表 13-18。

图 13-59 动画组态属性设置窗口

表 13 - 18   变 频 器 参 数 设 置

参数号	参数名称	默认值	设置值	设置值含义
P701	数字输入 1 的功能	1	1	接通正转/断开停车命令
P1000	频率设定值的选择	2	2	模拟设定值

    CPU 224XP - CN 有一路模拟量输出，信号格式有电压和电流两种。电压信号范围是 0～10V，电流信号是 0～20mA，在 PLC 中对应的数字量满量程都是 0～32000。如果使用输出电压模拟量则接 PLC 的 M、V 端，电流模拟量则接 M、I 端。这里采用电压信号，见分拣站原理图 13 - 43。那如何把触摸屏给定的频率转化为模拟量输出？

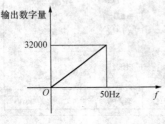

图 13 - 60   频率和数字量关系

    变频器频率和 PLC 模拟量输出电压成正比关系，模拟量输出是数字量通过 D/A 转换器转换而来，模拟量和数字量也成正比关系，因此频率和数字量是成正比关系，如图 13 - 60 所示。由图可知，只要将触摸屏给定的频率乘以 640 作为模拟输出即可。该部分程序参考如图 13 - 61 所示。

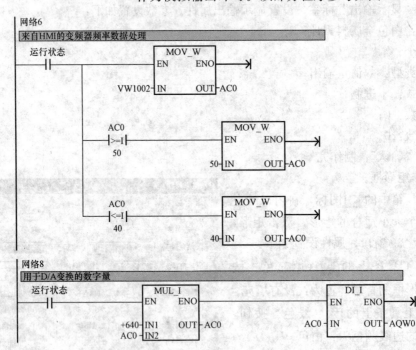

图 13 - 61   模拟量处理程序

附录一 材料分拣子系统程序

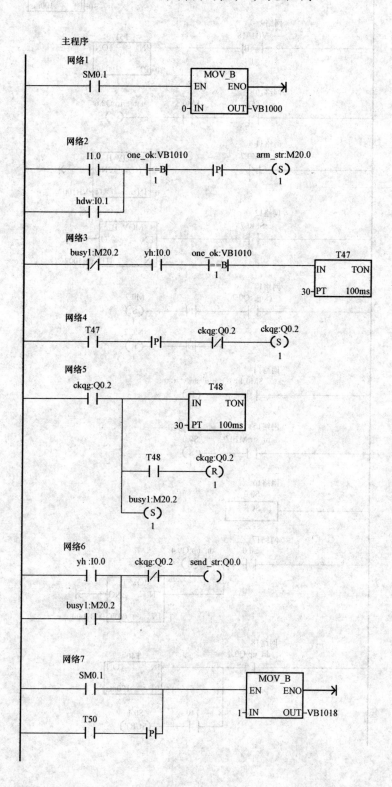

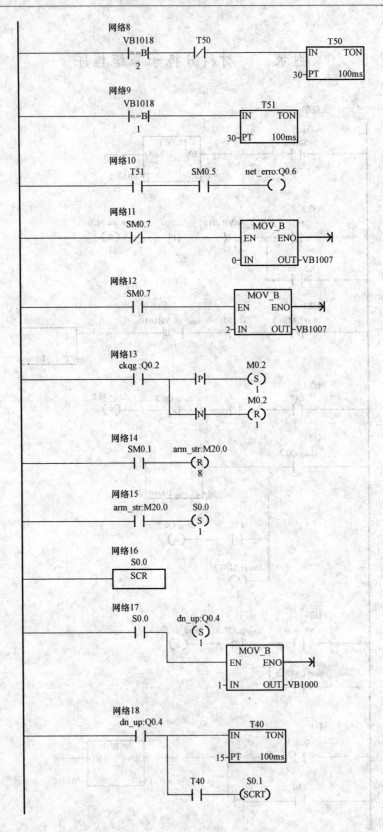

网络8

VB1018 ==B 2 ── T50 ─/─ ── T50 IN TON   30─PT   100ms

网络9

VB1018 ==B 1 ── T51 IN TON   30─PT   100ms

网络10

T51 ── SM0.5 ── net_erro:Q0.6 ( )

网络11

SM0.7 ─/─ ── MOV_B EN ENO   0─IN OUT─VB1007

网络12

SM0.7 ── MOV_B EN ENO   2─IN OUT─VB1007

网络13

ckqg :Q0.2 ──┬── P ── M0.2 (S) 1
            └── N ── M0.2 (R) 1

网络14

SM0.1 ── arm_str:M20.0 (R) 8

网络15

arm_str:M20.0 ── S0.0 (S) 1

网络16

S0.0
SCR

网络17

S0.0 ── dn_up:Q0.4 (S) 1
     └── MOV_B EN ENO   1─IN OUT─VB1000

网络18

dn_up:Q0.4 ── T40 IN TON   15─PT   100ms
          └── T40 ── S0.1 (SCRT)

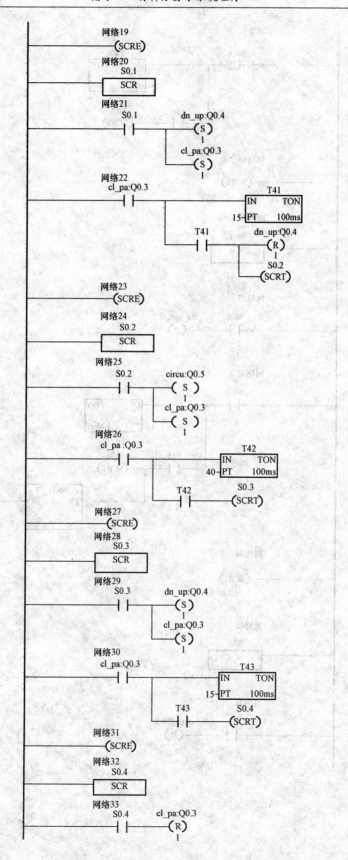

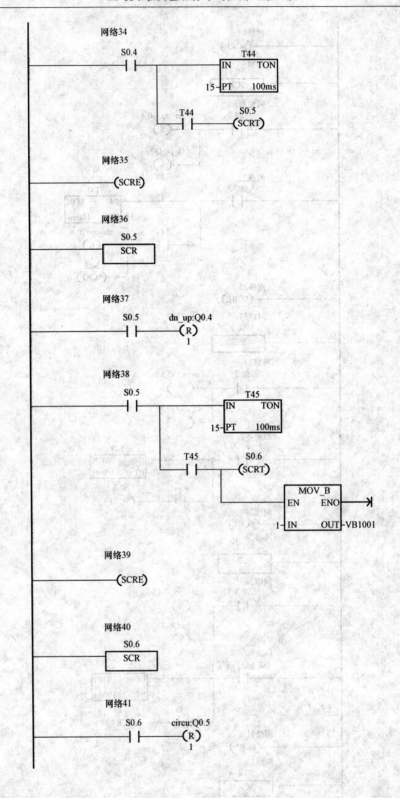

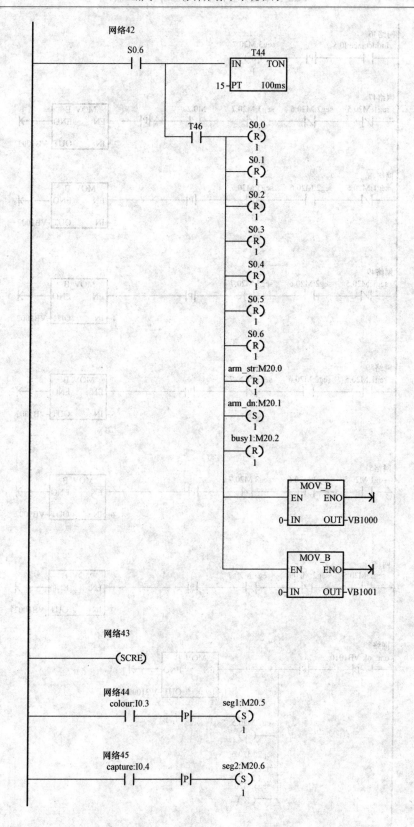

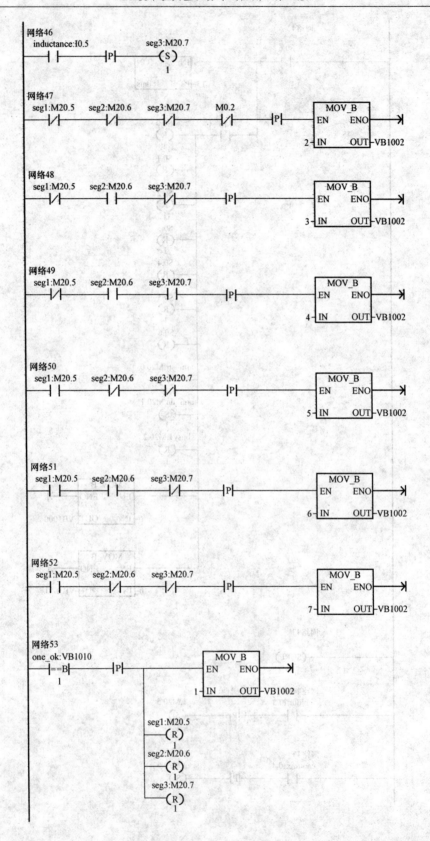

附录二　仓储子系统程序

主程序

网络1

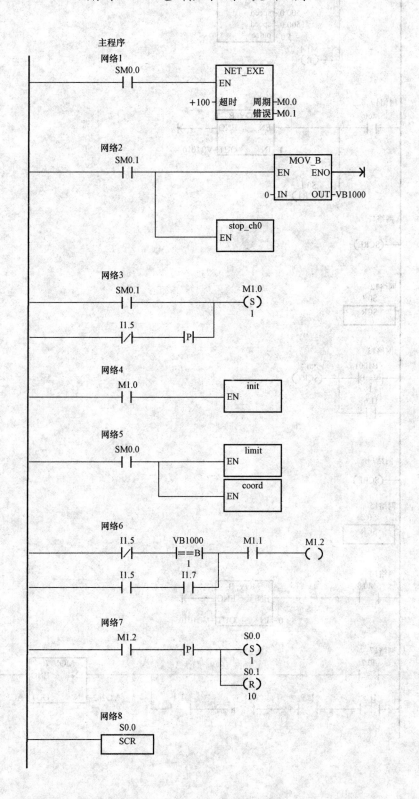

网络9

```
   SM0.0                        pls_ch0
────┤ ├──────────────┬────────┤EN        │
                     │        │          │
                     │   500.0┤speed_~   │
                     │  1500.0┤speed_~   │
                     │     5.0┤pulse~    │
                     │        └──────────┘
                     │   M1.1
                     └──( R )
                          1
```

网络10

```
   SM66.7                     MOV_B
────┤ ├──────────────┬───────┤EN    ENO├──►
                     │       │          │
                     │      1┤IN   OUT├─VB1010
                     │       └──────────┘
                     │   S0.1
                     └──(SCRT)
```

网络11

```
──(SCRE)
```

网络12

```
   S0.1
  ┌─────┐
  │ SCR │
  └─────┘
```

网络13

```
  VB1001     S0.2
──┤==B├──┬──(SCRT)
    1    │
   I1.6  │
──┤ ├────┘
```

网络14

```
──(SCRE)
```

网络15

```
   S0.2
  ┌─────┐
  │ SCR │
  └─────┘
```

网络16

```
   SM0.0                      MOV_B
────┤ ├──────────────┬───────┤EN    ENO├──►
                     │       │          │
                     │      0┤IN   OUT├─VB1010
                     │       └──────────┘
```

网络17

```
   I0.7                                           MOV_R
────┤/├──────────────────────────────────┬──────┤EN    ENO├──►
    0                                     │      │          │
   I1.5    I1.2    I1.3    I1.4           │ VD262┤IN   OUT├─AC3
──┤ ├────┤ ├────┤ ├────┤ ├───────────────┘      └──────────┘
```

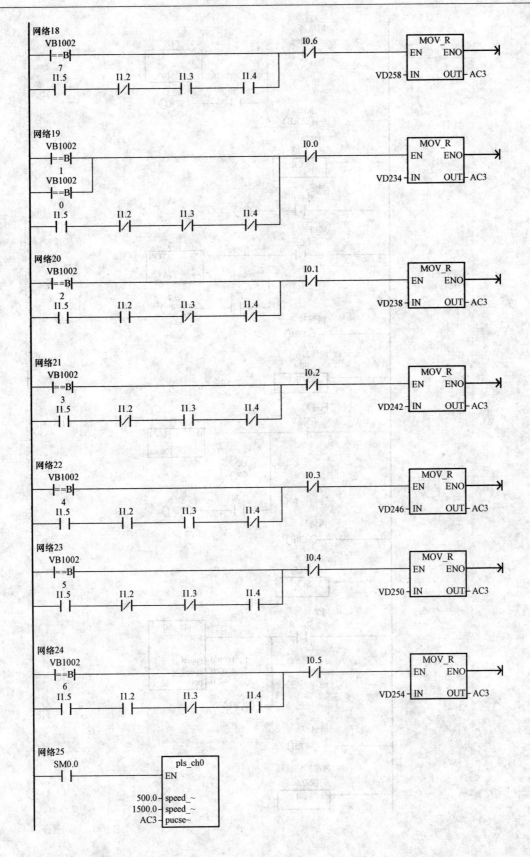

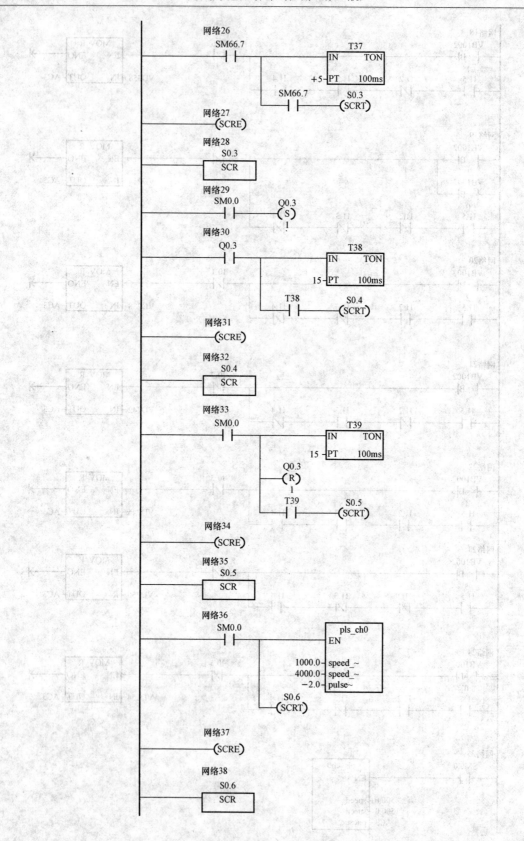

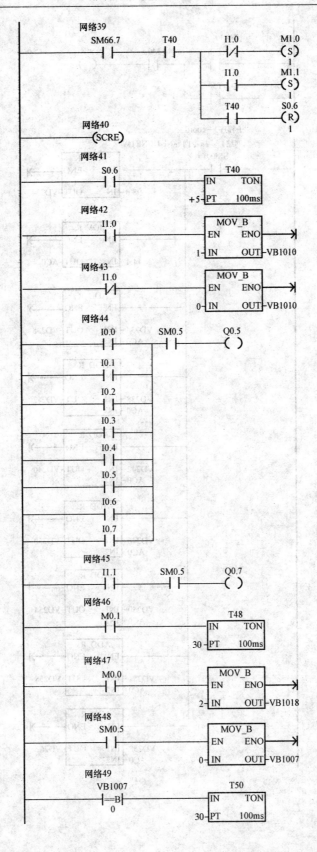

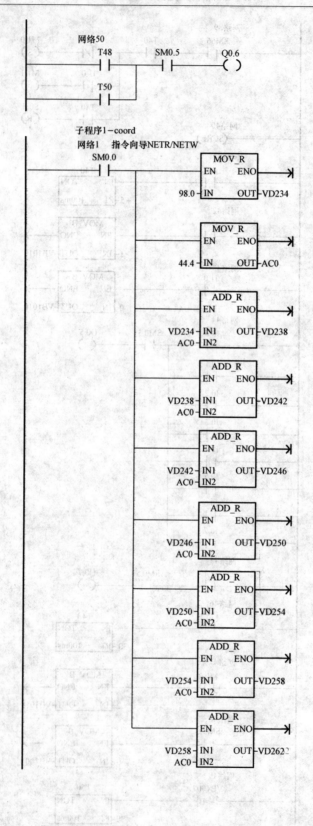

网络50

子程序1-coord

网络1   指令向导NETR/NETW

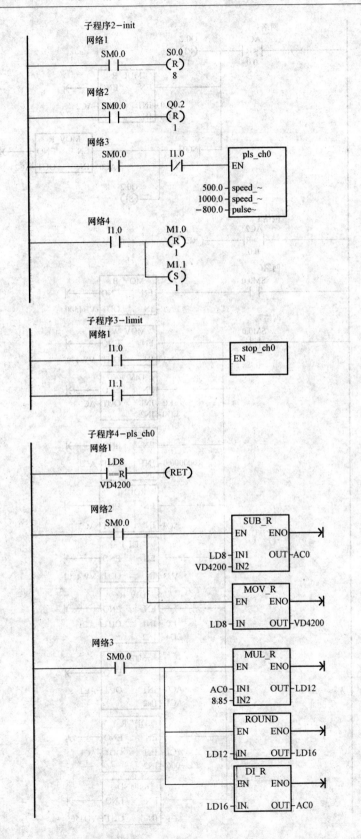

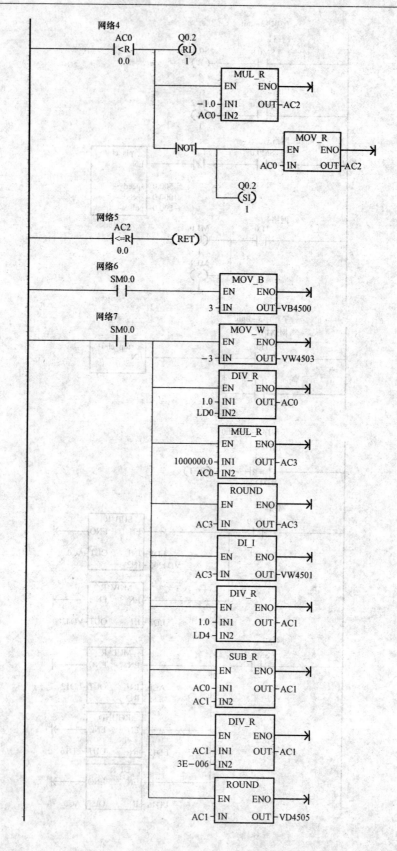

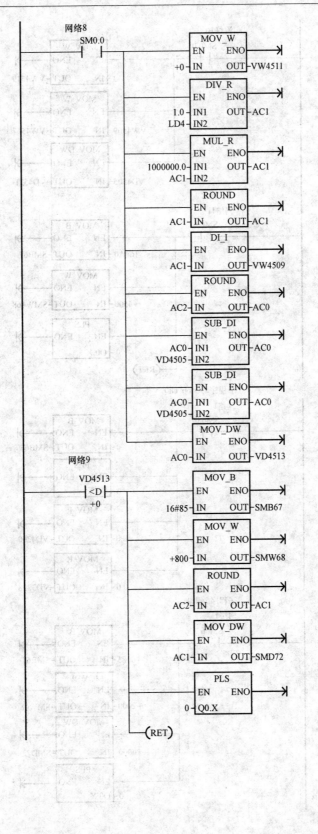

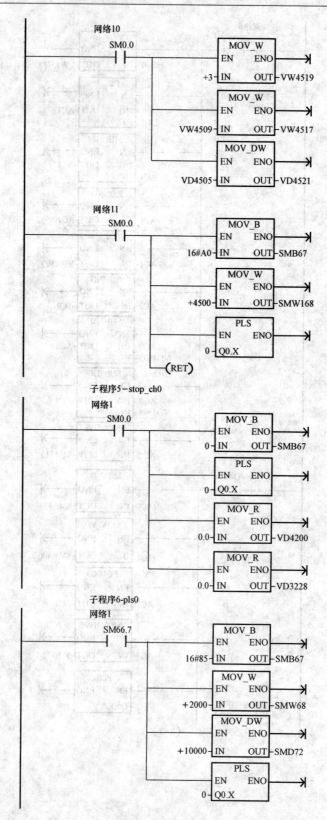

附录三　分拣站参考程序

一、主程序

网络 1　主程序

```
SM0.1                      ┌─────────────┐
──┤├────────────────────────┤ HSC_INIT    │
                           │ EN          │
                           └─────────────┘

              初态检查: M5.0
           ────( S )
                 1
              准备就绪: M2.0
           ────( R )
                 1
              运行状态: M0.0
           ────( R )
                 1
```

网络 2

```
运行状态:M0.0   方式切换: I1.5                              联机方式: M3.4
──┤/├──────────┤├────────                          ┌─────S      OUT─────►
                                                   │         RS
运行状态:M0.0   方式切换: I1.5  HMI联机: V1000.7      │
──┤/├──────────┤/├───────────────┤├──────           └─R1
```

网络 3

```
联机方式: M3.4  分拣联机: V1050.4
──┤├────────────( )
```

网络 4

```
推杆一到位: I0.7  推杆二到位: I1.0  推杆三到位: I1.1  初态检查: M5.0  运行状态: M0.0  准备就绪: M2.0  准备就绪: M2.0
──┤/├────────────┤/├─────────────┤/├────────────┤├──────────┤/├──────────┤/├──────────( S )
                                                                                         1
                                    运行状态: M0.0  准备就绪:M2.0  准备就绪:M2.0
                               ─┤NOT├────┤/├──────────┤├──────────( R )
                                                                    1
```

网络 5

```
准备就绪: M2.0  初始态: V1050.0
──┤├────────────( )
```

网络 6

```
启动按钮: I1.3  联机方式: M3.4  准备就绪: M2.0  运行状态: M0.0  运行状态: M0.0
──┤├───────────┤/├────────────┤├────────────┤/├────────────( S )
                                                              1
全线运行: V1000.0  联机方式: M3.4                              S0.0
──┤├─────────────┤├──────                                   ( S )
                                                              1
```

网络 7

```
联机方式: M3.4  停止按钮: I.2  运行状态: M0.0  停止指令: M1.1
──┤├────────────┤├────────────┤├────────────( S )
                                              1
联机方式: M3.4  全线运行:V1000.0
──┤├────────────┤/├──────
```

网络 8

```
停止指令: M1.1      S0.0              运行状态: M0.0
    ┤├──────────────┤├──────────┬──────( R )
                                │         1
                                │   停止指令: M1.1
                                ├──────( R )
                                │         1
                                │   停止指令: M1.1
                                └──────( R )
                                          1
```

网络 9

```
运行状态: M0.0   联机方式: M3.4                    MOV_W
    ┤├───────────────┤├──────────┬──────────┤EN    ENO├────→
                                 │          │
                                 │   VW1002─┤IN    OUT├─AC0
                                 │
                                 │   AC0                    MOV_W
                                 ├───┤>=I├────────────┤EN    ENO├────→
                                 │    50
                                 │                     50─┤IN    OUT├─AC0
                                 │
                                 │   AC0                    MOV_W
                                 └───┤<=I├────────────┤EN    ENO├────→
                                      40
                                                       40─┤IN    OUT├─AC0
```

网络 10

```
运行状态: M0.0   联机方式: M3.4                    MUL_I
    ┤├───────────────┤├──────────┬──────────┤EN    ENO├────→
                                 │
                                 │      +640─┤IN1   OUT├─VW0
                                 │      AC0 ─┤IN2
                                 │
                                 │   联机方式: M3.4         MUL_I
                                 └───────┤/├──────────┤EN    ENO├────→
                                 
                                         +30─┤IN1   OUT├─VW0
                                        +640─┤IN2
```

网络 11

```
运行状态: M0.0                分拣控制
    ┤├────────────────────┤EN            │
                          │              │
```

网络 12 网络标题

```
   SM0.5        准备就绪: M2.0    联机方式: M3.4      HL1:Q0.7
    ┤├────────────┤/├────────────┤/├──────────────( )
    │
    │准备就绪:M2.0
    └──┤├
```

网络 13

```
运行状态: M0.0    联机方式: M3.4      HL2:Q1.0
    ┤├──────┬──────┤/├──────────────( )
           │
           │联机方式: M3.4  分拣站联机词: V1050.5
           └──────┤├──────────────( )
```

二、分拣控制子程序

网络 1

```
  S0.0
┤ SCR ├
```

网络 2

联机方式：M3.4 允许分拣：V1001.5 入料检测：I0.3 停止指令：M1.1 运行状态:M0.0

```
──┤ ├────┤ ├────┤ ├────┤/├────┤ ├──────────────┐        T101
                                                   │   ┌──────────┐
联机方式：M3.4                                      │   │IN     TON│
──┤/├───────────────────┘                          │ 5─┤PT   100ms│
                                                   │   └──────────┘
                                                   │   ┌──────────┐
                                                   └───│ HSC_INIT │
                                                       │EN        │
                                                       └──────────┘
```

网络 3

```
  T101      电机启停：Q0.0
──┤ ├───┬────( S )
        │       1
        │  联机方式：M3.4       ┌─────────┐
        ├──┤/├─────────────────│ MOV_W   │
        │                      │EN    ENO├──►
        │                      │         │
        │                 VW0 ─┤IN   OUT ├─AQW0
        │                      └─────────┘
        │
        │  联机方式：M3.4    ┌────────┐        ┌────────┐        ┌────────┐
        ├──┤ ├──────────────│ DIV_I  │────────│ MUL_I  │────────│ MOV_W  │──►
        │                   │EN   ENO│        │EN   ENO│        │EN   ENO│
        │              VW0 ─┤IN1  OUT├─VW0  +8─┤IN1  OUT├─VW0 VW0─┤IN  OUT├─AQW0
        │               10 ─┤IN2     │    VW0 ─┤IN2     │        └────────┘
        │                   └────────┘        └────────┘
        │  S0.1
        └──(SCRT)
```

网络 4

```
──(SCRE)
```

网络 5

```
  S0.1
┤ SCR ├
```

网络 6

```
金属检测:I0.4   金属保持:M4.0
──┤ ├──────────( S )
                  1
```

网络 7

```
 HC0       白料检测:I0.5   金属保持:M4.0    S0.2
─┤>=D├──┬──┤ ├──────────┬─┤ ├───────────(SCRT)
 VD10   │               │
        │               │ 金属保持:M4.0    S1.0
        │               └─┤/├───────────(SCRT)
        │
        │  白料检测:I0.5    S2.0
        └──┤/├────────────(SCRT)
```

网络 8

```
──(SCRE)
```

网络 9

```
      S0.2
────┤ SCR ├
```

网络 10

```
      HC0          金属保持: M4.0
────┤>=D├──────────( R )
      VD14              1
                   电机启停: Q0.0
                   ──( R )
                        1
                   槽一驱动: Q0.4
                   ──( S )
                        1
```

网络 11

```
  推杆一到位: I0.7              槽一驱动: Q0.4
────┤ ├──────┤P├──────────( R )
                                  1
                               S0.3
                              ──(SCRT)
```

网络 12

```
────(SCRE)
```

网络 13

```
      S1.0
────┤ SCR ├
```

网络 14

```
      HC0          电机启停: Q0.0
────┤>=D├──────────( R )
      VD18              1
                   槽二驱动: Q0.5
                   ──( S )
                        1
```

网络 15

```
  推杆二到位: I1.0              槽二驱动: Q0.5
────┤ ├──────┤P├──────────( R )
                                  1
                               S0.3
                              ──(SCRT)
```

网络 16

```
────(SCRE)
```

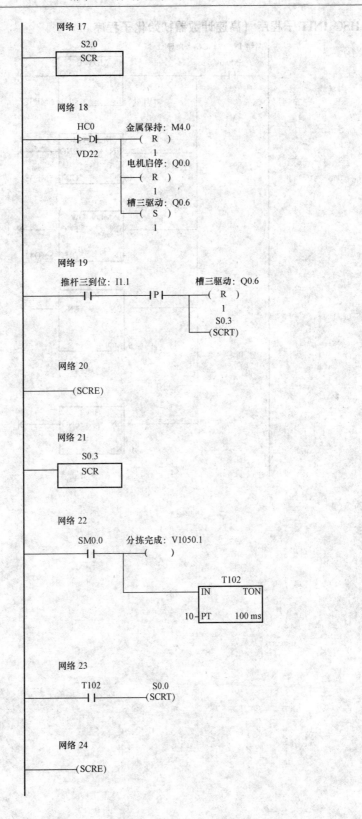

网络 17

S2.0
SCR

网络 18

HC0
|>=D|
VD22

金属保持: M4.0
—(R)
1
电机启停: Q0.0
—(R)
1
槽三驱动: Q0.6
—(S)
1

网络 19

推杆三到位: I1.1   槽三驱动: Q0.6
—| |——|P|——(R)
1
S0.3
(SCRT)

网络 20

—(SCRE)

网络 21

S0.3
SCR

网络 22

SM0.0   分拣完成: V1050.1
—| |——( )

T102
IN   TON
10—PT   100 ms

网络 23

T102   S0.0
—| |——(SCRT)

网络 24

—(SCRE)

三、HSC_INIT 子程序（高速计数器初始化子程序）

网络1　　HSC指令向导

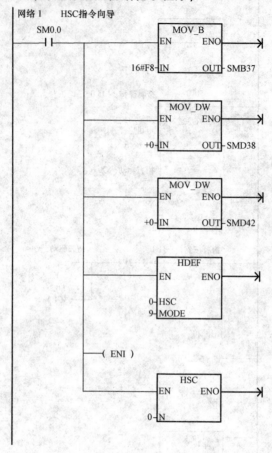

参 考 文 献

[1] 余雷声. 电气控制与 PLC 应用. 北京：机械工业出版社，1998.

[2] 常斗南. 可编程序控制器原理应用实验. 北京：机械工业出版社，1998.

[3] 项毅，吴宜平，等. 工厂电气控制设备实验与设计指导. 北京：机械工业出版社，1999.

[4] 王兆义. 可编程序控制器教程. 北京：机械工业出版社，2000.

[5] 刘敏. 可编程序控制器技术. 北京：机械工业出版社，2001.

[6] 廖常初. PLC 编程及应用. 北京：机械工业出版社，2002.

[7] 黄净. 电气控制与可编程序控制器. 北京：机械工业出版社，2004.

[8] David A. Geuer. 可编程序控制器原理与设计. 北京：清华大学出版社，2006.

[9] 西门子自动化驱动集团. 深入浅出西门子 S7 - 200 PLC. 3 版. 北京：航空航天大学出版社，2007.

[10] 黄净. 电器及 PLC 控制技术. 2 版. 北京：机械工业出版社，2008.

[11] 冯宁，吴灏. 可编程序控制器技术应用. 北京：人民邮电出版社，2009.

[12] 刘玉娟. PLC 编程技能训练. 2 版. 北京：高等教育出版社，2012.